U0772767

中等专业学校建筑经济与管理专业系列教材

建 筑 业 统 计

黑龙江省建筑工程学校　范仲玉　主编
四川省建筑工程学校　颜子源　主审

中国建筑工业出版社

图书在版编目（CIP）数据

建筑业统计/范仲玉主编. -北京：中国建筑工业出版社，1997

中等专业学校建筑经济与管理专业系列教材

ISBN 7-112-03195-8

Ⅰ．建… Ⅱ．范… Ⅲ．建筑业-工业统计-专业学校-教材 Ⅳ．F407.924

中国版本图书馆 CIP 数据核字（96）第 04643 号

中等专业学校建筑经济与管理专业系列教材

建 筑 业 统 计

黑龙江省建筑工程学校　范仲玉　主编

四川省建筑工程学校　颜子源　主审

*

中国建筑工业出版社出版(北京西郊百万庄)

新华书店总店科技发行所发行

北京市兴顺印刷厂印刷

*

开本：787×1092 毫米　1/16　印张：14¾　字数：358 千字

1997 年 12 月第一版　2009 年 4 月第八次印刷

印数：27,701—28,700 册　定价：**18.10** 元

ISBN 7-112-03195-8

G·270　（8335）

版权所有　翻印必究

如有印装质量问题,可寄本社退换

（邮政编码　100037）

前　言

　　《建筑业统计》是根据建设部颁发的中等专业学校建筑经济与管理专业教育标准和培养方案的要求，并按照本课程教学大纲规定编写的。

　　本教材由黑龙江省建筑工程学校范仲玉主编。第一、七、九、十章由范仲玉编写；第二、六章由黑龙江省电力学校范薇编写；第三、五章由黑龙江省建筑工程学校范凡编写；第四、八章由黑龙江省电力局范若兰编写。

　　四川省建筑工程学校颜子源负责本教材的审定。

　　本教材在编写和审稿过程中，得到了建设部中等专业学校建筑经济与管理专业指委会和中国建筑工业出版社的热情帮助，在此表示谢意。

　　由于编者水平所限，本教材难免有疏漏和错误，恳切希望读者批评指正。

目 录

第一章 总 论

建筑业统计，是统计理论的重要组成部分。建筑业统计，将从社会经济统计学的基本理论出发，重点研究建筑业各项统计指标的计算方法。因此，学好建筑业统计，不仅为今后从事统计工作奠定基础，而且也为今后研究社会现象和进行企业经济管理工作提供了科学的方法。

在本章里，主要概要地论述统计的对象、特点、任务和统计工作过程，并就统计理论中的几个基本概念作出简要的解释。

第一节 统 计 的 对 象

统计的对象，就是说明统计是研究什么的。任何一门学科，都有其特定的研究对象。比如，会计是研究社会再生产过程中资金及其运动规律的；政治经济学是研究生产关系发展变化规律的；哲学是研究认识论的；等等。那么，统计是研究什么的呢？统计是研究社会现象和自然现象总体数量特征的。统计以大量观察为基础，在质和量的辩证统一中来研究社会现象和自然现象的数量方面，并通过对现象中各种数量关系的研究，来认识现象的发展变化规律。建筑业统计，是社会经济统计的重要组成部分，它应重点研究建筑企业经营过程及其结果的数量表现，并通过数量之间依存关系的研究，来揭示企业经济发展变化的规律性。

一、统计的含义

在说明统计的对象之前，先要知道统计的含义。也就是在掌握统计是研究什么的之前，先要知道什么是统计。

统计一词，从字意上理解，就是综合计算。统计一般包括三个含义，即统计工作、统计资料和统计学。

统计工作，就是统计实践活动。它是指对社会经济现象的数量表现进行调查、整理和分析研究工作过程的总称；统计资料，是统计工作过程中所获得社会经济现象各项数字资料以及与之相联系的其他资料的总称，也就是反映现象的有关数字资料；统计学，就是阐述统计理论与方法的科学。

统计工作、统计资料和统计学三者之间，既有区别，又彼此密切联系。统计工作是统计的实践活动，统计资料是统计工作的成果，统计学是对统计工作的理论指导，而统计工作的实践经验，又必然丰富和发展统计理论——统计学。这就是说，统计学和统计工作的关系是理论和实践的关系；统计学是统计工作实践经验的理论概括，反过来，统计工作只有在统计学的指导下，才能正确进行。

这里需要指出，从统计一词的三个含义中，有一个共同点，那就是数字。统计资料是用数字表现的社会经济现象的各种情况，统计工作就是去掌握社会经济现象的这些数量表现，而统计学就是指导如何正确无误地去了解这些数字，并对其进行分析和研究。这样，统计的对象也就昭然若揭了。

二、统计的对象

关于统计对象的表述涉及到一系列统计理论和统计实践的问题，目前争议尚存。但就社会经济统计研究对象的认识，基本上还是一致的：社会经济统计的研究对象是社会经济总体现象的数量方面，并通过对社会经济总体现象中各种数量关系的研究，来认识社会经济现象的发展变化规律。

关于统计对象的这一基本点，可以从以下几方面来理解。

第一，社会经济统计的研究对象，就是社会经济现象的数量方面。

也就是说，统计作为一门科学，它主要是研究社会上各种事物在具体时间、地点和条件下的数量表现，研究社会上各种事物数量之间的对比关系及其变化。比如说，建筑施工企业在一年内完成几个项目的施工任务，总产值实现多少，多少职工完成的，资本金数额有多大，每人平均给国家创造多少利润，等等。所以，数量研究是统计研究的基本点。

第二，统计研究社会现象的数量，必须紧密联系其质量来研究。

一切社会经济现象的数量表现，都是以该现象的质量为基础的，两者不可分割。比如，一个熟练技工和一个学徒工每日砌砖数量显然是不同的，那就不能单纯以数量多少简单地评价工作的优劣。统计研究数量与数学研究数量是不同的，数学研究的是抽象的空间形式和纯粹的数量关系，它一般不对现象作出定性说明。因此，我们不能把性质完全不同的两门科学的研究对象混为一谈。但是，社会经济现象数量方面的计算是需要用数学的方法来实现的，没有数学知识也不能达到对社会经济现象的总括计算。特别需要指出的是，社会经济现象的现实数量许多是属于非肯定型的，因而在不同程度上具有随机的性质。因此，统计学在研究社会经济现象的数量关系时，还必须应用数学的知识和方法，特别是应用数学的分支——数理统计中概率论所提供的原理和方法。当然，社会经济现象规律性的内容，决定于事物本身的矛盾和性质，是不可能用数理统计原理来解释的，而只能由历史唯物论和政治经济学来说明。所以，如果把统计学和数学的研究对象混为一谈，或者把数理统计作为统计学的理论基础或方法论基础，显然是错误的。

第三，社会经济统计研究事物的数量，在于它是用大量数字资料来综合说明事物的面貌。

这就是说，统计研究数量和会计从数量方面说明事物也是不同的。会计从数量方面说明的主要是资金及其变化，而且要序时地就每一笔经济业务进行反映。而统计是通过它所特有的一系列统计指标来说明事物特征的。而这些统计指标是通过同类大量数量反映汇集而成的。这就是说，大量的数量研究，而不是个别事物的研究，就构成统计研究的一个突出特点。比如说，会计要反映每一名职工的工资支付数额，而统计却要反映企业职工工资支付总额和反映企业职工收入水平的平均工资额，这显然是不同的。

第四，统计在研究社会现象数量方面时，重要的还在于研究社会经济现象的规律性在具体地点和时间条件下的数量表现。

统计以大量的客观事实作为根据，并通过对大量实际数字资料进行综合研究，来反映事物的本质及其规律。因为，社会经济现象是错综复杂的，个别现象的数量反映，可能受必然的或偶然的多种因素支配，不能据以说明事物的本质。而受共同因素支配的多个个别事物，即大量事物，就能反映出事物发展的客观必然性。这一点，也正是统计的中心任务。它不仅可以反映已发生事物的规律性，而且可以更好地预测和推断事物的发展方向。

综观以上四点可以看出：统计是一门独立的认识社会的方法论科学，统计在质与量的密切联系中，通过对大量社会经济现象数量方面的研究，来进一步揭示社会经济现象发展变化的规律性。

这里还需要说明，统计在研究社会经济现象时，也涉及自然现象。因为社会经济现象及其发展决定于社会生产方式的性质，同时也受自然条件和技术因素的一定影响。因此，统计还从社会经济现象与自然现象相互联系的角度，来研究自然因素和技术因素对于社会经济现象的影响以及社会经济现象的变化对于自然条件的影响。例如，统计研究由于季节变动以及施工机械化程度不同对建筑施工的影响；反过来，施工组织与管理水平的高低，也将直接影响自然因素或技术因素的充分发挥程度，等等。但是，需要强调的是，统计并不研究技术和自然现象的本身。

另外，统计在研究大量社会经济现象的同时，也不忽视对个别突出现象进行研究。特别是对那些先进的、新生的事物进行研究。例如，对先进生产者完成工程量的研究，先进施工方法完成施工进度分析，等等，都可以从一个方面来说明总体现象的发展趋势。因为，个别总是与一般相联系而存在的，一般寓于个别之中，对个别典型现象的研究，可以更深入地揭示事物的实质和矛盾，以深入、具体和生动地说明社会经济现象的本来面目。

三、统计的特点

从上述统计的特定研究对象出发，使统计本身具有如下特点：

第一，数量性。统计着眼于经济现象的数量研究，从数量方面观察事物，研究事物的表现及其本质。这种数量性表现在反映所研究现象数量的多少，现象之间的数量依存关系，以及现象质量互变的数量界限，从而反映所研究事物的现状和发展变化过程。对于一些非数量性质的事物特征，如果用统计的方法研究，也必须将其量化，才能反映事物的质量特征。例如，研究工程质量水平，统计是以评定质量分数的方法来实现的。

第二，工具性。统计是国民经济管理的手段和工具，社会主义统计更是进行四化建设不可缺少的重要工具。要高速度地发展国民经济，使企业生产迅速提高到现代化水平，就必须研究企业经营管理工作中的各种问题，不断改革妨碍现代化任务实现的各种问题，使企业管理符合客观经济发展的要求。统计，在整个国民经济和企业管理工作中，充当"侦察兵"和"参谋部"的作用，从而为改进企业经营管理提供必要的情况，使其成为企业进行调查研究工作的必不可少的重要工具。

第三，广泛性。统计是认识社会最有力的武器之一，它应用范围十分广泛。从日常生活到高级形式的社会活动，从企业经营管理到国民经济管理，都要运用统计，都有赖于进行统计的认识活动。就社会经济统计而言，它的研究领域比计划或会计广泛的多。统计的范围要扩及到整个社会现象，既包括生产力，也包括生产关系；既包括经济基础，也包括上层建筑。就企业经营管理工作来说，统计的触角要涉及到人、财、物和供、产、销的各个方面。

第四，总体性。统计主要是研究事物的总体特征。统计研究企业生产情况时，主要是把每个职工的生产任务完成情况汇总起来，全面反映企业总体生产任务完成情况，而无需反映每个职工的生产情况。统计研究企业职工工资情况时，主要反映全部职工的工资总额和平均工资水平，不需要反映每个职工的工资收入情况。只有对总体进行研究，才能反映事物发展变化的趋势和规律。

综上所述，统计是从数量方面综合认识事物的重要工具，只有通过正确的统计数量研究方法，才能说明事物的性质。因此，那种认为统计只不过是"要个数，填个表，报给领导就算了"的看法和做法是错误的。搞社会主义的市场经济，没有科学的、高水平的社会主义统计为其服务，要实现我国国民经济现代化，那是不可想象的。

第二节 统计的作用和任务

在不同性质的社会制度下，统计的作用与任务是不同的。在社会主义国家中，统计是认识社会的有力武器，是国家对国民经济进行管理的重要工具。

一、统计的作用

统计随着社会主义建设事业的发展，其作用日益明显。统计作为管理国民经济的重要手段，它的作用突出反映在两大方面：一方面是统计服务，另一方面是统计监督。

（一）统计服务

统计的服务作用是首要的。总的来说，统计服务，就是通过统计职能作用的发挥，为国民经济建设服好务。统计在从数量方面认识社会的过程中，不仅研究大量社会现象的规模、水平、结构、比例，而且研究大量社会现象量变的条件和原因，并透过量的变化，找出决定事物质变的数量界限来，这样才能找出正确认识社会现象的关键，也才能为制订政策、编制计划提供可靠的依据，也才能为检查政策和计划的执行情况提供正确的资料。这是实现统计服务作用必不可缺少的前提条件。

（二）统计监督

统计的监督作用是必要的。统计的监督作用，就是通过准确反映社会主义建设的实际过程和结果，反映各地区、各部门、各单位执行党和国家在经济方面的方针、政策、法规等情况，并通过对国家计划实际完成情况的检查来实现的。社会主义商品经济，首先是计划经济。各地区、部门和企业的年度计划必须如期完成，才能保证国家长远规划的实现，也才能在尽可能短的时间内踏进世界先进国家的行列。但是，社会主义现代化建设也不是一帆风顺的。我国当前的改革是前所未有的，我们尚缺乏经验，也有一些不法分子乘改革之机，钻经验不足的空子，破坏四化建设。因此，统计工作者应当充分发挥统计的信息功能，控制偏离改革大潮的一切现象。在发挥统计监督作用时，要发现政策和计划执行过程中的问题，积极提出建议，以便采取措施，解决矛盾。特别要注意揭露违背党和国家方针政策的不法行为，以利于我国社会主义建设的顺利进行。

统计的服务作用和监督作用是相辅相成，互相补充，缺一不可的。实践证明，只要统计服务而不要统计监督，或只要统计监督而不要统计服务，都会给国民经济带来严重的损害。随着社会主义现代化建设的发展，统计的服务作用应该进一步加强，同时，必须特别重视充分发挥统计的监督作用。

应当明确，统计服务与统计监督是从两个不同的方面起到相同的作用，就是为实现社会主义现代化建设这个总目标服务。在实际统计工作中，应该全面发挥这两个方面的作用，不能片面强调其中的一个方面，而忽视另一个方面。

二、统计的任务

统计的基本任务是，对国民经济和社会发展情况进行统计调查，统计分析，提供统计资料，实现统计监督。具体说来，有以下几点：

第一，为编制计划和检查计划执行情况提供资料。

社会主义国民经济实行计划管理，国家和企业的基本经济活动都应有计划地进行。企业的一些主要指标，如产量、产值、劳动力、利润等，都应纳入国家宏观计划。企业只有按照国家和社会的要求，并结合本企业的实际情况编制出切实可行的计划，并按计划组织实施，才能完成各项任务。但是，企业各项计划指标制订得是否得当，每个时期计划完成程度怎样，都需要依据可靠的资料，而这些资料主要是靠统计工作去获得。所以，企业统计工作一定要把主要指标及其基础统计资料搞好，才能为正确编制计划服务。另外，还应及时统计计划的执行情况，总结计划执行过程中的好经验，纠正偏离计划的行为，以保证国民经济计划和企业生产经营计划按期或提前完成。

第二，为党政领导了解情况、决定政策和检查政策落实情况提供依据。

党的各项经济政策，都是根据我国的实际情况制定的，而且是各地区、部门和企业必须贯彻落实的。统计工作必须如实反映国家经济政策的贯彻执行情况，说明政策执行的效果，为党政领导提供数量资料，以便领导根据客观实际情况，采取相应措施，以保证党和国家的各项方针政策得以顺利执行。

第三，运用统计资料，宣传和组织群众，鼓舞群众的生产积极性。

开展群众性的社会主义劳动竞赛活动，是调动广大职工社会主义积极性，推动社会主义事业发展的重要方法之一，也是充分发挥职工群众的聪明才智，群众间互相学习，互相帮助，取长补短，共同提高的有效形式。社会主义统计，特别是企业统计工作，就应当运用统计资料，把列入竞赛的有关指标，及时地、准确地统计出来，并采用群众喜闻乐见的多种形式公布于众，以此来推动竞赛的开展，以促进生产任务更好地完成。

第四，经常地、系统地积累统计资料，开展综合分析，全面总结经济活动的经验与教训，认识事物发展的规律性。

统计资料并非单纯地罗列数字，统计工作也不是简单的数字加减，统计工作必须注意历史资料的积累。统计工作者要运用历史统计资料，对企业经济活动的各方面进行综合的数量分析，总结经验，发现问题，并提出解决问题的建议和方法，不断总结和探讨企业经济发展的一些规律性。

在说明统计的作用和任务之后，还需要进一步指出的是，社会主义统计工作担负着特殊的社会任务，它通过一套科学完整的统计指标体系，全面地、及时地、真实地、系统地反映社会现象，从而为管理国民经济服务。因此，在实际工作中，统计还必须遵循客观性、科学性和统一性原则。所谓客观性，就是统计工作者一定要实事求是，一切从实际出发，按照客观事物的本来面目，如实反映情况，是喜报喜，是忧报忧，绝不允许弄虚作假，虚报瞒报；所谓科学性，就是要正确揭示客观现象的规律，对所研究的对象，按照马列主义哲学观点和政治经济学理论，作出合乎科学的解释；所谓统一性，就是按照一套统一的科学制度与方法来进行统计工作。统计工作的客观性、科学性和统一性原则，是互相制约、紧密联系的。只有全面贯彻统计工作的"三性"原则，才能更好地发挥统计的作用，完成统计的任务，为四化建设和改革开放贡献力量。

第三节　统计学中的几个基本概念

统计是一门科学，在研究社会经济现象的数量表现时，经常用到许多统计学理论的专有概念。为了对统计理论进行说明，以及开展统计理论研究，需要对这些专业名词搞清楚，以利后续相关课程内容的学习。本节仅就统计总体和总体单位，标志和指标，变异和变量，以及指标体系等几个基本概念，分别进行介绍。

一、统计总体和总体单位

（一）统计总体

前面我们知道，统计具有总体性特征。这就是指的统计是研究总体现象的。在统计学理论中，我们把要研究的现象整体，称为统计总体。统计总体是统计研究的具体对象。

统计总体是指客观存在的、在相同性质基础上结合起来的许多个别事物的整体，简称总体。例如，我们研究全国建筑企业情况时，建筑企业就是一个统计总体。因为，建筑企业是客观存在的，每个建筑企业在经济上的职能又是相同的，都是从事建筑生产活动，为制造建筑产品而进行施工活动的单位。又如，建筑企业职工是一个统计总体，因为，建筑企业的每一名职工都是直接或间接地从事建筑施工生产活动的劳动者。

统计总体，一般具有以下三个特征：

第一，同质性。构成统计总体的每一个具体单位或事物，必须在某一方面具有相同的性质。性质不相同的单位或事物，就无法构成一个客观存在的总体。例如，施工企业是从事建筑产品的生产，商业企业是从事商品的流通，从这个性质上看，它们是不相同的，因而也就无法将施工企业和商业企业结合起来构成一个客观存在的统计总体。同质性是构成统计总体的基础，也是一切统计研究的前提条件。否则，硬是将性质不同的事物捏在一起计算各种统计数字，就只能是歪曲事实，毫无意义。

第二，大量性。一个统计总体，一般要包括足够数量的单位或事物。一个或极少量单位，一件或二、三件事物，是形成不了统计总体的。这是因为，统计研究的目的就是要揭示现象的规律性，而这种规律性只能在大量事物中才能表现出来。例如，我们研究某个施工企业职工文化水平情况，就只能对该企业的每一名职工的文化程度都要进行登记，然后汇总起来，才能看出各种学历的人数来，从而从总体上判断企业职工文化素质的基本情况。如果我们用个别职工的学历来说明全体职工的文化水平，那显然是荒谬的。

第三，变异性。统计总体，虽然基本性质是相同的，但其他方面一定存在着许多差别。这种差别，统计上称之为变异。统计研究社会经济现象，实际上就是研究总体构成要素的变异情况。例如，我们研究建筑企业职工的情况，他们在性别、年龄、民族、文化程度、从事工作岗位，等等，都是存在差别的。在同质性基础上研究统计总体的变异性，是统计工作的一个根本任务。

（二）总体单位

总体单位，就是构成统计总体的每一个具体单位。例如，建筑企业是一个统计总体，而构成建筑企业的每一个建筑施工企业就是总体单位。又如，建筑企业职工是一个统计总体，而每一名建筑职工就是总体单位。

统计总体和总体单位这两个概念具有相对性。当我们研究全国建筑业生产情况时，统计总体就是全国建筑企业，每一个建筑企业就是总体单位。但是，如果我们研究某一个施工企业的生产情况时，则这个施工企业就成为统计总体了，而该企业所属的每个生产单位则成为总体单位了。

二、标志、变异和变量

（一）标志

统计上说的标志，就是表明总体单位特征的名称。标志，是统计中经常用到的名词。例如，我们研究企业职工这个统计总体时，就要从每名职工的主要特征上来研究，比如，男女职工的性别特征，各工种的职务特征，收入多少的工资特征，等等。上面说的"性别"、"工种"、"工资"都是说明每名职工即总体单位的特征的，统计上称为标志。

标志分为品质标志和数量标志两种。品质标志是表明事物质量属性方面特征的名称。品质标志一般用文字表示，例如，"性别"只能用男、女两个字表示；"民族"只能用汉、回、蒙、藏……表示。数量标志是表明事物数量方面特征的名称。数量标志一般用数值表示，例如，"工资"可以用 200 元、300 元、400 元……表示；"年龄"可以用 20 岁、25 岁、30 岁……表示。

（二）变异

前面讲过，变异性是统计总体的特征之一。也就是说，统计中的标志的具体表现是各不相同的，是存在差别的。这种差别，在统计上称为变异。变异可以表现为现象质的差别，如所有制就分为全民和集体等的区别；变异也可以表现为量的差别，如工资总额分为 100 万元和 120 万元等的不同。变异是统计的前提条件，如果没有变异，就用不着去统计了。比如，我们要研究性别构成情况，而某个统计总体的总体单位都是男性，那当然就不用去研究该总体的性别构成了。

（三）变量

统计上的变量，就是指变异的数量标志。例如，职工人数、实物工程量、工资等的数量标志，在统计上又可称为变量。变量指的是数量标志的名称，不是指的数值。而变量的数值表现，在统计上称为变量值。例如，职工人数的数值表现为 2450 人，3408 人……；房屋竣工面积为 8000m²，12400m²……；工资 350 元、500 元……等，这些数值就是变量值。区分变量和变量值的概念在统计中很重要，要特别注意不能误用或混淆。例如，有 5 名工人的工资分别为 240 元、260 元、320 元、400 元和 480 元，而不能说有 5 个变量，因为这里只有一个变量，就是"工资"这个数量标志，而只能说有 5 个变量值。

变量分为连续变量与离散变量两类。所谓连续变量，就是变量的数值是接连不断的，相邻两数值之间可以无限分割。例如，年龄，身高、体重等，就是连续变量。因为在一个统计总体中是很难找到两个以上年龄、身高和体重等完全一样的人来。所谓离散变量，就是变量的数值之间是可以用整数位断开的。例如，人数、企业数，设备台数等，就是离散变量。因为在一个统计总体中是不可能出现分数值的。

三、统计指标与统计指标体系

（一）统计指标

统计上说的指标，是指客观存在的、表明社会经济现象总体特征的数量概念和具体数值。

统计指标上述概念的表述包含以下意义：

第一，统计指标是说明事物数量的。也就是说，统计指标总是表现为数字的，不以取得一定数值为目的的统计指标是不存在的。

第二，统计指标是说明统计总体的综合指标。也就是说，统计指标一定是反映由大量单位所构成的总体现象的特征。

第三，统计指标是对客观事实的数量反映。也就是说，统计指标是从数量方面说明实际存在或实际发生的客观事实，而不是计划工作中的预测指标。

第四，作为社会经济的统计指标，是具有社会、经济内容的数量范围和具体数值。也就是说，作为统计指标的数字，不是抽象的数字，而是具体的、实在的、反映社会经济内容的数字。

数量概念和具体数值是统计指标不可分割的两个方面。前者是表明社会经济现象的科学涵义，如施工产值，劳动生产率，职工人数等；后者是数量概念在一定时间、空间条件下的具体数量表现，如施工产值2400万元，劳动生产率32000元/人，职工人数2100人等。

社会经济现象是多种多样的，反映各种社会经济现象数量特征的统计指标也是很多的。为了更好地掌握和应用统计指标，就需要了解指标的分类和特点。

统计指标按照它们的作用不同，可区分为数量指标和质量指标两类。数量指标是说明社会经济现象规模大小、数量多少的统计指标。例如，建筑企业个数，房屋施工面积，材料库存量等。数量指标是表明社会经济现象总数量、总成果的，一般用绝对数字来表示。质量指标是表明事物质的属性或特征的统计指标。例如百元固定资产完成产值，劳动装备程度，资本金利润率，等等。质量指标是表明社会经济现象质量、强度、水平和效果的，一般用相对数字或平均数字来表示。

统计指标按其计量单位不同，可区分为实物指标、价值指标和劳动指标三类。实物指标是以实物计量单位表示的统计指标。如用自然单位表示的，人口数用"人"，设备数用"台"；用度量衡单位表示的，材料数用"kg（公斤）"或"t（吨）"或"m（米）"；用复合单位表示的，电动机数量用"台/kW（千瓦）"；用双重单位表示的，汽车运输用"tkm（吨公里）"；等等。价值指标是以货币单位计量的统计指标，也叫货币指标。如总产值，工资总额，流动资金平均总值等，用"元"、"千元"、"万元"等。劳动指标是以劳动计量单位表示的统计指标。如"工时"、"工日"等。

这里需要指出的是，统计指标和统计标志既有区别，又有联系。统计指标是说明统计总体特征的，而标志是说明总体单位特征的。但是，将标志数值汇总或加工计算以后，就可以形成统计指标的数值。例如，用"工资"反映每一名职工收入的，就是标志，而将所有职工的收入相加所反映的"工资总额"，就是统计指标了。

（二）统计指标体系

一个统计指标只能说明社会经济现象的某一方面的特征，而客观存在的社会经济现象是多方面的、相互联系的复杂整体。要想全面反映事物的总体特征，光用一个指标是不可能全面说明问题的，往往需要用一系列的指标来反映。统计上把一系列相互联系的统计指标，称为统计指标体系。

统计指标体系一般表现为两种情况，一种是这种体系可以通过数学形式表示出来，各种指标间存在着直接的数学运算关系。例如，

$$月初材料库存量 + 材料本期收入量 = 材料本期支出量 + 月末材料库存量$$

又如，

总产值＝劳动生产率×职工人数

另一种情况是指标之间不存在、也不必要采取数学形式来反映它们之间的关系，而这些指标之间却存在着相互联系、相互补充的关系。例如，考核建筑施工企业的若干项统计指标，既包括产品产量方面的各种指标，也包括劳动工资、材料设备、资金效果、财务成果等各种统计指标，来共同反映企业再生产过程的基本情况。

第四节 统 计 工 作 过 程

统计研究的对象和特点决定统计研究的方法，而正确的统计研究方法又是完成统计工作任务的重要条件。没有一套科学的统计方法，便不能准确、及时、全面地揭露社会经济现象的数量方面，更不能由此反映现象发展变化的规律。统计工作过程，就是对社会经济现象的数量方面进行研究的总方法。这个过程存在着四个密切结合的有机组成的阶段或环节，即：统计设计、统计调查、统计资料的整理和统计分析。每一个阶段都完成统计研究的特定任务。任何一个环节的脱落，都将影响统计任务的顺利完成。

一、统计设计

统计设计，是根据统计工作的任务以及被研究社会经济现象的特点，对整个统计工作的各方面进行通盘的考虑，预先作出科学安排的一项工作。统计设计，是统计工作过程的第一阶段，它是使整个统计工作协调地、有序地、顺利地进行的首要前提。就像建造建筑物以前必须有施工图纸和施工方案一样。否则，就不能开始施工。因此，统计设计工作搞的好坏，是直接影响到整个统计工作质量高低的重要条件。

统计设计对整个统计工作的作用，首先表现在它是对统计总体的定性认识，是为下一步定量研究做必要的准备，没有这一阶段的定性研究，就不会对整个研究工作取得协调一致的认识。例如，我们要研究企业职工的收入情况和生活水平，这就需要先设计一下如何取得这些资料，谁去组织这项工作，了解和计算哪些数字才能达到研究的目的和要求，何时工作，何时完成，等等。所有这一切，都必须事前安排好，否则，工作无计划，内容不明确，标准不统一，就不能准确、全面地搜集到所需要的数字资料，也就不能正确解决研究的目的。其次，通过统计设计，可以分清主次，全面安排，针对研究对象的特点，事前确定相应的统计方法，统计表样以及有关事宜，避免重复和遗漏，使整个统计工作有秩序地顺利进行。

根据统计工作的需要和被研究对象的特点不同，其设计的内容也不尽一样。但就其基本内容来说，统计设计一般包括以下几方面的内容：

（一）统计指标和统计指标体系设计

统计指标是说明统计总体特征的名称。要想从数量方面反映总体现象的基本情况，就必须用统计指标来说明。因此，确定哪些统计指标及其体系，就成为统计设计的主要内容了。这是统计工作首先要解决的问题，也是统计设计阶段必须要解决的问题。这个问题解决好了，其他方面的设计也就好办了。例如，我们要统计建筑企业的生产情况，就应首先设计出需要哪些指标来反映。比如，主要实物工程量，施工产值，全员劳动生产率，职工人数，资金，成本和利润等指标。这样，就为下一步了解、搜集、整理和分析企业生产情况，指明方向。

（二）搜集统计资料方法的设计

搜集统计资料的方法是多种多样的，可以全面搜集，也可以部分搜集；可以由统计人员直接去搜集，或者由总体单位或填报单位按要求上报；等等。采取什么方法，主要取决于研究对象的特点和我们对指标准确程度的要求。搜集资料方法如何确定，当然也是需要在设计阶段必须解决的。这样，才能保证准确、及时地获得统计资料。搜集资料方法如果不当，不但造成人力、物力和财力的浪费，而且更主要的是影响统计工作的质量。

（三）统计组织工作的设计

为了达到统计的预期目的，就需要把统计工作各阶段的衔接工作组织好，使整个统计工作的各个环节有机地联系起来，以保证既节省时间、人力、物力，又保证统计资料的质量。除此之外，对参加统计工作的人员素质要求，职责分工及时间、经费等一系列问题，也都根据需要事先安排好。

二、统计调查

统计调查是继统计设计后进行统计定量研究的一个重要阶段，它是根据统计任务和统计设计的要求，采用科学的方法，有组织、有计划地搜集统计资料的工作过程。

（一）统计调查的意义

统计工作在确定了统计任务以后，就必须首先向社会作调查，搜集必要的实际材料，以便进行统计的研究工作，达到正确认识社会经济现象，合理解决实际问题的目的。因此，统计调查对于整个统计工作来说，具有十分重要的作用和意义。主要表现在：

1. 统计调查是正确认识社会的基础

统计是认识社会的武器，但人的认识是由社会存在决定的。离开对实际情况的调查了解，人的认识就成了无源之水，无本之木，就不可能达到对客观世界的正确认识。统计调查工作就是向社会经济现象的实际情况进行调查了解，以取得认识客观事物的可靠资料。这样，就真正能够取得对问题的发言权和工作的主动权，才能更好地发挥统计的作用。

2. 统计调查是取得统计资料的手段

统计工作任务完成的好坏，在很大程度上决定于统计资料的质量，取决于经济现象的数字资料是否准确无误，及时全面。而统计调查，就是深入实际，了解情况的一个极为重要的方法。坐在办公室里"拍脑袋"、"想当然"或只听汇报，不去实地调查了解，不能取得第一手材料，当然就不能获得真实的资料。通过统计调查，取得真实的统计资料，在某种意义上说，这是统计的"生命"。

3. 统计调查是统计工作的基础环节，是统计整理和分析的前提

统计工作的四个环节是相互依存的。统计调查是统计定量研究的开始阶段，它为统计整理准备资料，也为统计分析提供素材。因此，统计调查是统计整理和分析的前提条件，是整个统计工作的基础。

综上所述，可以看出，统计调查在整个统计工作过程中占有十分重要的地位。如果对统计调查没有一个正确的认识、态度和方法，不但完不成统计工作任务，还会使统计整理出现歪曲的结果，使统计分析得出错误的结论，直接影响统计工作的质量，甚至给工作造成巨大损失。

（二）统计调查的要求

根据《中华人民共和国统计法》的规定，统计调查必须达到"准确"和"及时"两个基本要求。

1. 准确性

进行统计调查，必须准确地反映调查单位的真实情况，并按设计要求搜集完整的资料。在统计调查工作中，统计工作人员由于主、客观原因，不坚持原则，有意虚报瞒报情况的事仍然存在，必然会造成统计调查和统计资料的失真。因此，要求统计工作者，应从国家整体利益出发，忠于职守，坚持原则，如实反映情况，敢于同各种不良倾向和错误行为进行坚决斗争。在进行统计调查时力求做到：反映真实，杜绝虚报；数字完整，没有漏报；计算准确，不能错报。这样，才能克服"统计加估计"的不严肃和不负责任的现象，才能使统计资料不为任何主观偏见所歪曲和蒙蔽，也才能为党、政领导提供真实而完整的情况。

2. 及时性

就是说，必须及时地完成统计调查资料的上报任务。过时的资料，不但起不了指导单位经济活动的目的，而且影响上报资料的汇总，甚至给整个国民经济各项指标的计算带来困难。一项统计工作任务的完成，往往是许多单位或部门共同努力的结果，不能因为一个单位的调查资料不能及时上报，而影响整个统计工作的开展。这就要求统计工作者，把提高统计调查资料的及时性当作一项极为重要的任务，要努力克服无故拖拉，任意违时上报资料的不良现象。

总之，统计调查工作，一定要根据统计制度、方法的统一规定，做到数字准确，情况真实，反映及时，资料完整。这样，才能真正完成统计调查工作的任务。

（三）统计调查的种类

统计调查有很多种，从调查方式、包括范围和登记要求的不同角度，可以作如下的分类研究。

从对社会经济现象观察的方式上看，统计调查有两种基本组织形式，一种是统计报表制度，一种是专门组织调查。统计报表制度，是以原始记录和核算资料为依据，并经法定程序规定报送统计资料的一种调查方式。这是社会主义国家特有的一种基本调查形式。专门组织的调查是对某些社会经济现象进行专门组织的登记和调查，如普查、重点调查、典型调查和抽样调查等。专门组织的调查是社会主义统计工作中的重要调查组织形式，它是统计报表制度的重要补充。

从统计调查包括的对象和范围上看，统计调查分全面调查和非全面调查两种。全面调查就是根据规定的调查纲要，对所有组成被研究现象的单位全部进行观察。例如，要了解某省建筑工程局的产值完成情况，就要对该省建工局所属企业无一例外地全部进行考查。非全面调查，是对于被研究现象的一部分单位进行观察，然后判断或推算所有单位的整体情况。例如，要研究建筑企业职工各类人员的配备情况，就可以通过了解一定数量企业的情况，借以判断全部企业的一般情况。

从被研究现象的性质和是否连续进行登记上看，统计调查可以分为经常调查和一时调查两种。经常调查，是随着被研究现象的变化，连续不断地进行登记。例如，按照施工生产变化的情况，对主要实物工程量和施工产值进行逐月甚至逐日的登记和观察，就是经常调查。相对来说，一时调查是不连续的，它可以隔较长时间进行一次。例如，建筑企业主管部门对所属单位进行的财产清查，就是每年进行一次的一时调查。

1. 统计报表制度

统计报表制度，是社会主义国家规定的按照统一的表格、统一的指标、统一的期限和统一的报告程序，由下而上逐级上报统计资料的一种报告制度，是我国取得基本统计资料的一种经常的全面调查方法。

统计报表按报表内容和主管系统可以分为国家统计报表、部门统计报表和地方统计报表三种。统计报表按报送周期长短可以分为日报、旬报、月报、季报、半年报和年报几种。统计报表按报送方式不同，可以分为邮寄报表和电讯报表两种。

认真负责地填报统计报表，是统计人员的一项重要职责。填报统计报表时必须做到以下几点：

第一，严格执行统计报表规定的指标计算方法和遵守统一的报送程序、报送方式与报送时间。

第二，如实反映情况，一定要把数字搞准，坚决反对浮夸或瞒报。

第三，所有上报的各种统计报表，必须经单位负责人签章，主管部门负责人盖章，填表人签章，并盖上报出单位公章之后才能报出。

第四，要保守国家机密。

2. 普查

普查是专门组织的一次性的全面调查。这种调查，主要用来搜集不宜于经常调查的一些全面的精确的统计资料。例如，全国人口普查，工业普查，施工企业库存物资普查等。普查的特点是一次性和大量、全面性。由于普查多是在全国范围内进行，所表明的社会现象在某一时点或某一瞬间的具体数量和情况。因此，普查工作量极大，时间性又强，进行一次普查需要动员较大的人力和物力，组织工作也比较繁重复杂。所以，只有对于国民经济的重大问题，才根据国家的需要进行普查。

普查工作复杂细致，必须通盘考虑工作的全部过程。它包括：制定和颁发普查方案；普查队伍的训练；调查登记；汇总分析和工作总结等。

根据普查工作的特点，要求更多地集中领导和统一行动，并遵守以下几条原则：

(1) 必须统一规定调查资料的标准时点，避免搜集资料时由于自然变动或机械变动而产生重复或遗漏现象。

(2) 在普查范围内各调查单位应尽可能同时进行调查，并要求在短时期内完成，以便在方法上、步调上取得一致，以保证普查资料的真实性。

(3) 调查项目一经统一规定，不能任意改变或增减，以免影响汇总综合。

3. 重点调查

重点调查是一种专门组织的非全面调查，就是在所要调查的全部单位中选择一部分重点单位进行调查。这些重点单位在全部单位中虽然只是一部分，但它们在所有研究现象的总数量中却占有绝大的比重。因而，对这些单位进行调查，就能够反映全部现象的基本情况。

一般地说，以下两种情况宜于采用重点调查：

(1) 当调查任务只要求掌握基本情况，而部分单位又能比较集中地反映所研究的问题时。这样，就能以比较少的时间和精力获得调查资料，以满足党政领导的需要。

(2) 对于那些直接影响国民经济发展关系重大的单位，国家需要专门重点地掌握它们的生产情况时。这样，就可以及时地了解重点单位的情况，以指导一般。

4. 典型调查

典型调查也是一种专门组织的非全面调查。这种调查，是在被研究的社会经济现象进行初步的全面分析的基础上，有意识地选定若干具有代表性的典型单位进行调查，借以深入了解情况、探讨事物的本质或一般规律。

与其他统计调查相比，典型调查的特点在于：第一，调查的单位只是调查对象中的少数或个别代表性单位。这些单位不能随意挑选，而是按调查的目的和要求，对调查单位和对象的性质进行全面分析后确定的。第二，调查的方法主要是深入基层，用"解剖麻雀"的方法，了解生动、具体的情况。

我国在典型调查方面有着极其丰富的经验，毛泽东同志就为我们作出过许多典型调查的范例。搞不搞典型调查，绝不是一个单纯工作方法的问题，而是能否坚持唯物论的反映论，能否落实党和国家一贯倡导的调查研究的大问题，统计人员必须充分重视这项工作。

5. 抽样调查

抽样调查，是根据随机原则，在被调查的总体中，抽取足够多的调查单位进行调查，来说明被调查事物的本质和规律。它也是专门组织的一种非全面调查。在实际工作中，通常是用计算抽样平均误差的方法，来推算调查总体的有关指标。

上述五种调查方式与分类研究之间的关系，可以从下列图示中加以区别的掌握。

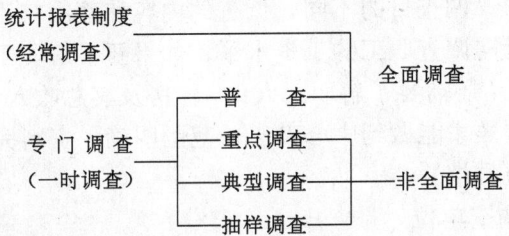

（四）统计调查的方法

在统计调查中，无论采取哪一种调查方式，都需要应用具体的方法去获取资料。这种取得资料的方法，主要有以下几种：

1. 直接观察法

就是由统计工作人员直接对所调查的单位进行计量和观察。它能够保证所取得的资料准确、及时。但是，这样的调查方法需要大量的人力、物力和财力。并且在某些条件下，比如对历史资料的搜集，就不可能直接进行计量观察。

2. 报告法

就是要求调查单位根据各种原始记录与核算资料为基础，向调查者提供统计资料的方法。我国现有各企业、机关所填报的统计报表，主要是应用这种方法。如果原始记录和核算工作健全，提供资料的准确性并不亚于直接观察法。

3. 采访法

它是由统计工作人员进行采访，并根据被采访者的答复来搜集统计资料的方法。这种方法又可分为以下三种：

（1）个别口头询问法。即由统计人员对被调查者逐一采访，并提出所要了解的问题，由被采访人回答，供以搜集资料。

（2）被调查者自填法。即调查人员把调查表发给被调查者，说明填表要求和方法，以及对有关注意事项加以注释，由被调查人按照实际情况，一一填写，填好后由统计人员审核、汇总和计算有关统计资料。

（3）开调查会法。是通过邀请熟悉情况的人员座谈，根据发言记录整理出所需资料的一种方法。

（4）通讯法。这是指把调查的问题，邮寄给被调查者，并请填好寄回。这种方法，一般要求要了解的问题不复杂，被调查者一般愿意与调查者合作，以及对调查资料要求不一定精确的条件下，是可以做为一种搜集资料辅助方法的。

以上各种方法的应用，决定于统计研究对象的特点。由于社会经济现象和表明这些现象的标志是复杂多样的，这就有必要按照各种不同的方法进行调查。但是，在某种调查任务的要求下，也可以同时应用几种调查方法和搜集资料的其他具体方法。

（五）统计调查方案

统计调查是一项群众性工作。为了使调查人员在调查过程中能够统一认识、统一行动，准确及时地完成调查任务，就应在调查以前，制订一个科学的统计调查方案。调查方案的内容，一般包括以下几项：

1. 确定调查目的

社会经济现象的内容很多，要研究解决的问题也很多。需要调查哪些内容，就需要在调查方案中明确调查目的。调查目的不同，调查的内容和范围就不一样。例如，要想了解企业设备利用情况，就无需调查职工的工资水平；如果要了解职工生活水平的话，只了解职工的工资水平就不够了，还需要了解职工人口、住房及其总收入情况。明确调查目的，是统计调查的前提条件，这样才能做到中心突出，范围明确，资料完整，避免调查工作的盲目性，以提高调查工作的质量。

2. 确定调查对象和调查单位

确定调查对象和调查单位是根据调查目的进行的。确定调查对象，就是要划清调查的总体范围。比如说调查职工生活水平，就要确定哪些是职工。调查对象，也就是统计的总体范围。调查单位是组成调查总体的每一个具体单位。如上例，每一名职工就是调查单位。

3. 确定调查项目

调查项目，就是对调查单位需要调查的内容。拟定调查项目，规定调查内容，是调查方案的核心部分。调查项目通常是以调查表的形式来表示的。如上例调查职工生活，就要确定家庭人口，住房面积，基本工资，其他收入等各项目，以全面、准确收集调查目的需要的有关资料。

4. 确定调查时间和方式

确定调查时间，一是确定调查工作的起止时间，一是确定调查资料的所属时间。调查方式，就是此次调查是全面调查，还是非全面调查。如属非全面调查，又是采取哪一种专门调查的方式等。

5. 确定调查组织计划

除以上需要特别明确的几项内容外，为了保证统计调查工作的顺利进行，还需要确定调查组织计划。比如，明确调查的领导机构，确定统计调查人员，拟定调查的具体方法，以及落实调查所需经费预算，等等。

三、统计资料的整理

统计资料的整理，就是根据统计研究任务的要求，对统计调查所取得的各项原始资料进行科学的加工与汇总，使其系统化，以得出能反映被研究现象整体特征的综合资料；或对已加工过的资料进行再加工的过程。统计资料的整理，在整个统计研究中居于很重要的位置。因为，统计调查所得到的资料，只能说明每个调查单位的情况，是零星的，分散的，不系统的，都还是事物的表象，事物的侧面，事物的外部联系。要说明所有调查单位的情况，也就是要说明大量社会经济现象的整体特征，就必须对原始资料进行科学的加工整理，把说明个体的原始资料变为说明总体的综合资料，从而反映被研究现象的本质，得出正确的结论。

统计资料整理的步骤和内容，主要包括以下四个方面：第一，对统计调查的原始资料进行审核；第二，根据研究任务的要求确定应该整理的统计指标，并根据分析研究的需要确定具体的统计分组；第三，对各项统计指标进行汇总，计算各组的总数值与总体的总数值；第四，将汇总的结果编制成统计表或绘制成统计图，以展示统计工作成果。同时，还要作好统计资料的积累工作。

下面，就以上四方面内容分别进行说明。

（一）统计资料的审查

在统计调查阶段，在搜集资料的同时，就应进行资料的检查，以防止差错，但不一定能完全消除差错。如果在统计资料整理时不再检查原始资料中的各种错误，在汇总之后就很难纠正。因此，就必须在资料整理一开始，就对材料进行一次全面的检查，这样才能保证整理后的资料正确无误。

对统计资料进行审查，主要是审查原始资料的正确性和完整性。所谓正确性，就是资料准确无误；所谓完整性，就是所有被调查单位的资料齐全。

1. 正确性审查

对统计原始资料正确性审查，主要是从逻辑方面的计算方面进行。

（1）逻辑审查，就是检查资料是否合理。例如，在企业职工调查中误将年龄填为500岁；或年龄栏内填18岁，而文化程度栏内填本科。上述资料从逻辑推理一看，就知道不对，因为上述两个资料显然都不符合逻辑。

（2）计算审查，就是重新计算表内数字是否有错误，计量单位是否与规定相符，计算方法是否合乎规定，等等。目前报表中的很大一部分错误，就是这种计算性错误。

2. 完整性审查

对统计原始资料完整性审查，主要是检查调查单位是否齐全以及各调查单位是否按规定的份数和项目及时上报。

通过以上审查，如果发现有缺报、缺份和缺项等情况，应及时催报、补报；如果发现有不正确或可疑之处，可分别不同情况进行如下处理：对于可以肯定的错误，即代为更正，并与填报单位核对；对于可疑之处，应通知原单位复查更正；对于严重的错误，应发还重新填报。

资料审查工作极为重要，要求在分组研究以前，一定要严肃对待，不可草率从事。

（二）统计分组

统计分组，就是根据统计研究的任务和社会现象最本质的特征，将所研究的问题，按照一定的标志区分为不同的类型或不同组的方法。例如，整理企业职工人数资料时，可按性别分为男、女两组，按年龄分为 20 岁以下，20～30 岁，30～40 岁等若干组。这种资料整理的方法，叫做统计分组。

统计分组，是统计资料整理中的核心问题，也是整个统计工作过程的中心问题。无论在统计理论研究中，还是在统计实践活动中，都具有极其重要的意义。因为，统计资料的整理，并非单纯的数字加总工作，必须得出能够说明事物本质的总和的统计资料，并使这些资料能够反映研究总体的综合特征，这就需要进行分组研究。科学的统计分组，赋于统计整理和研究判断事物的能力，因而它成为统计资料科学整理工作的基础，否则，就不能正确进行对现象的研究。

统计分组的作用可以归纳为以下三个方面：

第一，通过统计分组可以区别事物的不同性质。社会经济现象是错综复杂的，各现象之间有其共同性的一面，也有其特殊性的一面。前面讲过，由总体单位构成的统计总体，是以各单位的共同性作为总体同质性的基础。而事物的特殊性，即事物之间的差别，则是我们认识事物的基础。因此，只有通过分组区分事物的不同性质，才能深入而具体地研究事物的本质特征及其变化的规律性。

第二，通过统计分组可以研究事物的构成及其变化规律。总体的构成可以表明事物的内部各部分比重和比例关系，也可以揭示总体的基本性质和特征。

第三，通过统计分组，可以研究社会经济现象之间的相互依存关系。任何事物总是相互联系、互相依存的，一个现象的变化常常是另一个现象变化的原因或结果。统计要研究这种依存关系，就必须运用统计分组的方法。

统计分组是否科学，是否能正确反映总体的性质和特征，关键在于正确选择分组的标志。因为，任何事物都有许多标志可以表现，如果标志选择不当，分组整理的结果必然不能正确反映总体的性质特征。前面讲过，标志按其特征不同，可以分为品质标志和数量标志两类，而统计分组又是根据某一标志进行的。所以，统计分组的方法，就分为按品质标志分组和按数量标志分组两个基本类型。

1. 按品质标志分组

按品质标志分组，是选择反映事物属性的不同品质标志作为分组标志来进行统计分组的。这种分组有的比较简单，比如职工按"性别"标志分成男、女两组；按"岗位性质"分成生产人员和非生产人员两组，等等。有的就比较复杂，比如部门分组，产品分组，就要综合考虑产品用途、使用材料和生产技术等多个标志来进行分组，我们通常把这种分组称为分类。

按品质标志分组后，可以形成两种统计数列：一种是品质分配数列，一种是品质非分配数列。

品质分配数列，是由按品质标志分组的各组名称和各组的总体单位数组成的统计数列。例如，在劳动统计中，将企业全部职工作为一个总体，每一名职工便是总体单位。如果对调查资料按品质标志分组时，可以按性别、民族、文化程度等标志分组，再将各组中的人数列示出来，便形成品质分配数列。例如，某施工企业 1995 年末职工人数按文化程度的分组统计表（表 1-1），便是品质分配数列。

品质非分配数列，是由按品质标志分组的各组名称和总体单位数以外的其他指标数值所组成的统计数列。仍如上例，职工按文化程度分组后，不是反映各文化程度组的人数，而是工资收入的一般水平，便形成品质非分配数列（表1-2）。

職工文化程度統計表　　表 1-1
（1995 年 12 月 31 日）

職工按文化程度分組	職工人数	比重（%）
初中以下（不含初中）	200	18.18
初中	400	36.36
高中	300	27.27
中专	100	9.09
专科	50	4.55
本科	40	3.64
本科以上（不含本科）	10	0.91
总　　　计	1100	100

職工平均工資分類統計表　　表 1-2
（1995 年 12 月 31 日）

職工按文化程度分組	年平均工資（元）
初中以下（不含初中）	3600
初中	4080
高中	4440
中专	4920
专科	6960
本科	8400
本科以上（不含本科）	9360
总　　　计	4500

注：总计行平均工资为企业加权平均数。

2. 按数量标志分组

按数量标志分组，是选择反映事物数量的标志，也就是选择变量，并用变量值划分各组来进行统计分组的。这是统计分组研究的最常用的方法。

按数量标志分组后，又可形成两种统计数列：一种是变量分配数列，一种是变量非分配数列。

变量分配数列，就是由按数量标志分组形成的各组和总体单位数在各组的分布状况所组成的统计数列。例如，对职工按年龄分组，分组后用职工人数说明在各组的分布情况（表1-3）。

表1-3就是选择"年龄"这个数量标志，并用其数值表明不同年龄组，然后统计各年龄组人数及其构成，这就是变量分配数列。

变量非分配数列，是指按数量标志分组，说明各组数值的不是总体单位数，而是总体单位数以外的其他指标数值。例如，某建筑工程总公司下属企业劳动效率统计资料，就是一个变量非分配数列（表1-4）。

職工年齡分組統計表　　表 1-3

職工按年齡分組（岁）	職工人数（人）	比重（%）
18 岁以下	76	6.07
18～20	125	9.98
20～30	248	19.81
30～40	426	34.03
40～50	293	23.40
50～60	84	6.71
总　　　计	1252	100

勞動生産率統計表　　表 1-4

企业按職工人数分組（人）	月劳动生产率（元/人）
200 以下	3280
200～400	4068
400～600	4857
600～800	5296
800～1000	6430
1000 以上	6852

选择数量标志分组，由于变量值表现形式的不同，可以分为单项式变量数列和组距式变量数列两种类型。而组距式变量数列又分为等距数列和不等距数列两种情况。

单项式变量数列，就是以每个变量值为一个组所形成的变量数列。例如，某瓦工队有20名工人的月工资（元）的资料为：

450	480	500	480	500	560
560	620	560	690	620	690
760	690	760	840	960	840
960	960				

根据以上资料，可以编制下列（表1-5）的单项式变量数列。

某瓦工队月工资统计表　表1-5

按月工资（元）分组	工人数（人）
450	1
480	2
500	2
560	3
620	2
690	3
760	2
840	2
960	3
合　计	20

以上变量数列由两部分组成，一部分是按工资数量标志分组所形成的各个组，另一部分是总体单位数在各组的分布状况。由于社会经济现象总体中某一数量标志所呈现的数值是相当多的，且大量标志值不是以整数出现的，如果以每一个变量值为一组，势必造成变量数列很长，不便于实际工作使用，所以在统计工作中较少编制单项式变量数列。

组距式变量数列，就是将全部变量值按一定的距离，即由多少到多少分成若干个组。按组距方式分组，有等距和不等距两种方法。按相等的距离确定组距所形成的变量数列，称为等距数列。仍用上例资料按等组距分组可以编制下列（表1-6）的组距数列。

按不相等的距离确定组距所形成的数列，称为不等距数列。如上例，可编制下列（表1-7）的组距数列。

在实际工作中，是按等距离分组还是按不等距离分组，这要视研究任务和社会经济现象的特点而定。

某瓦工队工资统计表　表1-6

按月工资（元）分组	工人数（人）
400～500	3
500～600	5
600～700	5
700～800	2
800～900	2
900～1000	3
合　计	20

某瓦工队工资统计表　表1-7

按月工资（元）分组	工人数（人）
400～500	3
500～600	5
600～800	7
800～1000	5
合　计	20

按组距式分组需要解决以下两个问题：

第一，确定"全距"、组距和组数。

所谓"全距"，就是某一分组标志的最大变量值与最小变量值之间的距离，或者说是最大标志值与最小标志值之差。如上例 20 名工人工资资料的全距是 960－450＝510。

组距是指每一组标志值的距离，例如表 1-6 中每组的组距均为 100。

组数，就是分多少组。全距和组距明确之后，就可以按下列公式确定组数了。

$$组数＝\frac{全距}{组距}$$

仍如 20 名工人工资资料所编制的等距数列的组数为 5.1$\left(\frac{510}{100}\right)$，故分成 6 个组。

组距大小与组数多少是成反比的：组距大，组数少；组距小，组数多。

第二，确定组限和组限的表示方法。

在组距式变量数列中，各组的变动范围是以组限来表示的。组限是规定每组两端的数值。例如，表 1-6 中按工资分组中的"400～500"，"500～600"……每组两端的数值。每组大的数值称为上限，小的数值称为下限。在根据组距式数列计算有关数据时，每组的上限或下限都不能代表该组的变量值，而采用上限和下限的平均值来代表。这个平均值在统计上称为组中值。它的计算方法是：

$$组中值＝\frac{上限＋下限}{2}$$

关于组限的表示方法是不尽一致的，应该根据变量的性质来确定。如果是连续型变量，由于变量值不可能一一列举，所以两个相邻组的上限和下限不可能用两个确定的不同数值来表示，只能以一个数值作为相邻两个组的上限和下限。例如表 1-6 和表 1-7 都是这样。如果变量的某个实际值刚好是相邻两组共同的组限，如上例瓦工队两名 500 元工资应该归到哪组呢？按照贯例，一般都是划归到下一组内，这叫做"上限不在内"的通用原则。如果分组的变量是离散型变量，就可以用明确的方法表示。例如，企业按人数分组，就可以表示为：

100～499 人

500～999 人

1000～1499 人

……

以上举例的各组组限表示方法，上限和下限都有具体数值，这在统计上叫闭口组。但有时第一组或最末一组只有上限或下限，这样的组称为开口组。如，上述工资分组资料的第一组用"500 以下"，最末一组用"900"以上。根据开口组确定组中值时，因为不能用上限加下限被 2 除的方法，一般采取以其相邻组组距为其本组组距的方法。假如，第一组是"500 以下"，而第二组是"500～600"，第二组组距是 100，那么，第一组的组距也视为 100，那就是第一组"500 以下"看作下列 400，把该组看为"400～500"，组中值就可以计算为 450 了。

四、统计汇总

统计资料的汇总，就是按照汇总方案的要求，把总体单位分别归纳到所确定的各组内，并计算出总体单位数和标志总量的一项工作。

统计资料的汇总，是一项繁重而细致的工作，必须有一定的组织形式并不断改进汇总技术，以保证统计资料汇总的准确性和及时性。

统计汇总就其组织方式来看，可以分为逐级汇总和集中汇总两种情况。所谓逐级汇总，就是按照统一的汇总纲要，在一定的领导系统内，由各级机构自下而上地依次汇总所辖范围内的统计资料。所谓集中汇总，就是把全部统计资料集中到一个机关进行整理，或由几个机关同时进行整理，直接得出全部的汇总结果。

统计资料的汇总技术，可以用手工汇总，也可以用电子计算机汇总。

（一）手工汇总

手工汇总，就是用简单计算工具（如算盘和微型计算器）进行人工计算的汇总。手工汇总的方法主要有以下几种：

1．划记法

这是在事先设计好的汇总表上，用点（如∴）、线（如卌）、点线结合（如※）或划"正"字的方法，进行分组计算。这种方法，一般只适用于为数不太多的总体单位的简单分组和计算，不适用于汇总标志数值。

2．过录法

这是将调查表中的资料，一一过录到预先设计好的过录表中，然后计算出结果并填入汇总表内。这种方法，随审随录，简便易行。它既能汇总总体单位数，也能汇总标志值。但是，该种方法由于转录手续较多，容易出现差错。所以，一般也只适用于调查单位较少的情况下采用。

3．折叠法

这是将调查表的同一的栏次（或行次）分别折边叠放，依次加总计算，将其结果直接填入汇总表内。这种方法，省去过录的手续，避免出现差错，又省时省力，是实际工作中常用的一种方法。

4．卡片法

这是利用一种特别的卡片进行汇总的方法。其做法是：将需要汇总的标志按分组顺序进行编号，并在调查表的各标志项目下注明所属编号，然后将每份调查表注明的编号与相应的标志值分别摘录到每张卡片上，再按分组标志的组号将卡片分组，最后进行加总计算。这种方法适用于调查单位较多，分组又比较复杂的情况，既减轻了工作量，又保证了汇总资料的正确可靠。

（二）电子计算机汇总

利用现代电子计算技术和数据传送通讯系统建立"电子计算中心"，集中对统计资料进行汇总是统计资料汇总工作发展的方向,也是统计计算和数据传输技术现代化的重要标志。电子计算机汇总，不仅具有速度快、精度高的特点，而且具有逻辑运算和资料储存的功能。电子计算机在统计工作上的应用，能使统计工作人员从繁重的汇总工作中解放出来，可以集中力量进行统计的分析研究工作。

五、统计表与统计图

（一）统计表

统计表是表现统计资料的一种重要形式。因为，统计汇总后得到的统计数字是分散的，数字之间不能直接观察到它们之间的联系。为此，把汇总的资料，根据研究任务的需要，填写到适当的表格内，这种表现统计资料的表格，叫做统计表。

统计表是用横竖线交错的线条所组成的表格，其中填列有关的数字资料，以说明社会经济现象的特征和有关数量方面的联系。统计表的作用很多，主要反映在：第一，统计表能清晰地表明统计资料的内容，使其条理化；第二，用一张张设计科学的统计表简明扼要地说明研究的问题，通俗易懂，一目了然；第三，用统计表可以反映各指标之间的关系，有利于统计的计算和分析。

统计表的构成，从外形上看，它由总标题、标目、横行、纵栏和指标数值等部分构成；从内容上看，它是由主词和宾词两部分组成。

统计表的一般结构和内容，列表 1-8 予以说明。

××建筑公司产值统计表　　　　　　表 1-8　　←总标题

所属单位	职工全年平均人数（人）	建筑业总产值	
		绝对数（万元）	比重（%）
（甲）	（1）	（2）	（3）
第一分公司	××××	××××	××
第二分公司	××××	××××	××
第三分公司	××××	××××	××
第四分公司	××××	××××	××
总计	××××	×××××	×××

←上基线　纵栏标题（纵标目）　←栏次　数字资料　←下基线

横行标题（横标目）　主词　宾词

在表 1-8 中，总标题就是统计表的名称，用以概括说明统计表所反映的内容，一般写在统计表上端中央位置。横行标题（横标目）是横行的名称，通常表示统计分组的各组名称，一般写在表的左方。纵栏标题（纵标目）是纵栏的名称，通常表示统计指标，一般写在表的右上方。栏次（或行次）通常是对纵栏（或横行）的编号。主词栏编"甲"、"乙"、"丙"……，宾词栏编"1"、"2"、"3"……。凡有计算关系的，还应注明。数字资料填写在空格内，以表明横行标目所呈现的指标数值是多少。主词，就是统计总体，它可以表现为各总体单位，也可以表现为总体各个分组或是整个总体全部。宾词，就是说明总体数量特征的各种统计指标。

表 1-8 的主词处于横标目的位置，宾词处于纵标目的位置，这是通常的处理方法。不过，有时为了编排合理和阅读方便，也可以互换位置。现以反映某工程处主要经济指标的统计表的两种编列方法，列表 1-9 和表 1-10 如下：

某工程处主要经济指标统计表　　　　　　表 1-9

单位名称	总产值（万元）	全员劳动生产率（元/人）	成本降低率（%）	利润总额（万元）	资本金利润率（%）
工程处					
其中：一队					
二队					
三队					
四队					

某工程处主要经济指标统计表　　表 1-10

经济指标	计量单位	数额	其中：			
			一队	二队	三队	四队
总产值	万元					
全员劳动生产率	元/人					
成本降低率	％					
利润总额	万元					
资本金利润率	％					

　　统计表有许多种。统计表按照主词是否分组和分组的程度，可以分为简单表，分组表和复合表三种。简单表就是表的主词未经任何分组的统计表（如表 1-11）；分组表就是对总体按一个标志进行分组的统计表（如表 1-12）；复合表就是对主词分组时采用两个或两个以上的标志结合起来进行分组的统计表（如表 1-13）。

某建筑公司生产情况统计　　表 1-11

所属单位	职工人数（人）	总产值（万元）	劳动生产率（元/人）
第一工区			
第二工区			
第三工区			
合　　计			

某建筑公司职工人数统计表　　表 1-12

	第一工区	第二工区	第三工区	总　　计
生产人员				
非生产人员				
合　　计				

某建筑公司职工人数统计表　　表 1-13

		第一工区	第二工区	第三工区	总　　计
生产人员	小计				
	其中：男				
	女				
非生产人员	小计				
	其中：男				
	女				
合计	小计				
	其中：男				
	女				

统计表按用途不同，可分为调查表，整理表和分析表三种。调查表是汇录被调查单位不同标志的原始记录的表格；整理表是统计资料整理时使用的汇总表格；分析表是在整理表基础上，通过若干指标的计算，为分析工作提供数据的统计表格。由于这类表格形式多样，这里就不再一一举例说明了。

为了能更好地发挥统计表的作用，在编制统计表时，还应注意以下几点：

第一，统计表的标题一定要能概括表中的内容，字简意赅。总标题下方，一般应表明统计表资料所属的时间。

第二，统计表的内容应当简明扼要，层次清楚，使人一目了然，便于观察分析。

第三，统计表中各栏内容的编排应当合理，或按时间先后顺序，或按局部到整体顺序，便于计算。

第四，填写数字资料时，一定要对准数位，一则排列整齐，二则便于汇总。遇有相同资料时，要一一写出数字，不能用"同上"、"同左"或""""等表示。没有数字的空格，可以用短横线"——"填充。

第五，统计表的格式设计，一般采用长方形。上下基线一般用粗实线，左右两端一般不划线，以使表格开阔舒展。

（二）统计图

统计图是统计资料的又一重要表现形式。它是利用几何图形、形象图等表明统计指标及其对比关系，从而显示出统计指标所反映社会经济现象的规模、结构、发展趋势和依存关系等。统计图的特点是形式生动，活泼醒目，具有较强的表现力，易于为群众所理解和接受，能起到宣传鼓动的作用。

常用的统计图有条形图、平面图、曲线图和象形图等。条形图是以相同宽度的纵条形或横条形的长短来比较统计指标数值大小的统计图。条形图又分为横式条形图（带形图）和纵式条形图（柱形图）两类。条形图制作简单，便于比较，所以应用也最广泛。平面图是以圆形、正方形、长方形等几何图形面积的大小，来表示统计指标数值和总体内部结构情况的一种统计图。平面图绘制不如条形图简单，但平面图在表达总体内部结构以及反映面积资料，显得对比鲜明而生动。曲线图是利用曲线的升降来表明指标变化形态的统计图。它是表明生产计划进度、动态和发展趋势的主要图形，对于反映事物发展变化的规律性，有着重要的作用。象形图是根据绘制几何图形的基本方法，选用实物形象，经过美术加工，来表示统计资料的一种统计图。它生动活泼，引人入胜，使观者容易得到鲜明而深刻的印象，给人以直觉感。象形图的种类也很多，比如单位象形图，长度象形图，平面象形图和形象化指标图，等等。象形图常用来对比资料和用于劳动竞赛评比方面。

鉴于统计图种类极多，绘制方法也因图而异，所以有关图例的绘制方法就不一一说明了。

六、统计分析

统计分析，是统计工作过程的最后阶段。经过统计调查获取大量资料并进一步汇总整理后，就可以在此基础上进行统计分析工作了。

（一）统计分析的意义

统计分析，是透过统计指标之间的联系，使用统计的方法，对各项指标所反映的客观事物，进行综合分析和推理判断，从而揭示事物本质及其规律性的一项重要工作。

统计工作，通过对原始记录、企业报表和其他资料的调查了解，取得了大量的数字资料和有关情况。可是，这些资料大多是事物的表面现象或局部状况。为了能够揭示事物的矛盾，找出事物发展变化的原因，并进一步挖掘事物发展变化的规律性，就需要对统计调查的大量资料进行"去粗取精、去伪存真、由此及彼、由表及里"的工作。即对这些资料进行分析和研究，从而得出正确的结论，这是整个统计工作最后进行定性认识的必要阶段。

通过统计分析工作，可以正确地估价成绩，找出差距，指出不断前进的方向；通过统计分析，就能及时发现矛盾，解决矛盾，从而推动生产的发展；通过统计分析，就能逐步地摸清生产的客观规律，克服盲目性，增强自觉性，进一步提高企业经营管理的水平。

在企业经营管理工作中，是否开展统计分析工作，统计分析搞的好不好，是衡量统计工作水平高低的一个重要标志。因此，要求企业的统计人员，必须提高对开展统计分析工作重要意义的认识，努力提高自己的政治经济理论水平，熟悉党的方针政策和生产技术知识，进一步学习和应用各种统计方法，提高分析问题和解决问题的能力。只有这样，才能更好地发挥统计是认识社会最有力的武器这一重要使命。

我国社会主义统计工作，几十年来积累了丰富的资料，在开展统计分析工作中，有了相当的经验。但是，总的说来，统计分析工作还是个薄弱的环节。特别是基层统计工作，还存在着只管计数填表，不管分析研究的现象，致使很多统计资料没能充分发挥作用，十分可惜。因此，在统计工作中，一定要重视分析工作，总结经验，尽快地把统计分析工作开展起来，以适应我国四化建设的需要。

（二）统计分析的任务

统计分析的任务与统计工作的任务是一致的。总的说来，是根据统计研究的课题，从占有的资料中进一步作出结论，以证明所研究的问题。具体说来，统计分析的任务主要有以下几点：

第一，检查分析计划执行情况，研究其完成或未完成计划的原因。这是统计分析的主要任务之一。统计在检查计划时，不仅限于计算计划完成情况百分比，更重要的是分析完成或未完成的原因，并根据资料说明哪些是主要原因，哪些是次要原因；哪些是主观原因，哪些是客观原因。根据分析的原因，进一步挖掘潜力，提出建议，以便采取措施，完成或超额完成计划任务。

第二，综合分析企业生产的发展速度和比例关系，了解企业生产发展的具体规律性。就是说，要根据大量丰富的资料，对企业各方面的主要指标进行综合分析，并进一步研究这些指标之间的相互依存关系，为党政领导决定方针政策和进行国家计划管理提供全面的统计资料。

第三，揭示企业中的先进单位与后进单位，并进行对比分析，以挖掘潜在力量。要善于总结并运用先进单位的经验资料，加以推广，发现和揭露后进单位存在的问题，提出改进方法。同时，要组织统计评比，借以促进社会主义劳动竞赛，更好地发挥统计工作促进生产发展的作用。

第四，围绕贯彻落实党的方针政策加强分析研究。例如，研究建筑业现代化发展的情况；研究扩大企业自主权加强经济核算后建筑产品造价降低的情况，等等。这样，就可以进一步检查党的方针政策贯彻落实的情况与效果，以便采取措施，坚定贯彻党的方针政策的决心，为加速四化建设提供资料。

第五，围绕着反映经济效益的问题，加强分析研究。以尽可能少的消耗，取得尽可能多的经济效益，这是企业生产的基本目的，也是企业经济核算的基本出发点。因此，建筑企业统计工作，就要对企业反映经济效益的各种问题，进行专题的或综合的分析和研究，以便改进企业管理，增加企业盈利，加速建筑业的发展。

总之，随着我国社会主义现代化建设的发展，统计分析在企业经济活动中，要做到发现问题，分析问题，并提出解决问题的办法，为党政领导提供客观事物规律性的资料，以便领导掌握企业生产活动的规律，据以指导和改进企业的各项工作。

（三）统计分析的原则

统计分析是统计工作的最后一个环节，确保统计分析工作的质量，对搞好统计工作格外重要。但是，统计分析工作绝不是凭统计工作者主观意识对事物做决断的。在进行统计分析时，必须遵循马克思主义的立场、观点和方法。具体说来，必须坚持以下原则：

1. 从客观实际出发，坚持实事求是

实事求是，是我们党的优良传统和作风，是无产阶级世界观的体现，也是搞好统计定性认识的重要原则。统计分析的对象是客观的社会经济现象，只有如实地反映客观，从实际情况出发，实事求是地进行研究，才能得出合乎客观的正确结论。这就是说，在进行统计分析时，必须以大量的统计资料为基础，从丰富的实际材料中，引出正确的结论。因此，进行统计分析所用的统计资料，数字要准，情况要实。典型材料必须有充分的代表性，切忌以偏盖全，更不可凭空臆断。要说真话，反映真实情况。这是统计分析工作的最基本原则。

2. 要全面分析问题，坚持辩证观点

客观事物的存在是对立统一的，统计分析问题时，也必须按照事物的本来面目，用辩证的观点进行分析。就是说，既要看到成绩，也要看到缺点；既要总结经验，也要找出差距；既要分析有利因素，也要分析不利因素；既要看到客观因素，更要分析主观原因。总之，统计在对大量资料进行分析判断过程中，不能只看到事物的一个方面，而忽视另一个方面。在许多矛盾交织在一起的时候，通过分析，要力求抓住主要矛盾和矛盾的主要方面，分清什么是主流，什么是支流，重点突出，旗帜鲜明。

3. 必须从事物的相互联系中分析问题

企业的生产经营活动，都不是独立地进行和发展的，它们之间存在着相互联系、相互影响和相互制约的关系。就是说，企业的各项主要经济指标之间有密切的依存关系。只有把它们联系起来，全面分析，才能全面评价企业的工作。除此之外，在分析事物发展变化原因时，更需要把主客观因素，内外部条件全面联系起来观察，才能正确作出判断。

4. 贯彻群众路线，发动群众共同分析

进行统计调查，取得基本统计资料，必须依靠广大群众，这是毫无疑问的。但是，进入统计分析阶段，还要不要依靠群众，往往是被人们容易忽视的问题。要知道，广大职工群众始终是企业的主人，他们是企业各项生产经营活动的直接参加者。他们熟悉情况，对事物的评价最有发言权。因此，在进行统计分析的过程中，必须深入到群众中去，深入到有关职能部门和工人生产班组中去，倾听他们对有关问题的看法。必要时，也可以召集有关人员参加分析会议，集思广益，使问题分析得深入准确。在实际工作中，不少企业建立班组、工区、机关职能科室的分析制度，这对发动群众参加管理，及时解决经营管理中的问题，并不断提高统计分析的质量，都起了很好的作用。

总之，为了保证统计分析工作的质量，充分发挥统计的作用，在进行统计分析时，一定要坚持辩证唯物主义原则，有一说一，有二说二，绝不虚报成绩，更不能隐瞒缺点和问题，要深入群众，深入实际，从复杂的经济现象中，从浩繁的统计材料中，引出正确的结论来。

（四）统计分析的步骤

统计分析是多种多样的，因此，如何进行统计分析也不是固定不变的。但是，一般说来，统计分析大体需要以下几个基本步骤：

1. 明确目的要求，拟定分析提纲

确定统计分析的目的，就是为了有的放矢，防止为分析而分析。社会主义统计的特点，就在于具有强烈的实践性以及在实践中有明确的目的性。任何统计分析的进行，都是服从于研究问题的需要，都有着它具体的目的和要求。同时，只有明确了统计分析的目的和要求，才能具体地确定分析研究中所要解决的主要问题，以便决定所需资料和采用的指标，从而能对统计分析的目的要求作出正确的回答。因此，确定统计分析的目的要求，是进行统计分析工作必须要解决的一个首要问题。

拟定分析提纲，是指事先预料一下可能涉及到的问题，以及围绕这些问题需要准备哪些资料。统计分析提纲具体表现为统计分析的题目。如果不拟定提纲，分析工作就不知从何处入手。问题抓不准，就不能集中而全面地说明要研究问题的情况，也就达不到统计分析的目的和要求。

2. 评价和审核统计资料

供统计分析使用的资料有不同来源，如各种统计报表，各种统计调查资料，历史的或外国的统计资料以及有关部门的资料与文件，等等。

统计资料的准确性，是保证统计分析质量的关键。因此，必须对统计资料进行整理、审查和评价，鉴定资料是否真实，是否具有可比性和代表性。特别是对于间接资料的采用，要注意资料的计算范围、口径和方法，以及与分析要求是否一致。否则，不恰当地应用资料，必然会招致分析判断上的错误结果。

在对已有统计资料审查整理的基础上，还要进一步从中选择出研究问题所需要的资料，确定出作为分析依据的基本事实。因为，许多分析结论光靠统计数字还不能充分地、精确地表现出来，而要结合具体情况，才能生动和具体地说明问题。

另外，在运用统计资料时，由于有些资料缺乏或不能直接说明问题，还要进行必要的统计推算。当然，统计推算必须以确实可靠的资料为依据，并按科学的计算方法进行。否则，靠主观偏见推算，就不能得出正确的结论。

总之，为满足分析的需要，搜集资料要全面系统，整理资料要正确可靠，对所有应用的资料要核实、鉴定。否则，必将影响分析结果的正确性。

3. 进行具体分析，作出分析结论

在掌握丰富的统计资料的基础上，利用各种分析方法，对现象进行周密的分析研究工作，这是统计分析的中心环节。

在对研究对象进行具体分析时，可以暴露出事物的矛盾。要抓住问题的关键，作出分析结论。同时，通过具体分析，可以从事物的内在联系中，由现象到本质，以探明所研究现象的具体规律性及其各种问题。据此，根据统计分析的目的要求，对所要解决的主要问题，作出判断，得出结论，并提出切实可行的建议。

4. 形成统计分析报告

统计分析的结果，用书面形式来说明，就形成统计分析报告。

统计分析报告的内容和格式，并无一定规定，完全根据客观需要来确定。根据不同的研究任务和要求，统计分析报告一般分为定期分析报告，综合分析报告和专题分析报告三种。定期分析报告，主要是依据定期统计报表所取得的资料来检查和分析计划执行的进度和完成的结果，它一般在计划期末提出。综合分析报告，主要是根据有关经济指标间的相互关系进行分析研究，它一般是由综合统计部门编写。专题分析报告，就是对某项专门问题进行统计研究所形成的统计分析报告，它一般是根据党政领导的需要，配合各时期生产中的关键性问题进行的分析和研究。

统计分析报告的内容，取决于分析的题目和内容。什么问题是分析报告的重点，就侧重写什么问题。例如，分析计划完成情况，就要分析超额完成计划的原因，未完成计划的原因和存在的问题，并提出改进措施。分析劳动生产率提高的情况，就需要说明劳动生产率提高的水平，影响劳动生产率提高的因素及其作用程度，以及如何进一步挖潜革新，提高劳动生产率的建议，等等。

统计分析报告的格式，一般是根据分析报告的任务进行内容的安排。一般统计分析报告主要包括以下三个方面：

第一，对所分析的问题作出总的说明，将总情况写清楚。特别是对工作成绩的估计，要恰如其分，找出基本的主要的方面，实事求是，并上升为具有普遍意义的经验。

第二，如实反映存在的缺点或问题，以及产生问题的原因，并从数量上具体计算和分析各种原因的影响程度。

第三，为了总结经验，解决存在的问题，要结合实际情况，有针对性地提出切实可行的积极建议，供领导和有关部门参考。

写统计分析报告时，还应注意以下几点：

(1) 报告内容，要根据分析的目的要求，抓住问题的关键，重点突出。

(2) 报告中的观点与材料要统一，要用充分必要的材料说明观点，不能空泛议论而没有材料，也不能罗列大堆数字而没有观点。

(3) 报告要层次分明，概念清楚，内容充实，前后一致，顺理成章，简练明了。

(4) 语言要通俗生动，言简意明，避免烦琐冗长，反对说空话、大话和假话。

总之，一篇好的统计分析报告，应该是观点正确，材料充实，通俗易懂，并且有情况，有问题，有措施。

(五) 统计分析的方法

为了达到认识事物的本质和规律，就必须在统计分析中运用科学的方法。在进行统计分析时，统计人员除了具有唯物辩证的世界观与方法论，掌握统计分析的步骤和要求，还需要结合统计研究社会经济现象数量方面这个基本特点，运用一系列专门的数量分析方法，才能更好地完成统计分析的工作任务。

统计分析的方法很多，例如，综合指标法，动态研究法，因素分析法，相关分析法，平衡分析法，等等。本书将在第二、三、四章，仅就综合指标、动态数列和统计指数的理论和方法进行介绍，这里就不一一说明了。

复 习 思 考 题

1. 什么是统计？统计的研究对象是什么？

2. 什么是统计服务？什么是统计监督？二者关系如何？

3. 什么是统计总体？什么是总体单位？举例说明。

4. 什么是标志？什么是指标？二者有何区别与联系？

5. 什么是变异？什么是变量？什么是变量值？

6. 什么是统计指标体系？

7. 统计工作过程包括哪几个阶段？它们之间的关系怎样？

8. 统计调查分成几类？如何划分？

9. 统计资料整理的内容包括哪些？

10. 什么是统计分组？如何编制变量数列？

11. 什么是统计表？编制统计表应注意哪些问题？

12. 什么是统计分析？统计分析的原则、任务和步骤有哪些？

13. 统计分析报告有哪几种？

14. 某施工企业共有 30 名瓦工，其月工资的原始资料如下（单位：元）：

530	540	540	660	700	880
840	660	660	660	840	660
580	660	780	500	540	580
840	580	600	660	540	780
830	540	660	780	780	540

要求：(1) 用划记法整理，编制单项式变量数列；

      (2) 编制按月工资分组的组距式变量数列。

15. 某建筑工程管理局所属 18 个企业，某年利润计划完成百分比的原始资料如下：

112	108	104	123	98	125
105	85	100	114	109	100
118	125	113	106	116	128

要求：按计划完成百分比为分组标志，编制变量数列。

第二章 综 合 指 标

统计指标在反映社会经济现象总体特征时，是多种多样的。但是，无论实际统计指标有多少，就其表现形式看，概括起来可以归纳为三类：总量指标、相对指标和平均指标。因为这三类统计指标是综合反映社会经济现象数量特征的最一般表现形式。所以，在统计理论中称之为综合指标。而使用综合指标分析社会经济现象，称之为综合指标法。本章介绍的是这三类指标的基本理论和计算方法。

第一节 总 量 指 标

总量指标，是用来说明在一定时间、地点和条件下，某社会经济现象的总规模和总水平的统计指标。总量指标一般是用绝对数表示的，所以也称之为绝对指标或统计绝对数。总量指标一般表示统计总体或其各组的单位总量或标志总量的数值，但有时也表现为两总量之间的差量。例如，建筑企业职工 2450 人，完成总产值 12250 万元，比上年度 9840 万元，增加 2410 万元。上例中的"2450"就是总体单位的绝对个数，而"12250"万元和"9840"万元，都是总体标志的总数量。这三个指标，都是总量指标。而"2410"万元，是"12250"万元和"9840"万元的差量，这也是总量指标。总体总量，就是总体单位总数量；标志总量，就是总体中某一数量标志的总数量（总和）。

一、总量指标的作用

总量指标在社会主义经济统计工作中具有十分重要的作用。它突出表现在以下几个方面：

（一）总量指标为从数量上反映和认识社会经济现象提供依据

因为总量指标是用来反映一个国家、地区、部门和单位的人力、物力和财力的基本情况。例如，一个施工企业的职工人数，产品产值，资产总额，工资总额，资本金总额，利润总额，等等。了解了这些总数量，人们就可以对这个企业的基本情况和基本实力有个概括的认识。从一般规律看，人们认识社会经济现象，往往是从总数量开始的。因此，总量指标就为人们认识问题提供了基本数量依据。

（二）总量指标是制订和检查计划的主要依据

企业编制生产计划，设备计划，材料供应计划，劳动工资计划等的基本依据，都是根据上项相应指标的总量实际资料为依据，再考虑到有关因素编制的。例如，企业职工总数量指标，它对于确定生产计划任务，工资总额计划等都有直接的联系。因为总量指标是最具体、最实际的数量反映，也就不能不成为制订和检查计划的最基本数据。

（三）总量指标是研究社会经济现象比例关系和平衡关系的重要数据

例如，研究企业职工中各类人员构成的比例关系，研究企业物资收、支、存的平衡关系，等等。都必须取得相应的有关总量资料，否则就无法进行有关数据的计算与分析。

（四）总量指标是计算相对指标和平均指标的基础

相对指标和平均指标都是反映社会经济现象本质特征的统计指标，这两种指标都是总量指标的派生指标，都必须依据总量指标来计算。例如，计算产值利润率，它必须用利润总额和产值这两个总量指标对比求得；计算平均工资，必须用工资总额和职工人数这两个总量指标计算求得，等等。如果总量指标不准确，用以计算的相对指标或平均指标，也绝不可能正确。

二、总量指标的种类

（一）总体单位总量与总体标志总量

总量指标按其反映总体的内容不同，分为总体单位总量和总体标志总量两类。总体单位总量就是总体单位的总和数。例如，企业数量，设备台数，职工人数等。总体标志总量是反映的总体单位某种标志值的总和数。例如，企业产量数，设备台时数，工资总额数，等等。

（二）时期指标与时点指标

总量指标按其反映指标的时间状况不同，分为时期指标和时点指标两类。时期指标是反映指标在一段时间期限内呈现的总数量。例如，产品产量，利润总额，基本建设投资完成额等。时点指标是反映指标在某一特定时间点上（某一时刻或瞬间）呈现的总数量。例如，职工人数，材料库存量，固定资产总值，等等。

时期指标与时点指标有以下两个突出的区别：

第一，时期指标可以累计相加，而时点指标相加无意义。例如，第一季度中1、2、3，3个月的产值相加，就是第一季度的产值数，而这3个月的职工人数如果加起来，就毫无意义了。

第二，时期指标的数值大小与时期长短有直接关系，即：时期愈长、数值愈大；反之，数值越小。而时点指标的数值大小与时期长短或时点间隔长短都无直接关系。例如，材料库存量是时点指标，其储备数量的多少与其时间长短没有直接关系，不会出现时间越长，储备量越大的情况。

以上这两点区别弄清楚了，在进行有关指标计算时，就可以结合其指标的特点进行统计处理了。

三、总量指标的统计方法

统计总量指标，有些比较简单，有些比较复杂，决不能把关于总量指标的计算仅看成是加加减减的技术问题，而应特别注意其指标的经济范畴，这正是正确统计总量指标的基础。例如，在统计建筑业总产值时，就首先要明确什么是建筑业总产值，它包括哪些方面的内容，哪些又不能计入这个指标，否则，计算的指标数值就不准确了，因为，确定现象的经济范畴，就是确定事物的质量界限。例如，总产量和总产值是两个现象，前者为生产的实物数量，后者为完成或实现的价值总量。所以，只有明确总量指标计算的经济范畴，那么，指标的数量表现才能准确。

在实际工作中，统计总量指标有很多具体方法。其中，主要有以下三种：

（一）直接计量法

就是对被统计的对象直接进行测量、点数的计算方法。例如，粗沙的实际进场数量就可以通过量方直接取得，而卫生间待安装的浴盆数量就要点数确定了。我国目前统计报表中的总量指标以及普查中的总量资料的计算，基本上采用这种方法。

（二）评定法

这主要是对难以进行计量而又必须计量反映的现象所采取的方法。例如，统计建筑产品的工程质量，一般对实测项目采取打分评定的方法。当然，采用这种方法，必须以统一的评定标准为准则。

（三）推算法

在总体的一些总量指标不能直接计算或不必要直接计算的条件下，可以根据一定的资料来推算。例如，根据某种材料期初库存量、本期收入量和期末库存量这三个指标，就可以推算出该种材料的本期支出量指标。根据总产值和全员劳动生产率指标，就可以推算出全部职工平均人数这个指标。这种推算，主要是根据数量之间的依存关系，利用已知资料，推算"缺口"资料。当然，这种方法有时带有某种程度的假定性。但在抽样调查、统计预测等统计工作中，一般都是采用这种方法。它是一种省时、省力而在一定程度上也是比较准确的一种方法。

统计总量指标时，除了明确经济范畴和采用相应的方法以外，还应注意以下几个问题：

第一，统计实物量指标时，一定要注意现象的同类性。

就是说，只有同类现象才能相加计算其总数量。例如，建筑企业统计土方实物工程量和砌筑实物工程量时，只能分别统计其总量指标，虽然计量单位都是立方米，也不能相加计算总数量。因为，二者工程性质不同，计价标准也不一样，相加以后毫无意义。

第二，计算总量指标时，一定按照国家规定的统一计算方法。

例如，计算企业的总产值，国家统一规定按"工厂法"计算，那么就不能用其他的方法，以保证资料的汇总和各单位同类指标的可比性。

第三，要统一计量单位，防止统计数量的差错和混乱。

特别是国家统一计算单位的法令公布后，一定要严格执行。在实际统计工作中，还要注意按要求将不统一的计量单位换算成统一的计量单位。例如，将 11kW 的拖拉机作为一个标准台，然后把不同功率的拖拉机数量折合为标准台数。如，某建筑企业有每台牵引 44.2kW 的红旗拖拉机 10 台，就可按 （44.2÷11）×10＝40 台的方法进行计算。

第二节　相　对　指　标

总量指标是统计指标中的最基本数字，是研究社会经济现象规模和水平的基本指标。但是，说明社会经济现象，只用总量指标还不够，特别是在对比说明两个总量指标之间关系时，就不能得出明确的判断。比如，某建筑企业 1995 年总产值为 3280 万元，1994 年总产值为 2840 万元，我们用差额相比，可知道 1995 年比 1994 年多完成产值 440 万元。但是，产值的增长程度有多大？是不能直接得出结论的。为了回答这类问题，就需要计算相对指标了。

一、相对指标的特点、作用和表现形式

（一）相对指标的特点

相对指标是用对比方法来反映两个相互联系指标之间的密切程度的指标，或者说，相对指标是两个相互联系指标对比计算的比值或比率。如上例，用 3280 万元和 2840 万元相

比，可得 1.1549 或 115.49％，这种指标就叫相对指标，也叫统计相对数。

相对指标有以下两个特点：

（1）相对指标是抽象化指标。就是说，相对指标不是反映现象的绝对数量，而是现象之间的数量对比关系。换句话说，相对指标的数值，既不是现象的总数量，也不是现象之间的差量，它把这些都抽象化了，用一个比值（或比率）来表现两个现象之间的差别程度。

（2）相对指标是把被比较的现象抽象化为 1（或 10，100，1000 等），然后以此为标准去衡量其他指标所处的相对水平。仍如上例，如将 1994 年产值抽象化为 1 时，则 1995 年的产值便是 1994 年产值的 1.1549 倍；如将 1994 年的产值抽象化为 100 时，1995 年的产值便是 1994 年产值的 115.49％。

（二）相对指标的作用

相对指标是应用极为广泛的一种综合指标，它的作用主要表现在以下几点：

（1）利用相对指标可以综合地表明现象之间的实际对比关系。

例如，某企业 1995 年全年资本金总额为 8 千万元，该年实现利润总额为 1.28 千万元，资本金利润率达到 16％，即：每百元投入资本获利润 16 元。这样，就可以清晰而生动地说明这两个现象之间的相互关联程度和实际对比关系。

（2）利用相对指标便于比较和分析各类事物，特别是不能用总量指标对比的非同类现象，用相对指标可以对比说明。

这是因为，产品不同，各种生产条件也不同，是无法用总量指标直接对比的，只能用相对指标来说明。

例如，某施工企业所属单位生产任务完成情况列表 2-1 如下：

某施工企业 9 月份生产任务完成统计　　　　　　　　　表 2-1

	生产项目	计量单位	计划产量	实际产量	计划完成（％）
第一工区	基础砌筑	m³	1000	950	95
第二工区	主体砌筑	m³	3000	3135	104.5
第三工区	抹　灰	m²	10000	12840	128.4
构 件 厂	预 制 板	件	500	540	108

上表资料中，如果二工区与构件厂相比较，从总量指标之间的差量看，二工区实际超计划 135m³，而构件厂仅超 40 件。但这不能说构件厂计划完成不如二工区好。恰恰相反，从相对指标看，构件厂超计划 8％，而第二工区超计划 4.5％，还是构件厂任务完成的比二工区好。

（3）相对指标是考核企业经济效果的重要指标。

考核企业经济效益的指标多是相对指标，因为它可以综合说明现象和过程的比重、比率、速度和密度等。例如，计划完成程度指标，成本降低程度指标以及成本费用利税率指标，等等，都是从不同侧面反映企业经济效果的。

（三）相对指标的表现形式

相对指标的表现形式有两类，一类是有名数，例如，前面讲到的"百元产值占用固定资产"（或称"产值固定资金率"），就是以"元/百元"这个复名数来表示的；另一类是无名数，这是大量的基本表现形式，它一般有以下几种具体的表现形式：

1. 系数或倍数

这是把对比基数抽象化为 1 计算出来的相对指标。两个对比总量的数值相差不大时，可采用系数形式。如工资等级系数，设备磨损系数，等等。两个对比总量数值相差悬殊时，一般采用倍数的形式，如甲企业的产值是乙企业产值的 4 倍，等等。

2. 百分数或千分数

这是把对比基数抽象化为 100 或 1000 而计算出来的相对指标。其中，百分数应用最普遍，用符号％来表示。例如，计划完成程度，比重、速度等指标，一般都是用百分数来表示的。千分数用符号‰来表示，例如，伤亡事故频率，就是用千分数来表示的。在特殊情况下，也可以用万分数来表示。

3. 成数

它是把对比基数抽象化为 10 而计算出来的相对指标。例如，企业设备的新旧程度，就可以用成数表示。

二、相对指标的种类和计算方法

相对指标按照说明问题的不同，所起的作用不同以及计算方法的不同，大体上可以分为计划完成程度相对指标、结构相对指标、比较相对指标、动态相对指标和强度相对指标五种。下面，分别介绍其计算方法。

（一）计划完成程度相对指标

计划完成程度相对指标，是用某一时期的实际完成数与相应时期的计划任务数相对比计算所得到的比率，用来说明计划完成情况的相对指标。它一般用百分数来表示，其基本计算公式用文字表示为：

$$\frac{\text{计划完成程}}{\text{度相对指标}} = \frac{\text{实际完成数}}{\text{计划任务数}} \times 100\%$$

计划完成程度相对指标，无论在企业内部还是在整个国民经济中，都得到普遍而有效的应用。因为，用这个公式计算出来的相对数，可以反映出计划执行的情况。即：大于 100％为超额完成计划任务；小于 100％为未完成计划任务，结论极为清晰。同时，公式中子项与母项之差，还可以反映出计划执行的绝对效果。即正数为超额数，负数为减少数，结论也非常明确。

计划完成程度相对指标，一般可以通过绝对指标直接计算，也可以通过其派生指标（相对数和平均数）来计算，这主要是取决于计划指标的确定形式。下面分别说明其计算方法：

1. 用绝对数计算计划完成程度相对指标

用绝对数计算计划完成程度相对指标有两种算法，从不同方面表示计划的完成程度。

一种算法是实际完成数和计划任务数是属于同一时期的，而且时期长度相等。这时，就直接应用上列基本公式即可。例如，某建筑企业 1995 年计划完成产值 8000 万元，实际完成了 9027.45 万元，那么，

$$\frac{\text{产值计划}}{\text{完成程度}} = \frac{9027.45}{8000} \times 100\% = 112.84\%$$

$$超额完成产值＝9027.45-8000=1027.45（万元）$$

这说明该企业 1995 年产值实际比计划多完成了 1027.45 万元，超额 12.84％完成施工产值的计划任务数。

另一种算法是实际完成数和计划任务数虽然是一个时期的，但时期长度不等。也就是说，实际完成数仅是计划期的一部分，而计划任务数却是整个计划期的。这种情况，在实际工作中叫做计划执行进度检查。它不是在计划期末计算，而是在计划执行的过程中计算。其计算公式为：

$$计划完成程度相对指标＝\frac{计划期截止到某一时期止的累计完成数}{计划期总任务数}\times100\%$$

假设，某建筑企业 1995 年的有关产值资料如表 2-2 所示。

某企业 1995 年产值资料 （单位：万元） 表 2-2

所属单位	年计划产值	二季度计划产值	二季度实际产值	上半年实际产值
甲	5000	1500	2000	2480
乙	5000	1450	1400	2600

根据表 2-2 资料，要求计算和分析该企业第二季度和上半年产值计划完成情况时，可做成下列表 2-3。

某企业产值计划完成统计表 表 2-3

所属单位	计划产值（万元）		二季度实际产值（万元）	二季度计划完成（％）	上半年累计完成产值（万元）	上半年完成全年计划的（％）
	全年	二季度				
（甲）	(1)	(2)	(3)	(4)＝(3)/(2)	(5)	(6)＝(5)/(1)
甲	500	1500	2000	133.33	2480	49.6
乙	5000	1450	1400	96.55	2600	52.0
合计	10000	2950	3400	115.25	5080	50.8

从表 2-3 可以看出：全公司二季度超额 15.25％完成计划任务，但乙单位却减少产值 50 万元；从上半年看，全公司时间过半，任务完成也过半，超额 0.8％，但甲单位任务完成没有过半。这样，就可以进一步分析实际情况；制订措施，认真组织好下半年的生产，特别是抓好第三季度这个"黄金季节"，在确保工程质量的前提下，把产值抓上去，以保证全年产值任务的完成。

2. 用相对数计算计划完成程度指标

计划指标一般是用总量指标来规定的，但有时计划任务数是用提高或降低百分之多少的相对数来确定。例如，劳动生产率提高百分之几，产品成本降低百分之几，等等。这时，计算计划完成程度相对指标，也有两种算法。

一种是相减的办法，即用实际相对指标减去计划相对指标。例如，某建筑企业计划成本降低率为5%，实际成本降低率为7%。这时，用相减的方法，7%－5%＝2%，即实际比计划多降低两个百分点。

另一种是相除的办法，即仍按计划完成程度指标的基本公式计算，用实际完成数和计划任务数对比求得。其具体公式为：

$$\text{劳动生产率计}\atop\text{划完成程度}=\frac{1+\text{劳动生产率实际提高百分比}}{1+\text{劳动生产率计划提高百分比}}\times100\%$$

例如，劳动生产率计划提高5%，实际提高6%，则：

$$\text{劳动生产率计划完成程度}=\frac{1+6\%}{1+5\%}=100.95\%$$

$$\text{成本计划}\atop\text{完成程度}=\frac{1-\text{成本实际降低百分比}}{1-\text{成本计划降低百分比}}\times100\%$$

仍如前例，则

$$\text{成本计划完成程度}=\frac{1-7\%}{1-5\%}=97.9\%$$

实际成本的计划成本降低：100%－97.9%＝2.1%

两种算法相比，第一种方法简单，但不符合计划完成程度指标计算的基本公式和原理。相对指标是比值或比率，而不是差量。成本降低相减后的2%，实际上是两个百分点。第二种方法虽然复杂一点，但符合基本计算原理和实际情况，计算准确，实际成本比计划成本多降低了2.1%。虽然两种算法仅差0.1%，但要联系绝对数量来看，可能相当可观了。比如，上期总成本为8000万元，本期计划总成本为7600万元，本期实际总成本为7440万元。那么，用总量计算，$\frac{7440}{7600}\times100\%-100\%=-2.1\%$，其中0.1%是多少呢？那就是7600×0.1%＝7.6（万元）。这样看来，还是应用第二种方法好。

3. 关于长期计划完成程度指标的计算

在实际统计工作中，除了经常统计计算上述短期（月度、季度、年度）计划完成情况的有关指标外，还需要计算长期计划（如五年计划）的计划完成程度指标。计算这种指标，由于计划任务数制订的方法不同，因而产生了两种检查计划完成程度的方法，即水平法和累计法。

（1）水平法。凡是计划任务规定在计划期末应达到的水平时，就需要用期末实际达到的水平与之相对比计算计划完成程度指标。这种方法称为水平法。其计算公式为：

$$\text{长期计划}\atop\text{完成程度}(\text{水平法})=\frac{\text{计划期末实际达到水平}}{\text{计划期末计划达到水平}}\times100\%$$

例如，某建筑企业在"八五"计划期间（1991～1995年）规定年度总产值达到8000万元，而在1995年实际完成产值9000万元，则：

$$\text{五年计划完成程度}=\frac{9000}{8000}\times100\%=112.5\%$$

长期计划完成情况的检查，除计算其完成程度相对指标外，还需要计算提前完成计划的时间情况，即：说明提前多长时间完成五年计划。关于提前期的计算方法，主要有以下三种：

第一种算法，就是在计划期末1年内，未满几个月实际达到计划规定指标时，可以计算提前完成的月数（或天数）。例如，上例中的 8000 万元是自 1995 年初到该年 10 月 31 日期间达到的，则可以说提前 2 个月（或 60 天）完成五年计划。

第二种算法，就是在计划期末 1 年以前的年份就已经达到了计划指标的要求，就可以计算提前的年数和月数。例如，上例中的 8000 万元在 1994 年 1 月至 11 月期间达到的，那就可以说提前 1 年零 1 个月或 13 个月完成了五年计划。

第三种算法，就是虽然各年都没有达到计划规定的水平，但在某 2 年期间内连续 12 个月（或连续整年）的累计数达到计划规定的水平，仍可视为完成五年计划并计算提前期。仍如上例，假设各年度均未达到规定水平，但 1994 年 10 月至 1995 年 9 月连续 12 个月（可视为一个假想年度）累计达到 8000 万元。那么，仍可以说提前一个季度（或 3 个月）完成五年计划。

（2）累计法。凡是计划任务是在计划期内规定的各年累计总量应达到的水平时，则应用 5 年累计实际完成的数量与之对比计算计划完成程度的相对指标。这种方法称为累计法。其计算公式为：

$$长期计划\atop 完成程度（累计法）=\frac{计划期实际累计完成总量}{计划期计划累计完成总量}\times100\%$$

例如，某省在"八五"计划期内，规定 5 年累计基本建设投资总额为 50 亿元，而实际完成的基本建设投资额为 65 亿元，则：

$$五年计划完成程度=\frac{65}{50}\times100\%=130\%$$

根据累计法计算提前期，是按照自年初累计达到计划规定水平为止，以后的时间均可视为提前完成时间。例如，上例中某省在 1994 年 10 月就达到（或完成）50 亿元的基本建设投资额，那么就可以说提前 1 年零 2 个月（或 14 个月）完成五年计划。

（二）结构相对指标

结构相对指标是说明统计总体内部组成情况的统计相对数。它是通过计算统计总体中各组数量占总体总量的比重，来说明某一现象总体的各组成部分各占总数量的百分之多少，从而反映事物内部的构成关系。它一般也用百分数来表示，也可以用系数表示。其计算公式为：

$$结构相对指标=\frac{各组总量}{总体总量}\times100\%$$

在第一章中讲到，统计总体都是由性质相同的许多总体单位组成的，而总体单位又彼此之间存在差异。正因为这种差异，才决定了统计研究的必要性。结构相对指标，正是反映这种差别程度的相对指标。

例如，经统计某建筑企业职工总人数中，有工人（包括学徒）6205 人，工程技术人员 510 人，管理人员 1020 人，服务人员 595 人，其他人员 170 人。据此，可计算各部分人员占职工总数的结构相对指标（比重）如表 2-4 所示。

某企业职工构成统计表　表 2-4

职工分类	人数（人）	比重（%）
（甲）	(1)	(2)=(1)/Σ(1)
工人（含学徒）	6205	73
工程技术人员	510	6
管理人员	1020	12
服务人员	595	7
其他人员	170	2
合计	8500	100

结构相对指标有如下作用：

（1）它从各组总量占总体总量的比重中，可以说明现象总体的结构特征。从上例中，就可以明显地说明各类职工的构成情况，以及进一步计算企业生产人员与非生产人员的比例，可以综合分析人员结构的合理性，以便采取相应措施，调整企业人员构成比例，以适应企业各项任务的完成。

（2）结构相对指标还可以反映事物发展的普遍程度。因为，每个结构相对指标的大小（即比重大小），都说明每个组在总体中所占的地位。如果将同类比重从时间上进行观察，就可以看出事物发展的量变过程。

（3）应用结构相对指标，可以侧重了解所关心和需要研究的某部分情况，以便集中解决问题。例如，计算某企业职工按年龄分组的结构相对指标，就可以观察企业队伍年轻化问题，并可预测企业近期可能退休人员的比重，以便安排退休的有关事宜和补充劳动资源的有关措施。

这里需要说明，在计算结构相对指标时，是全部计算各种部分占总体总量的比重，还是只计算某一部分占总体总量的比重，这可以根据统计研究的任务和目的来决定。但无论哪种情况，总体各部分数量占总体总量的比重之和，必须等于1（系数之和）或100%（百分数之和）。

（三）比较相对指标

比较相对指标是表明不同单位同类现象在数量上对比计算的比率或比例，它表明现象之间的比例关系。其计算公式为：

$$\frac{比较相}{对指标} = \frac{甲（地区、单位或组）某一现象的数值}{乙（地区、单位或组）同一现象的数值}$$

比较相对指标可以用百分数表示，也可以用比例表示。例如，某甲月工资为 365 元，某乙月工资为 318 元，两者相比，甲是乙的 114.78%$\left(\frac{365}{318}\times100\%\right)$ 或乙是甲的 87.12%$\left(\frac{318}{365}\times100\%\right)$，这是用百分数表示；如用比例可表示为 1.1478：1（甲比乙，乙为1）或 1：0.8712（乙比甲，甲为1）。

计算比较相对指标有两种情况：

第一种情况，是同一现象在不同空间的对比。如上例说明，同一个月的工资在不同职工之间的比较。

第二种情况，是同一总体内的不同部分的对比。例如，企业中男女职工的比例，生产性固定资产与非生产性固定资产价值量的比例，等等。

事物的发展总是不平衡的，不同单位之间存在着差异这也是绝对的。这既反映在总量上，也反映在相对量或平均量上。因此，通过比较相对指标的计算，就可以揭露矛盾，找出差距，从而鼓励先进，帮助后进，制订措施，改进工作。但是，由于用来对比的两个总量指标的数值是受多种因素影响的，直接运用总量指标进行对比，并不能直接显示出先进或落后。在这种情况下，就要选择能够显示矛盾或差异的指标来对比说明。

例如，甲、乙两个施工队，1995 年完成施工产值，甲队为 5000 万元，乙队为 4000 万元，以甲为基数，乙是甲的 80%，说明乙队不如甲队任务完成的好。但这样结论正确吗？施工产值完成的多少，要受人员，设备数量，劳动生产率高低和工程转移价值大小等多种因素的影响。因此，只从上述比例数还不能就此结论。假如，甲队1000人，乙队700人。那么，采用劳动生产率指标直接对比，就比较客观了。

$$甲队劳动生产率=\frac{5000\ 万元}{1000\ 人}=50000\ 元/人$$

$$乙队劳动生产率=\frac{4000\ 万元}{700\ 人}=57143\ 元/人$$

乙队与甲队比较，则

$$比较相对指标=\frac{57143}{50000}\times100\%=114.29\%$$

从以上计算可以看出，乙队任务完成的较好。因为从劳动效率看，乙队比甲队高14.29%。可见，计算比较相对指标，究竟采用哪个同类现象进行比较，要根据实际情况，从研究目的出发，对所研究现象作深入细致的分析。只有这样，才能选准对比对象，否则，可能导致不正确的结论，甚至相反的结论。

（四）动态相对指标

动态相对指标，是将某一现象的数值在不同时间上进行对比，以表明现象的水平由于时间变化而引起变化的程度。它一般是用百分数来表示的。其计算公式为：

$$动态相对指标=\frac{报告期某一现象水平}{基期同一现象水平}\times100\%$$

计算动态相对指标时，一般将用来比较的时期作为基期，而把和基期对比的时期称作报告期。

例如，某企业1995年实现利润总额3125万元，1994年实现利润总额为2875万元。那么，两年相比，1995年是1994年实现利润的108.7%$\left(\frac{3125}{2875}\times100\%\right)$，增长8.7%（108.7%－100%），增加利润250万元（3125－2875）。

动态相对指标在统计工作中应用非常广泛，将在第三章专门叙述它的应用与计算方法。

（五）强度相对指标

强度相对指标是把两个不同总体但相互联系的绝对指标进行对比，用来说明现象的强度、密度和普遍程度的相对指标。它一般用有名数（通常是复名数）来表示。其计算公式为：

$$强度相对指标=\frac{某一现象的数值}{另一有关联现象的数值}$$

例如，下列指标都是强度相对指标：

$$建筑业每万元产值耗电量（度/万元）=\frac{建筑企业生产用电（度）}{建筑业总产值（万元）}$$

$$每百元固定资产实现利润（元/百元）=\frac{利润总额（元）}{固定资产平均总值（百元）}$$

$$每平方公里建筑职工数（人/km^2）=\frac{建筑业职工总人数（人）}{该职工所处地域面积（km^2）}$$

上例中第一个指标是说明建筑施工耗电程度的指标；第二个指标是说明建筑企业固定资产利用程度的指标；第三个指标是说明建筑职工密度的指标。

强度相对指标在实际应用中，一般是说明一个国家、地区、部门和单位的实力或能力的，而且它总是表现为一种单位水平。因此，使用强度相对指标，就便于在不同地区和条件下，进行横向对比。

三、正确运用统计相对指标应注意的问题

统计相对指标是两个有关联的总量指标或相对指标相对比计算的比值或比率，这个比值或比率是已经抽象化了的数字资料，它已经掩盖了原资料的面貌。因此，根据这样的资料来分析和说明问题时，需要注意以下几个问题：

（一）计算相对指标，必须注意它所包括的两个对比数值的可比性

所谓可比性，就是用来对比的两个数值，是否符合所研究任务的要求，比的是否合理，对比的结果是否能说明问题。具体来说，也就是看两个对比数值的经济内容，计算方法，包括指标范围和时期长短等，是否一致。如果一致，就可以对比计算；如果不一致，一般是不能进行对比的。例如，要检查某企业第二季度施工产值的完成情况，需要把第二季度实际完成的施工产值与计划施工产值进行对比，或者与去年同时期进行对比，或与季度历史最好水平进行对比，或与同期同行业先进水平进行对比，都可以分别说明不同的研究任务。如果把今年第二季度的实际产值与去年第一季度的计划产值进行对比，就没有任何实际意义了。

当然，可比性的理解也不能绝对比，特别是强度相对指标的可比性更加灵活。两个指标能相比，主要取决于指标对比后，所得到的指标能否说明统计研究的问题。例如，在计划执行过程中，经常以并不与计划时间相一致的实际数与计划数对比，来说明计划完成的进度，预计完成计划的可能性，以便指导今后的各项工作。

（二）计算相对指标，必须慎重选择作为计算基准的基数资料

计算相对指标，如果对比基数选择不当，就会失去相对指标的作用，并可能造成不合理的结论。关于选择对比基数的问题，特别要注意以下几点：

第一，要结合研究问题的目的来决定。例如，某建筑企业有如下考勤统计资料，如表2-5所示。

某企业考勤统计表   表 2-5

所属单位	缺勤工日数	比重（%）	应出勤工日数	缺勤占应出勤‰
（甲）	（1）	（2）＝（1）/Σ（1）	（3）	（4）＝（1）/（3）
第一工区	720	36	75000	9.6
第二工区	680	34	70000	9.7
第三工区	600	30	65000	9.2
合计	2000	100	210000	9.5

从表2-5可以看出，如果以全部缺勤工日数2000为基数来计算结构相对指标时，就会得出第一工区出勤最不好的结论。但如果以各工区应出勤工日数为对比基数，就会得出第二工区出勤最不好的结论了。

第二，选择对比基数，应选择经济与社会发展比较稳定的时期，并能反映一定历史阶段的特点。例如，目前我们选择资料，一般是以1978年的数字为基数。因为，1978年是我们党的十一届三中全会召开的时间，是我国经济工作的转折点。将以后各年度的资料与之

相对比，可以更有力地说明我国经济发展的情况。

第三，计算相对指标，必须注意把相对指标与总量指标结合起来应用。因为，相对指标的抽象化作用，掩盖了事物的绝对水平，在一定程度上影响了对问题的直接判断。为了弥补这一缺陷，在计算相对指标的同时，还要结合其绝对指标来进行分析。这样，既可以具体补充相对指标的效果，又可以进一步阐述问题的实质。例如，某企业两个抹灰队在报告期的实物工程量分别完成 3000m² 和 1000m²，而基期完成实物工程量分别是 2500m² 和 833m²。如果分别计算其动态相对指标时，都是 120%，但从绝对量看，前者多完成 500m²，而后者只增加 167m²。

第四，应用相对指标，要与多项指标结合运用。如分析成本计划完成情况时，还应结合人员、机械、材料等指标的计划完成情况，加以全面分析，才能对事物作出正确的判断以得出正确的结论。例如，某单位工程按成本项目完成情况列表 2-6 为：

某单位工程成本完成情况 表 2-6

成 本 项 目	预算成本 （万元）	实际成本 （万元）	实际为预算的 %
材料费	800	784	98
人工费	200	220	110
机械使用费	50	45	90
其他直接费	150	130	87
间接费	300	306	102
工程成本	1500	1485	99

上例说明，虽然单位工程成本实际与预算相比降低了 1%，但也不能忽视人工费和间接费的超支因素。这样，才不会产生掩盖对落后因素的解决。应具体分析人工费超支 10% 和间接费超支 2% 的原因，并落实措施解决。

第三节 平 均 指 标

统计平均指标是统计综合指标的又一类指标。平均指标有两种类型：一类是静态平均指标，就是统计上经常使用的平均数；另一类是动态平均指标，统计上又称为序时平均数。本节介绍前一类，后一类将在第三章介绍。

一、平均指标的意义和作用

（一）平均指标的概念

平均指标是根据总体标志总量和总体单位总量来计算的平均量指标。它表示统计总体内各总体单位在某一数量标志不同数值的平均水平，或者说代表水平、典型水平和一般水平。

统计是研究总体现象的，而任何一个统计总体都有许多特征。在这些特征中，有表现现象质量的，有表现现象数量的。不管哪类特征，在各总体单位上都会反映出差异。以数量特征来说，各总体单位在某一特定数量标志下，都会呈现不同的标志值。例如，假定某瓦工队有 10 名工人，他们的月工资额分别为 256 元、358 元、360 元、366 元、370 元、368 元、375 元、380 元、420 元和 490 元。这 10 名工人工资的数值在总体内是不同的，要说明他们工资的一般水平，就不能用任何一名工人的工资额来表示，而应该计算他们的平均工资作为代表值，即：

$$平均工资 = \frac{256+358+360+366+370+368+375+380+420+490}{10}$$

$$= 374.3 （元）$$

这个 374.3 元，就是在 10 名工人工资基础上计算的，用以代表该瓦工队 10 名工人月工资收入的一般水平，这就是平均指标。

从以上说明中，可见平均指标具有以下两个特点：

第一，平均指标是用一个数值来说明同质总体中总体单位某一数量标志的一般状况或典型水平。

第二，平均指标从现象的多样性中抽象出来，也就是说，它把总体各单位标志值之间的差异抽象化了。

平均指标的上述特点，正是平均指标发生作用的根本点，但同时也使得它的应用往往需要带有条件。

（二）平均指标的作用

平均指标的作用主要有以下几点：

（1）利用平均指标可以对不同总体的某一标志值进行对比分析。

比较效益的高低，既不能仅从总体总量上比较，也不能从个别总体单位来比较，而必须从两个总体的代表性水平来比较。例如，有两个瓦工队，甲队 32 人，日完成砌筑量 64m³，乙队 40 人，日完成砌筑量 78m³，哪个队完成任务好呢？很显然，我们既不能用两个队的生产总数量来比较，更不能用两个队中任意两名工人的生产数量来比较，而只能计算每个队的平均生产效率才能说明问题。这就需要计算平均每人的砌筑量来对比观察。

$$甲队平均砌筑 = \frac{64}{32} = 2 （m^3）$$

$$乙队平均砌筑 = \frac{78}{40} = 1.95 （m^3）$$

从以上计算结果可以看出，虽然乙队每日砌筑总量高于甲队，但甲队每一名工人平均日砌筑量却高于乙队，说明甲队比乙队劳动效率高。

（2）利用平均指标，可以研究总体中各种数量表现的典型水平在时间上的变化，说明现象的发展过程和趋势，揭示现象发展变化的规律性。

例如，某公司 1990～1995 年月平均工资资料如表 2-7 所示。

表 2-7

年　份	1990	1991	1992	1993	1994	1995
月平均工资（元）	122	150	195	248	290	374

从表 2-7 可以看出，该公司平均工资是逐年提高的。如果用工资总额或个别职工的工资来说明企业工资水平的变化都会是不确切的。因为，工资总额受职工人数变动的影响，而影响个别职工工资升降因素也是不同的。所以，只有用平均工资额才能真正反映企业工资发展变化的基本情况。

（3）利用平均指标，可以分析研究现象之间的依存关系。

例如，生产过程中产品产量与平均单位成本之间的关系，资金周转次数与资金占用量之间的关系等，都可以通过平均指标的计算，观察其依存关系及其规律性。

平均指标除了在统计研究中有以上三方面作用外，在日常的统计工作中，反映一个单位工作的好坏，优劣；在定额管理中制订定额；在统计分析中推断总体；等等，都需要用平均指标作为重要依据。

二、平均指标的种类和计算方法

统计平均指标按其计算的方法和用途不同，有算术平均数、调和平均数、几何平均数等多种。以下分别介绍其计算方法。

（一）算术平均数

统计平均指标对总体单位某一标志值的平均，说明总体各单位的一般水平。因此，算术平均数的计算，必须符合这一特点的要求。

算术平均数的基本计算公式如下：

$$算术平均数 = \frac{总体标志总量}{总体单位总量}$$

上列公式是适用所有算术平均数的计算要求的。它所对比的总体标志总量和总体单位总量，必须完全相对应。

算术平均数的特点是由社会经济现象的特点所决定的。因为，在社会经济现象中，总体标志总量和总体单位总量相一致的情况是普遍存在的，其总量且多采取算术和的形式。因此，算术平均数是统计中普遍应用的一种平均指标。

算术平均数的计量单位用名数表示，即以标志总量的单位作为它的计量单位。

算术平均数的计算，由于所掌握的资料不同，而产生了简单算术平均数和加权算术平均数两种形式。

1. 简单算术平均数

用简单平均的方法计算的算术平均数，叫做简单算术平均数。它是在直接掌握总体中每个总体单位标志数值的情况下，则可把各单位标志数值直接相加，然后除以总体单位总数求得。其计算公式为：

$$\bar{x} = \frac{x_1 + x_2 + x_3 + \cdots + x_n}{n} = \frac{\sum x}{n}$$

式中：

$\bar{x}$——平均数；

x——标志值；

n——总体单位数；

$\sum$——总和符号。

例如，某抹灰队有 9 名工人，每人每日完成抹灰工程量分别为：65m²、66m²、68m²、69m²、70m²、72m²、78m²、79m² 和 80m²。则：

$$平均每人日抹灰量 = \frac{65+66+68+69+70+72+78+79+80}{9}$$

$$= 72 \ (m^2)$$

如用公式表示，即：

$$\overline{x} = \frac{\Sigma x}{n} = \frac{576}{9} = 72(\text{m}^2)$$

在统计报表中，经常提供已经加总了的各种总量指标，可直接取来以求得所需要的算术平均数。但对比计算的标志总量和单位总量的范围必须一致。

简单算术平均数之所以简单，就在于各个变量值出现的次数相同，如上例中每个变量值都是出现一次。因此，只要把各项变量值简单相加再被项数除就可以了。如果情况不是这样，相同的变量值出现多次，那就要采用加权算术平均数的方法进行计算了。

2. 加权算术平均数

第一章讲过，统计调查中所取得的原始资料，经过统计整理后可按其数量标志分组编制成变量数列。加权算术平均数，就是根据整理后形成的变量数列计算其平均指标的。由于变量数列又分成单项式数列和组距式数列两种，因此，采用的具体计算平均指标的方法，也有所不同。

(1)由单项式变量数列计算加权算术平均数。由单项式变量数列计算加权算术平均数，就可以直接用各组的变量值乘以该组的次数之和做子项，把次数相加做母项，两者相除之商即是加权算术平均数。其计算公式为：

$$\overline{x} = \frac{x_1 f_1 + x_2 f_2 + x_3 f_3 + \cdots\cdots + x_n f_n}{f_1 + f_2 + f_3 + \cdots\cdots + f_n} = \frac{\Sigma xf}{\Sigma f}$$

式中：

x——变量值；

f——权数；

Σf——总体单位数；

Σxf——标志总量数。

例如，某公司混凝土队有职工120人，其中，基本工资146元的25人，152元的30人，156元的48人，166元的7人，178元的6人，189元的3人，198元的1人。根据以上资料，要计算该混凝土队职工的平均基本工资时，由于每个变量值出现的次数不是1，每个标量值出现的次数又不一样，就不用简单算术平均数计算，而应按加权算术平均数的方法计算了。为此，列表2-8求其总体单位总量和总体标志总量：

根据表2-8资料可计算：

平均工资（元）$= \frac{\Sigma xf}{\Sigma f} = \frac{18693}{120} = 155.775$（元）

在上述计算方法中，由于各组变量值出现的次数不同，也就是说，各组变量值在标志总量中所占的比重不同。因此，各组的变量值对平均数的影响程度也不一样。对于各组变量值来说，次数具有权衡平均数大小的作用。所以，在统计上把次数又称为权数。把

表 2-8

按工资分组（元）	工人数（人）	工资额（元）
x	f	xf
146	25	3650
152	30	4560
156	48	7488
166	7	1162
178	6	1068
189	3	567
198	1	198
合计	120	18693

用次数乘变量值后再加总求总体标志总量的方法，称为加权。而用这种方法计算的平均指标，叫加权算术平均数。这种方法，全面考虑了影响平均指标大小的两个因素，即各组变量值的大小与相应次数出现的多少。同时，它也完全符合总体标志总量除以相应的总体单位总量这个基本公式的要求，因而是完全正确的。

在变量数列中，权数（即次数）有两种形式，一种是以绝对数表示的，一种是以比重（也称权重）表示的。虽然这两种权数的表现形式不同，但性质并无变化。因而，无论是用权数加权还是用权重加权，其结果都是一样的。

仍如上例，如按各组工人数的比重加权计算，结果完全相同。其计算资料见表2-9所示。

表 2-9

按工资分组（元）	工人数（人）	比重（%）	每组工资×比重
x	f	$f/\Sigma f$	$x \cdot f/\Sigma f$
146	25	20.8333	30.4167
152	30	25	38
156	48	40	62.4
166	7	5.8333	9.6833
178	6	5	8.9
189	3	2.5	4.725
198	1	0.8333	1.65
合计	120	100	155.775

根据表2-9的计算结果，如用公式表示为：

$$平均工资（\overline{x}） = \Sigma x \cdot \frac{f}{\Sigma f} = 155.775（元）$$

（2）由组距式数列计算加权算术平均数。用组距式数列计算加权算术平均数与用单项式变量数列计算加权算术平均数的方法基本相同。所不同的只是要用各组的标志值平均数来代表变量值进行计算，即用组中值代表变量值。如表2-10资料所示。

表 2-10

按工资分组（元）	工人数	组中值	工资额
	f	x	xf
200 以下	68	175	11900
200—250	95	225	21375
250—300	121	275	33275
300—350	256	325	83200
350—400	280	375	105000
400—450	90	425	38250
450—500	76	475	36100
500 以上	14	525	7350
合计	1000	—	336450

根据表2-10资料计算平均工资为：

$$平均工资\ (\overline{x}) = \frac{\Sigma xf}{\Sigma f} = \frac{336450}{1000} = 336.45\ （元）$$

需要说明的是，这样计算的结果是有一定假定性的。因为，用组中值代表变量值本身就有假定性。也就是假定各单位标志值在组内是均匀分布的，但实际上又是不可能的。于是，组中值与组平均数之间就必然会有一定的误差。这样，用组中值计算的加权算术平均数也就带有近似值的性质。但是，在大量总体单位的情况下，它还是比较接近平均值而能表现现象的一般状态和典型水平的。另外，由于上述误差有正有负，所以各组误差可以互相抵销相当大一部分，使整个平均数的计算误差缩小，因此，对平均指标的影响并不很大。

（二）调和平均数

调和平均数是标志值倒数的算术平均数的倒数。由于它是根据标志值的倒数计算的，所以又称为倒数平均数。

统计上的调和平均数，实际上是算术平均数的变形形态。一般是在统计资料没有总体单位数的情况下，需要调整有关资料，使之符合于基本计算公式后计算的平均指标。调和平均数也有简单调和平均数和加权调和平均数两种。

1. 简单调和平均数

简单调和平均数的计算公式为：

$$M_H = \frac{n}{\frac{1}{x_1} + \frac{1}{x_2} + \cdots\cdots + \frac{1}{x_n}} = \frac{n}{\Sigma \frac{1}{x}}$$

式中：

M_H——调和平均数；

x——标志值；

n——变量值项数；

Σ——总和符号。

假定，市场有三种不同价格的材料，一种是每百元 2kg，一种是每百元 2.5kg，一种是每百元 4kg。如果各买 1kg，其平均价格为：

$$\frac{\left(\frac{1}{2} + \frac{1}{2.5} + \frac{1}{4}\right)}{3} = 0.383\ （百元）$$

如果各买 100 元，则平均价格为：

$$\frac{3}{2 + 2.5 + 4} = 0.353\ （百元）$$

直接代入计算公式为：

$$平均每公斤价格\ (M_H) = \frac{3}{\frac{1}{0.5} + \frac{1}{0.4} + \frac{1}{0.25}} = 0.353（百元）$$

2. 加权调和平均数

简单调和平均数是在各变量值对平均数起同等作用的条件下应用的。如果各变量值对于平均数的作用是不同的，这时，就应以标志值的标志总量为权数计算加权调和平均数了。其计算公式为：

$$M_H = \frac{\Sigma M}{\Sigma \dfrac{M}{x}}$$

式中：

M_H——调和平均数；

M——各组标志总量；

x——标志值；

ΣM——总体标志总量；

$\dfrac{M}{x}$——各组单位数；

$\Sigma \dfrac{M}{x}$——总体单位数。

假如，某公司某月购进红砖三批，第一批每千块 95 元，货款 114000 元；第二批每千块 92 元，货款 156400 元；第三批每千块 93.5 元，货款 196350 元，总计支付红砖款 466750 元。

根据上述资料计算三批红砖的平均单价时，总体标志总量的资料是有的，即 466,750 元，但没有总体单位总量，即没有红砖总数量，这就需要调整计算。如果每批红砖的总价和单价的资料都有，各自相除就可以计算出每批的数量，三批数量相加，总数量即可算出。两个总量指标均有，就可以直接运用本公式计算其平均指标。现将计算过程，列表 2-11 如下：

表 2-11

购入红砖批次	每千块红砖单价 （元）x	每批红砖总价 （元）M	每批红砖数量 （千块）M/x
第一批	95	114000	1200
第二批	92	156400	1700
第三批	93.5	196350	2100
合计	—	466750	5000

根据表 2-11 资料，可计算每千块红砖的平均单价为：

$$M_H = \frac{\Sigma M}{\Sigma \dfrac{M}{x}} = \frac{466750}{5000} = 93.35（元 / 千块）$$

在实际工作中，根据资料进行调和平均数的计算是经常出现的。例如，某建筑企业 12 个所属单位某月产值完成情况如表 2-12 所示。

表 2-12

计划完成程度（%）	90～100	100～110	110～120
单位数	2	7	3
实际产值（万元）	1140	13440	2300

如果根据表 2-12 资料计算该公司计划完成程度或各单位平均计划完成程度时，用三类计划完成的百分数相加除以 3，或是加权求和除以 12，那显然是不行的。因为，它不符合我们第二节讲的计划完成程度相对指标的基本计算公式，即：在任何情况下，都必须用实际完成数除以计划任务数。那么，我们这个资料中没有计划任务数，就需要调整计算。现将计算方法列表 2-13 予以说明。

表 2-13

按总产值计划完成程度分组（%）	组中值（%）x	实际产值（万元）M	计划产值（万元）$\dfrac{M}{x}$
90～100	95	1140	1200
100～110	105	13440	12800
110～120	115	2300	2000
合　计	—	16880	16000

根据表 2-13 资料，就可采用计划完成程度指标计算的原则应用调和平均数的计算公式来计算平均计划完成百分比。即：

$$M_H = \frac{\Sigma M}{\Sigma \dfrac{M}{x}} = \frac{16880}{16000} \times 100\% = 105.5\%$$

这里需要说明，在计算平均计划完成程度指标时，如果实际完成数和计划任务数的资料都具备，就可以直接应用计划完成程度相对指标的计算公式计算。如果缺少其中一方面资料，都需要调正求出。只不过，缺少计划资料时，需要用调和公式；而缺少实际资料时，需要采用加权公式罢了。因为，实际完成数等于计划任务数乘计划完成百分比。

以上调和平均数的计算，仍然是从统计平均指标计算的基本公式出发的，只不过根据实际掌握资料的不同而演变成不同的计算公式而已。大家知道，具体的数量关系，是计算指标的基础，而这种数量关系是存在于事物本身的联系之中的。因此，计算统计平均指标时，也必须从具体的实际内容出发，而不能机械地搬用计算公式。否则，就影响指标计算的正确性。

（三）几何平均数

几何平均数是变量值连乘积的多次方根。也就是说，几何平均数与前述算术平均数、调和平均数是不同的。前几种平均数都是用总体标志总量与总体单位总量相对比求得的商数。而几何平均数却是若干变量值相乘之积开项数方根的结果。

几何平均数，也分为简单几何平均数和加权几何平均数两种。

1. 简单几何平均数

简单几何平均数的计算公式为：

$$M_g = \sqrt[n]{x_1 \cdot x_2 \cdot x_3 \cdots\cdots \cdot x_n} = \sqrt[n]{\pi x}$$

式中：

　　x——变量值；

　　n——项数；

π——连乘符号；

M_g——几何平均数。

假如，有 5 个变量值，分别为 4、7、8、10、14。如求其几何平均数则为：

$$M_g = \sqrt[5]{4 \times 7 \times 8 \times 10 \times 14} = 7.93$$

为什么要用这种方法计算平均指标呢？这是因为，在社会经济现象的发展过程中，如比率或速度这样的标志值，是不能用简单相加再被项数平均的方法来计算的。因为这样算法，不符合这类现象的客观过程和实际情况。而几何平均数的数字特点是与社会经济现象发展的平均比率的客观过程和实际情况相一致的。

例如，某企业有两种材料价格变动资料如下：甲材料基期单价 5 元，报告期为 8 元；乙材料基期单价为 8 元，报告期为 5 元。如果求这两种材料价格的平均变动比率，我们可以试用以下两种方法。

（1）按算术平均法计算：

$$甲材料变动比率 = \frac{8}{5} \times 100\% = 160\%$$

$$乙材料变动比率 = \frac{5}{8} \times 100\% = 62.5\%$$

$$两种材料平均变动比率 = \frac{160\% + 62.5\%}{2} = 111.25\%$$

（2）按几何平均法计算：

$$两种材料平均变动比率 = \sqrt{160\% \times 62.5\%} = 100\%$$

从以上两种算法可以看出，第一种算法不符合实际，而第二种算法是符合实际的。因为，甲材料单价提高 3 元，而乙材料单价降低 3 元，就其平均变动来说，应该是没有变动的。但是，为什么第一种算法不对呢？这是因为算术平均数受极端值的影响较大，从而容易使计算结果偏高或偏低。而几何平均数就不受极端值的影响。因此，在计算平均发展速度时，都是采用几何平均法。

计算几何平均数，一般是采用对数的运算方法。就是将几何平均数的基本计算公式改用对数公式来表示。即将：

$$M_g = \sqrt[n]{x_1 \cdot x_2 \cdot x_3 \cdot \cdots\cdots \cdot x_n}$$

改写成

$$\log M_g = \frac{1}{n}(\log x_1 + \log x_2 + \log x_3 + \cdots\cdots + \log x_n)$$

$$= \frac{1}{n}\Sigma \log x$$

从以上公式可以看出，几何平均数的对数，就是各变量值对数和除以项数。求出几何平均数的对数以后，再由对数求出真数，就是几何平均数。

例如，某建筑企业年产值的动态相对指标资料如表 2-14 所示。

表 2-14

年 份	总产值 （万元）	各年产值为前 一年产值的％	逐年动态相对 指标的对数
1991	1845		
1992	2020	109.49	2.0394
1993	2236	110.69	2.0441
1994	2841	127.06	2.1040
1995	3096	108.98	2.0373
合　计	—	—	8.2248

根据表 2-14 资料计算几何平均数：

$$\log M_g = \frac{\Sigma \log x}{n} = \frac{8.2248}{4} = 2.0562$$

则：

$$M_g = 113.82\%$$

上述计算表明，该企业 1991～1995 年期间的平均发展速度为 113.82％，也是平均每年增长了 13.82％。

2. 加权几何平均数

当计算几何平均数每个变量值的次数不相同时，应该使用加权几何平均法，其计算公式为：

$$M_g = \sqrt[\Sigma f]{\pi x^f}$$

$$\log M_g = \frac{1}{\Sigma f}(f_1 \log x_1 + f_2 \log x_2 + \cdots\cdots f_n \log x_n)$$

$$= \frac{\Sigma f \log x}{\Sigma f}$$

假如，中国建设银行某项贷款年利率是按复利计算的，有关 20 年长期贷款的年本利率以及对数计算如表 2-15 所示。

表 2-15

年本利率 （％）	年数 （f）	本利率对数 $\log x$	年数×对数 $f \log x$
103	1	2.0128	2.0128
105	4	2.0212	8.0848
108	8	2.0334	16.2674
110	5	2.0414	10.207
115	2	2.0607	4.1214
合　计	20	—	40.6934

根据表 2-15，年本利率的几何平均数的对数为：

$$\log M_g = \frac{40.6934}{20} = 2.0347$$

则求真数为：

$$M_g = 108.31\%$$

需要说明的是，几何平均数的应用范围是比较窄的，它主要适用于近乎等比关系的变量数列，而且数列中不能有一项为零或负数。否则，不能计算几何平均数。

（四）众数和中位数

在实际统计工作中，有时也使用众数和中位数来代替平均数，说明社会经济现象的一般水平。但是，只有在搜集大量统计资料，而且变量值极多并呈现集中趋势的情况下，确定众数和中位数才有意义。

1. 众数

众数，是在现象总体中最多遇到的标志值。也就是说，在变量数列中，出现次数最普遍的那个标志值，称为众数。

在单项式变量数列中求众数，很简单。例如，某工地121名职工，对其实际工作小时数统计的结果，按6、7、7.5、8四个变量值分组，其人数分别为21、65、19、16。这样，"7"工时出现的次数最多，最普遍，故可以用7工时来代表该工地职工实际工时的一般情况。这时，"7"就是众数。

根据组距式变量数列求众数，需要利用公式求其近似值。其计算公式有两个，一个是下限公式，一个是上限公式，计算结果相同。

其下限公式为：

$$M_0 = L + \frac{\Delta_1}{\Delta_1 + \Delta_2} \times d$$

式中：

M_0——众数；

L——众数组的下限；

Δ_1——众数组次数与前一组次数差；

Δ_2——众数组次数与后一组次数差；

d——众数组组距。

例如，某建筑企业1500名职工年收入资料如表2-16所示。

表 2-16

职工按年收入分组（元）	职工数（人）	比重（%）
2000 以下	30	2
2000～3000	75	5
3000～4000	135	9
4000～5000	165	11
5000～6000	210	14
6000～7000	315	21
7000～8000	195	13
8000～9000	150	10
9000～10000	120	8
10000 以上	105	7
合　　计	1500	100

从表2-16可以看出，最多职工的年收入是在6000～7000元之间。这一组，在统计上称为众数组。那么，在众数组中哪个是众数呢？这时，我们可以按上列公式求得：

$$工资众数 = 6000 + \frac{315 - 210}{(315 - 210) + (315 - 195)} \times 1000 = 6466.67（元）$$

如用比重计算，结果一样：

$$工资众数(M_0) = 6000 + \frac{21 - 14}{(21 - 14) + (21 - 13)} \times 1000$$

$$= 6466.67（元）$$

计算众数的上限公式为：

$$M_0 = U - \frac{\Delta_2}{\Delta_1 + \Delta_2} \times d$$

式中，U 代表众数组上限。

代入表 2-16 资料，可得：

$$工资众数(M_0) = 7000 - \frac{120}{105 + 120} \times 1000$$

$$= 6466.67(元)$$

如用比重计算，结果相同：

$$工资众数(M_0) = 7000 - \frac{8}{7 + 8} \times 1000$$

$$= 6466.67(元)$$

这个工资众数，是表明企业中年收入最普遍的工资额，用这个数值可以说明该企业职工年收入的一般水平。这里需要指出的是，这一数值不是职工年收入的平均数，而是职工年收入平均数的近似值。

2. 中位数

中位数，是将总体各单位的标志值按大小顺序加以排列后，处于数列中点位置的标志值。在一定的情况下，中位数也可以反映社会经济现象的一般水平。

在单项式变量数列中求中位数比较简单。如果变量数列标志值的项数为奇数的，就可以用 $(n+1) \div 2$ 的方法来确定中位数在数列中的位置。也就是说，所求得位次的标志值，就是中位数。

例如，某木工组有 9 名工人，他们的月工资额按大小顺序排列为（元）：

256　264　　272　　378　　388　489
495　561　　614

这时，我们可以用 $(9+1) \div 2 = 5$，也就是按数列顺序的第 5 个标志值"388"元是中位数。如果这 9 名工人工资求其平均数的话，应该是 413 元。可见，中位数也不等于平均数，但接近平均数，是可以用来代表现象一般水平的。

如果变量数列为偶数时，应取中间两个标志值的平均数作为中位数。假定上例中是 10 名工人，而第 10 名工人的月工资是 658 元。这时可用 $(10+1) \div 2 = 5.5$ 的方法，确定中位数位次为 5.5，即第 5 个和第 6 个工人月工资的平均数：

$$(388 + 489) \div 2 = 438.5（元）$$

这就是 10 名工人工资的中位数。

在组距式变量数列中求中位数，也要利用公式求其近似值。其计算公式也有两个，分别称为下限公式和上限公式。

其公式为：

$$M_e = L + \frac{\frac{\Sigma f}{2} - S_{m-1}}{f_m} \times d（下限公式）$$

或：

$$M_e = U - \frac{\frac{\Sigma f}{2} - S_{m+1}}{f_m} \times d (上限公式)$$

式中：

    M_e——中位数；

    L——中位数组下限；

    U——中位数组上限；

    Σf——次数总和；

    S_{m-1}——累计至中位数组前一组次数和；

    S_{m+1}——累计至中位数组后一组次数和；

    f_m——中位数组次数；

    d——中位数组组距。

现在，仍用表 2-16 资料来说明其计算方法。

首先，确定中位数组。由于 $\frac{\Sigma f}{2} = \frac{1500}{2} = 750$，也就是说，如果按工资顺序排列到第 750 名职工的工资额应该是中位数，而本例由少往多累计的结果；第 750 名职工的工资是在"6000～7000"这一组中，统计上把这一组称为中位数组。

其次，计算中位数的近似值。假定标志值在这一组中是均匀分布的，中位数在这一组中的位次是 $750 - (30 + 75 + 135 + 165 + 210) = 135$，它和中位数组次数的比例是 $\frac{135}{315} = 0.42857$，该组组距为 1000，那么，$0.42857 \times 1000 = 428.57$，这样，$6000 + 428.57 = 6428.57$（元），这就是中位数。

将上述说明过程代入下限公式：

$$工资中位数(M_e) = L + \frac{\frac{\Sigma f}{2} - S_{m-1}}{f_m} \times d$$

$$= 6000 + \frac{\frac{1500}{2} - 615}{315} \times 1000$$

$$= 6428.57(元)$$

如用上限公式为：

$$工资中位数(M_e) = U - \frac{\frac{\Sigma f}{2} - S_{m+1}}{f_m} \times d$$

$$= 7000 - \frac{\frac{1500}{2} - 570}{315} \times 1000$$

$$= 6428.57(元)$$

如用比重计算时，结果会完全一样。

以上说明的中位数，是确定数列正中位置的标志值，也称之为位置平均数。但它也和众数一样，实际上只是平均数的近似值。

三、应用平均指标应注意的问题

平均指标在实际统计工作中的应用是十分广泛的，有些西方学者甚至把统计学说成是平均数的科学。但是，在我们社会主义统计工作中，为了保证指标的科学性，在应用平均数反映现象特征时，不是任何变量值都可以无原则地混在一起进行平均的。也就是说，在应用平均指标时，必须注意以下问题：

（一）在计算平均数时，必须注意现象的同质性

同质性，是计算平均指标的最基本的前提条件，也是利用平均数对现象进行正确认识的基础。例如，在研究每人平均收入时，一定要在确定的（或同质）总体内进行计算。把不同总体的同类现象放在一起平均，就不能确切地说明问题。在资本主义国家计算国民工资收入的平均数时，把有产者和无产者人数一起计算，就必然掩盖阶级间贫富悬殊的差别，从而使平均数成为掩盖事实真相的工具了，从而歪曲了现象的本来面目。

（二）在应用平均数时，要注意用各组平均数补充说明总平均数

总体总平均数内，是包含着多种因素影响的，它也要掩盖总体内不同质的差别和真实情况。第一章讲到的统计分组方法，是区别统计总体内各类现象质的差别的。通过分组研究，就可以使我们在应用平均数时避免片面性。

例如，某建筑企业所属两个工区的工资资料如表 2-17 所示。

表 2-17

按技术熟练程度分组	第一工区				第二工区			
	工人数（人）	比重（%）	工资总额（元）	平均工资（元）	工人数（人）	比重（%）	工资总额（元）	平均工资（元）
	(1)	(2)	(3)	(4)	(5)	(6)	(7)	(8)
熟练工人	360	90	180000	500	390	78	202800	520
非熟练工人	40	10	12000	300	110	22	34100	310
合　计	400	100	192000	480	500	100	236900	473.8

从表 2-17 看，第一工区总平均工资高于第二工区总平均工资 6.2 元（480－473.8），那么，能否说明前者比后者工资水平高呢？我们从分组资料可以看出，第二工区不论熟练工人还是非熟练工人的平均工资都比第一工区高。所以，还是后者比前者工资水平高。为什么会出现这种情况呢？原因就在于第一工区工资水平高的熟练工人在整个工人总数中所占的比重，高于第二工区 12%，而非熟练工人比重正好相反。我们知道，平均数是要受次数分布状况影响的，它必然趋向于次数出现多的那个组，这就造成第一工区总平均工资高于第二工区。而实际上，结论应该相反。

（三）应用平均数时，要注意用分配数列和典型事例补充说明总平均数

前面讲过，平均指标是把总体标志值的差异抽象化了，从而掩盖了具体数值的分布状况。为了全面地分析和说明现象的真实情况，还必须进一步了解被平均数掩盖的实际情况，使其能结合具体情况，补充说明总平均数。

例如，某建筑企业所属 8 个工区生产计划完成情况如表 2-18 所示。

表 2-18

所属工区	1	2	3	4	5	6	7	8
计划完成（%）	105	80	128	116	85	146	90	106

根据表 2-18 资料看出，8 个工区中有 5 个工区都超额完成计划任务，有的超额完成的幅度还比较大。但有 3 个工区没有完成计划任务，占整个公司所属单位的 37.5%，这不能不说是个比较严重的问题。假如整个公司完成了生产计划，还要注意典型单位的情况，深入实际，调查研究，总结先进单位的典型经验，找出后进单位存在的差距，制订措施，以便更好地完成企业的计划任务。

第四节　标 志 变 异 指 标

上一节讲到，平均指标是将总体某数量标志值的差异抽象化，用以反映标志值的一般水平。但是，各单位标志值之间的差异是客观存在的，并不因平均指标的计算而消失。在实际工作中，两个不同总体的同类现象的平均数可能一样，但其总体单位之间的差异并不相同。为了全面认识社会经济现象的这种量变情况，在统计研究方面，需要用标志变异指标来测定和说明。

（一）标志变异指标的概念和作用

标志变异指标，就是测定标志变动差异程度的指标。标志变动差异程度，可简称标志变动度，它是总体各项标志值（或变量值）差别大小的程度；或者说，总体中每个变量值与该总体平均数的离散程度。比如说，有 5 名工人的工资额分别是 200 元、300 元、400 元、500 元和 600 元，他们 5 人的平均工资是 400 元；另有 5 名工人的工资额分别是 300 元、350元、400 元、450 元和 500 元，他们 5 人的平均工资也是 400 元；再假设另有 5 名工人的工资都是 400 元，当然其平均工资也是 400 元。从以上 3 组工人的工资看，第三组工人的工资数额，都是平均工资数额，均无差异；第二组只有 1 名工人的工资是平均工资数额，其余 4 人中，2 人与平均工资差 100 元，2 人与平均工资差 50 元；而第一组工人虽然有 1 名工人的工资也是平均工资的数额，但其余 4 人中，2 名工人与平均工资差 100 元，另 2 名工人与平均工资差 200 元。可见，标志值与平均数之间的差别大小是不一样的。为此，就需要测定这种差别，以反映平均指标代表性的大小，这就需要计算标志变异程度的指标了。

标志变异指标的作用主要有以下几点：

（1）把标志变异指标与平均指标结合起来应用，就可以比较说明平均指标代表性的大小程度。

例如，将以上举例列表 2-19 进行观察。

从表 2-19 可以直接观察出，第三组无变异，第二组有一定变异，第一组较其他两组变异最大。换句话说，3 组的平均数虽然相同，但代表性不同。第三组平均数代表性最充分，第二组次之，第一组最差。

表 2-19

标志值	x_1	x_2	x_3	x_4	x_5	平均数
第一组	200	300	400	500	600	400
第二组	300	350	400	450	500	400
第三组	400	400	400	400	400	400

标志变异程度与平均数代表性之间的关系，一般成反比例关系。如果，标志变异程度大，也就是说，总体单位的数值离散程度大，根据它们计算的平均数，代表程度就小；反之，标志变异程度小，也就是说，总体单位的数值比较集中，根据它们计算的平均数，代表程度就大。当然，假定标志变异程度等于 0（如上例第三组），也就是说，总体各单位标志值都相等，那么，每个标志数值就都可以代表平均数了。

（2）通过测定标志变异程度，可以进一步测定现象的稳定程度。

假定，某工区瓦工队，抹灰队和木工队的工资变量数列如表 2-20 所示。

表 2-20

按工资额分组（元）	工人人数（人）		
	瓦 工 队	抹 灰 队	木 工 队
375	4	—	—
430	3	4	—
510	7	12	20
590	3	4	—
690	3	—	—
合 计	20	20	20

根据表 2-20 资料，如果计算三个队各自的平均工资，都是 510 元。但是，三个队平均工资所含的变动程度是不一样的。从表中直接可以观察出来，木工队的工资最稳定，20 人都是 510 元；而瓦工队最不稳定，虽然平均工资也是 510 元，但最低的只有 375 元，最高的 690 元，与平均工资的差异就明显了。

在建筑企业使用标志变异程度的方法评定工程质量也有很大的作用。假如，某一项质量指标平均数相等的 2 个月份或者 2 个平均数相等的单位工程，只用平均数就很难说明哪一个月份或哪一个单位工程的质量更好些。就只有测定它们各自的标志变异程度，才能作出正确的评价。标志变异程度大，则表明质量不稳定，平均数的代表性就差；标志变异程度小，则表明质量相对稳定，平均数的代表性就好。

（二）标志变异指标的计算

为了客观地反映社会经济现象的特征和实际，在研究平均指标的同时，还必须对总体各单位标志值之间的差异程度进行测定。测定标志变异程度靠直观不行，也必须进行指标的计算。这种说明标志值之间差异程度大小的指标，在统计上称为标志变异指标，或称标志变动度指标。

测定标志变异程度的指标，常用的有：全距、平均差、标准差和标志变动系数（或称离散系数）。

下面分别说明其计算方法。

1. 全距

全距，是指各单位标志值中，最大标志值与最小标志值之差。全距由于是用数列中两个极值之差表示的，所以又称为极差。全距说明标志变异的最大范围，它是测定标志变异程度的最简单的指标。其计算公式表示为：

全距（R）＝最大标志值－最小标志值

根据单项式数列计算全距，很简单。我们利用表 2-20 的资料举例说明：瓦工队工资标志的变异全距为 $690-375=315$（元）；抹灰队工资标志的变异全距为 $590-430=160$（元）；木工队工资标志的变异全距为 $510-510=0$（元）。很显然，用全距的方法测定标志变异程度，总体单位标志值变动范围大，标志变异指标（R）的数值就大，它的平均数的代表性就越小；反之，总体单位标志值变动范围越小，标志变异指标（R）的数值也越小，它的平均数的代表性就越大。所以说，标志变异指标的数值大小与平均数代表性的大小，成反比。

根据组距式数列计算全距，一般是用最大组的上限减去最小组的下限，这里不再举例说明了。

用全距测定标志变异程度的方法比较简单、粗略，所以在应用时受到一定限制。因为，有时使用全距来测定标志变异的程度，就不很准确。

假定，有两个工区工人工资的资料如表 2-21 所示。

表 2-21

按工资额分组（元）	一工区工人数	二工区工人数
500	1	20
550	4	4
600	40	2
650	4	4
700	1	20
合　计	50	50

如果根据表 2-21 计算两个工区的平均工资都是 600 元，全距也都是 200 元。虽然 2 个工区工人的平均工资和全距都一样，但是两个数列的标志变异程度肯定是不相同的。在这种情况下，就不能用全距来测定了。因为，全距只能反映数列中最大值与最小值的差额，而不能反映最大数值与最小数值之间所有各个数值差异程度的大小。因此，除了全距以外，还必须采用能反映总体中所有变量值之间差异程度的指标，来反映其标志变异程度。

2. 平均差

平均差，就是根据每个标志值与平均数的绝对离差计算的算术平均数。所谓离差，就是指标志值与平均数之差量。所谓绝对离差，就是取标志值与平均数之差的绝对值。用公式表示为：$|x-\bar{x}|$。例如，有三个工资额：250 元、280 元和 310 元。三个数的平均数是 280 元。那么，第一个工资额与平均数的绝对离差为 $|250-280|=30$，第二个 $|280-280|=0$，第三个 $|310-280|=30$。也就是说，不管是正数，还是负数，离差都取正值。换句话说，不管是少 30 元还是多 30 元，反正是差 30 元。这样，就可以计算平均差是多少了。如上例，$(30+0+30)÷3=20$（元），这就是平均差。

那么，为什么要取绝对值呢？这是因为数学的平均数有这样一种性质，即各变量值与算术平均数的离差总和永远等于 0。如上例，不用绝对值就会形成：$(250-280)+(280-280)+(310-280)=-30+0+30=0$。因此，如果我们不计离差的正负号，使他们不能相互抵消，那么这些离差的平均数就能够表示标志变异程度的大小。离差的平均数大，则标志变异程度就大，平均数的代表性就小；反之，离差的平均数小，则标志变异程度就小，平均数的代表性就大。当然，如果每个变量值与平均数的离差都等于 0，也就是说每个变量值都等于平均数，此时，标志值也就没有变动，标志变异程度也就等于 0 了。

现根据表 2-21 资料编制表 2-22（一工区）和表 2-23（二工区）的平均差计算表如下：

一工区平均差计算表

表 2-22

工资额 （元）x	工人数（人） f	离差 $x-\bar{x}$	绝对离差 $|x-\bar{x}|$	绝对离差和 $|x-\bar{x}|f$
500	1	−100	100	100
550	4	−50	50	200
600	40	0	0	0
650	4	50	50	200
700	1	100	100	100
合　　计	50	—	300	600

二工区平均差计算表

表 2-23

工资额 （元）x	工人数（人） f	离差 $x-\bar{x}$	绝对离差 $|x-\bar{x}|$	绝对离差和 $|x-\bar{x}|f$
500	20	−100	100	2000
550	4	−50	50	200
600	2	0	0	0
650	4	50	50	200
700	20	100	100	2000
合　　计	50	—	300	4400

根据表 2-22 和表 2-23 资料计算：

一工区工人工资额的平均差＝600/50＝12（元）

二工区工人工资额的平均差＝4400/50＝88（元）

这样，二工区工人工资额的平均差比一工区大，则二工区的工资标志变异程度也比一工区大，说明一工区的平均工资代表性比二工区大。

根据以上举例资料的计算过程，可以将计算平均差的方法用下列公式表示：

$$A \cdot D = \frac{\Sigma|x-\bar{x}|}{N}（简单式）$$

式中：

$A \cdot D$——平均差；

x——标志值；

$\bar{x}$——算术平均数；

N——标志值个数。

或：

$$A \cdot D = \frac{\Sigma|x-\bar{x}|f}{\Sigma f}（加权式）$$

式中：

　　　　f——各组次数；

　　　　Σf——次数和。

　　平均差是根据全部变量计算出来的，它受极端值的影响较小，所以对整个变量值的离散趋势有较充分的代表性。但是，由于在平均差的计算过程中，需要把离差的正、负号取消，以负为正，这不符合数学运算的基本原则。因此，也就在一定程度上影响了它的应用，故产生标准差的计算方法。

　　3. 标准差

　　标准差，就是每个标志值与平均数的离差平方的平均数的平方根。

　　计算平均差，是采用取离差绝对值的方法，但它不符合数学运算原则。要想符合数学运算原则，又可以解决正负离差相互抵消的问题，就得利用数学中平方的方法自然地将负号取消。也就是说，把标志值与平均数的离差平方起来，然后计算出离差平方的算术平均数。问题是，正负号解决了，但离差由于平方后扩大了倍数，怎么办？开方还原。所以，在求出离差平方的平均数后再开平方。这样计算出来的标志变异程度指标，称为标准差，也称为均方差。其计算公式为：

$$\delta = \sqrt{\frac{\Sigma (x - \overline{x})^2}{N}} \text{（简单式）}$$

式中：

　　　　δ——标准差；

　　　　x——标志值；

　　　　$\overline{x}$——算术平均数；

　　　　N——标志值项数；

　　　　Σ——总和符号。

　　或：

$$\delta = \sqrt{\frac{\Sigma (x - \overline{x})^2 f}{\Sigma f}} \text{（加权式）}$$

式中：

　　　　f——各组次数；

　　　　Σf——次数总和。

　　标准差计算的简单式，用于未分组资料；加权式，用于分组资料。

　　现仍以表 2-21 资料，编制表 2-24 和表 2-25 如下：

一工区标准差计算表　　　　　　　　　　　　　　　表 2-24

工资额 （元）x	工人数（人） f	离差 $x - \overline{x}$	离差平方 $(x - \overline{x})^2$	离差平方和 $(x - \overline{x})^2 f$
500	1	-100	10000	10000
550	4	-50	2500	10000
600	40	0	0	0
650	4	50	2500	10000
700	1	100	10000	10000
合　计	50	—	25000	40000

58

二工区标准差计算表　　　　　　　　　　　　　　　　表 2-25

工资额 （元）x	工人数（人） f	离差 $x-\bar{x}$	离差平方 $(x-\bar{x})^2$	离差平方和 $(x-\bar{x})^2 f$
500	20	−100	10000	200000
550	4	−50	2500	10000
600	2	0	0	0
650	4	50	2500	10000
700	20	100	10000	200000
合　　计	50	—	25000	420000

根据表 2-24 和表 2-25 资料计算：

一工区工人工资标准差为：

$$\delta = \sqrt{\frac{\Sigma(x-\bar{x})^2 f}{\Sigma f}} = \sqrt{\frac{40000}{50}} = 28.28(元)$$

二工区工人工资标准差为：

$$\delta = \sqrt{\frac{\Sigma(x-\bar{x})^2 f}{\Sigma f}} = \sqrt{\frac{420000}{50}} = 91.65(元)$$

从以上两个工区标准差计算结果看，二工区标准差大，平均数代表性小；一工区标准差小，平均数代表性大。

需要指出的是，按标准差计算的标志变异指标比按平均差计算的标志变异指标数值要偏大一些，这也是符合于测定标志变异指标的目的的。因为，当若干总体的同一数量标志的平均数值相等时，就可以用标准差说明平均数代表性的大小，当我们在计算标准差过程中，将离差加以平方，这就使大的离差越大，小的离差越小；实际上是特别注重于或偏重于大的离差，而减轻了小的离差的影响，这也就更能明显地把离差的情况突出地表现出来，能更清晰地比较不同总体平均指标代表性大小。

4. 离散系数

离散系数，也称标志变异系数或标准差系数，它是标准差与其算术平均数对比计算的百分数（或系数）。

为什么要计算离散系数呢？因为，标准差是从绝对数方面来说明总体某一数量标志的各标志值平均变动程度的大小。但是，标准差大小，还受平均数大小的影响。也就是说，平均数的数值越大，标准差的数值也越大；平均数越小，标准差的数值也越小。

例如，有如表 2-26 所示的两个数列。

表 2-26

甲数列	60	70	80	90	100
乙数列	2	4	8	12	14

那么，$\bar{x}_甲 = 80$，$\bar{x}_乙 = 8$

根据表 2-26 资料可以计算甲、乙两数列的标准差如表 2-27 所示。

表 2-27

甲 数 列			乙 数 列		
x	$x-\bar{x}$	$(x-\bar{x})^2$	x	$x-\bar{x}$	$(x-\bar{x})^2$
60	−20	400	2	−6	−36
70	−10	100	4	−4	16
80	0	0	8	0	0
90	10	100	12	4	16
100	20	400	14	6	36
合　计	—	1000	合　计	—	104

根据表 2-27 计算：

$$\delta_{甲} = \sqrt{\frac{1000}{5}} = 14.14$$

$$\delta_{乙} = \sqrt{\frac{104}{5}} = 4.56$$

从以上计算结果看，乙数列的标准差小，能不能断定乙数列的平均数的代表性比甲数列的平均数的代表性强呢？显然不能。因为，这两个数列的水平相差悬殊。在这种情况下，我们就需要再测定一下标准差各占其数列平均数的比率，它可以消除不同数列水平对标准差大小的影响，这就需要计算离散系数指标。

其计算公式为：

$$V_{\delta} = \frac{\delta}{\bar{x}} \times 100\%$$

式中：

　　　V_{δ}——离散系数；

　　　δ——标准差；

　　　$\bar{x}$——算术平均数。

如上述资料，分别计算离散系数如下：

$$V_{\delta}(甲) = \frac{14.14}{80} \times 100\% = 17.68\%$$

$$V_{\delta}(乙) = \frac{4.56}{8} \times 100\% = 57\%$$

计算结果表明：甲数列标准差相当于其平均数的 17.68%，而乙数列的标准差却相当于其平均数的 57%。由此可见，乙数列的标准差虽然小于甲数列，但是甲数列的离散系数却小于乙数列，这说明甲数列标志值的离数程度小于乙数列。故此，甲数列的平均数的代表性就大于乙数列的平均数的代表性。这里需要强调指出，如果比较不同数列平均指标的代表性，标准差和离散系数比较后产生不同结论时，应以离散系数为准来进行最终的判断。

复 习 思 考 题

1. 什么是总量指标？有哪几种？
2. 什么是相对指标；有哪几种？

3. 列出五种相对指标的计算公式。

4. 什么是平均指标？有哪几种？

5. 什么是加权算术平均数？如何计算？

6. 什么是调和平均数？如何计算？

7. 什么是几何平均数？如何计算？

8. 什么是众数？什么是中位数？

9. 什么是标志变异程度？什么是标志变异程度指标？

10. 如何计算标准差和离散系数？如何应用其说明平均数的代表性？

11. 某建筑企业"八五"期间计划 1995 年产值达到 6000 万元，实际执行情况如下表：

年、季度 指标	1991年	1992年	1993年		1994年				1995年			
			上半年	下半年	一季	二季	三季	四季	一季	二季	三季	四季
实际完成产值（万元）	4186	4562	2436	2521	1298	1310	1385	1568	1737	1864	1900	2179

要求：根据上述资料计算计划完成程度指标及提前完成五年计划的时间。

12. 某地区"八五"期间计划固定资产投资总额为 30 亿元，该地区各年基本建设投资完成额的情况如下表：

年 份	1991	1992	1993	1994	1995
固定资产投资完成额（亿元）	8	7.5	8.1	6.4	3

要求：根据上述资料计算计划完成程度指标及提前完成五年计划的时间。

13. 某建筑企业生产计划完成情况如下表：

所属单位	1994年总产值（万元）	1995年总产值（万元）			1995年计划完成（%）	1995年为上一年的（%）
		计划	实际	实际完成产值比重（%）		
第一工区	8000	10000	11000			
第二工区	7840	8000	8000			
第三工区	5000	6000	7500			
第四工区	1160	2000	1500			
合 计	22000	26000	28000			

要求：检查 1995 年总产值计划执行情况，将表内空栏资料计算后填入，并说明哪个工区任务完成的最好。

14. 某建筑公司所属的三个工程处 1995 年职工人数和平均每人竣工面积资料如下：

所属单位	职工人数（人）	平均每人竣工面积（m²）
第一工程处	1500	280
第二工程处	1426	258
第三工程处	1874	246

计算该公司平均每人竣工面积是多少？

15. 某建筑企业附属机械加工厂工人人数和日产零件数如下表：

按日产零件分组（件）	工人数（人）	按日产零件分组（件）	工人数（人）
20～30	10	40～50	90
30～40	70	50～60	30

根据资料计算全厂平均每人日产零件数。

16. 某企业工程技术人员按工资额分组资料如下表：

按工资分组（元）	人数比重（%）
400 以下	10
400～500	15
500～600	40
600～700	25
700～800	8
800 以上	2
合　计	100

要求计算平均工资、工资众数和中位数。

17. 某公司所属两个工程处资料如下：

第　一　工　程　处		第　二　工　程　处	
按工资分组（元）	人数（人）	按工资分组（元）	人数（人）
400 以下	40	400 以下	50
400～600	80	400～600	60
600～800	160	600～800	140
800 以上	20	800 以上	50
合　　计	300	合　　计	300

计算并比较两处平均工资的代表性。

第三章 时 间 数 列

第二章讲的综合指标,基本上属于对事物的静态研究方法。本章将要介绍的时间数列,是属于对事物的动态研究方法。因为,所有的事物都是处于不断发展变化之中的。统计在认识社会经济现象数量方面所呈现的特征时,也必须从时间发展过程中研究其发展变化,并根据其变化找出规律以及预测未来趋势。要完成上述特定任务,统计工作是采取编制时间数列并据以计算有关指标来完成的。因此,时间数列在统计分析研究中,占有极为重要的位置。

第一节 时 间 数 列 概 述

对时间数列的研究,一定要编好时间数列,并根据已编好的时间数列计算需要的动态指标,以及根据时间数列所反映社会经济现象的变化形态,找出量变规律,并预测未来的发展趋势。本节主要介绍时间数列的有关基础知识和编制要求。

一、时间数列的概念和作用

所谓时间数列,就是把某种社会经济现象的指标数值按时间先后顺序排列起来,以表示事物发展变动形态的统计数列,也称动态数列。例如,某建筑企业 1989～1995 年的全员劳动生产率指标如表 3-1 所示。

表 3-1

年　份	1989	1990	1991	1992	1993	1994	1995
全员劳动生产率 （元/人）	6124	6545	6984	7235	7168	8564	9921

从表 3-1 可以看出,该企业全员劳动生产率水平每年是不一样的,而且随着时间的发展,基本呈现出劳动生产率不断提高的趋势。表 3-1,就是时间数列。由上表可以看出:时间数列是由两个部分组成的,一部分是指标所处的时间（日、月、季、年等）,另一部分是指标在各个时间所达到的具体数值。

编制时间数列是为了研究社会经济现象的动态,以揭示事物发展变化的规律性。它的重要作用有以下几点:

（1）通过编制和分析时间数列,可以从数量方面研究社会经济现象发展变化的过程和规律,为编制计划提供依据。

（2）通过编制和分析时间数列,可以反映工作的进度,使领导能及时了解历史发展的基本情况,便于及时指导工作。

（3）根据时间数列可以计算各种指标,可以揭示各种社会经济现象的特点和相互依存关系，并据以预测未来的发展趋势。

（4）通过编制时间数列所计算的各种动态指标，可以对比各种社会经济现象在不同单位的具体表现，开展社会主义劳动竞赛。

二、时间数列的种类

时间数列按其所排列指标性质的不同，可以分为绝对数时间数列、相对数时间数列和平均数时间数列三种。例如，某建筑企业 1991 年～1995 年关于房屋竣工面积、竣工率、平均竣工面积、平均人数和年末职工人数资料如表 3-2 所示。

表 3-2

序号	统 计 指 标	单位	1991 年	1992 年	1993 年	1994 年	1995 年
1	房屋竣工面积	万 m²	1.14	1.18	1.24	1.26	1.88
2	房屋竣工率	%	35.6	34.5	38.4	44.1	52.7
3	全员平均人数	人	105	114	120	118	140
4	每一职工平均竣工面积	m²/人	108	104	103	107	134
5	年末职工人数	人	102	108	114	115	126

（一）绝对数时间数列

绝对数时间数列，是由一系列总量指标按时间先后顺序排列起来的，它用来说明社会经济现象发展变化的绝对规模和水平。例如，表 3-2 中 1、5 两项数列，就是绝对数时间数列。

绝对数时间数列可分为时期数列和时点数列两种。

凡表明社会经济现象在一定时期内发展过程的总量指标，称为时期指标。而由时期指标所组成的绝对数时间数列，称为时期数列。例如，表 3-2 中第 1 项房屋竣工面积的时间数列，它既是由绝对数指标排列而成的，这些指标又是时期性指标，所以称为时期数列。

凡表明社会经济现象在一定时点上达到的水平的指标，我们称为时点指标。而由时点指标所组成的绝对数时间数列，称为时点数列。例如，表 3-2 中第 5 项年末职工人数的时间数列，虽然也是由绝对数指标排列而成的，但这些指标却都是时点性指标，所以称为时点数列。

时期数列和时点数列虽然都是由绝对数组成的，但有其明显的区别。第一，时期数列的指标是反映现象在一定时期内发展过程的总数量；而时点数列的指标则是表明现象在一定时点上所达到的水平。第二，时期数列的各个指标数值是可以相加的；而时点数列的各项指标数值相加就没有什么实际意义了。第三，时期数列中的每一个指标数值的大小，都与其所属时期长短有直接关系；而时点数列中各项指标数值大小与其时间间隔长短没有直接关系。第四，时期数列中的每一个指标一般都是经过连续登记而取得的；而时点数列的每一个指标数值则是按期一次登记而取得的。

（二）相对数时间数列

相对数时间数列，是由一系列相对指标，按时间先后顺序排列所组成的时间数列，用来说明社会经济现象发展变动的程度。例如，在表 3-2 中第二项房屋竣工率数列，就是相对数时间数列。

由于统计相对指标有五种，所以，相对数时间数列也就有五种。现用表 3-3 资料来举例说明。

表 3-3

序号	相对指标分类	指标名称	计量单位	1991年	1992年	1993年	1994年	1995年
1	计划完成	计划完成程度	％	103	106	110	112	108
2	结构	生产人员占全员比重	％	65	71	74	75	77
3	比较	安装产值为施工产值	％	15	13	14	18	21
4	动态	职工人数为前一年	％	105	100	98	104	102
5	强度	每千名职工保健医	人/千人	4	6	7	7	8

另外，相对数时间数列是由绝对数时间数列计算出来的：它可以由时期数列对比而得到，也可以由时点数列对比而得到，还可以由时期数列和时点数列对比而得到。不同数列对比关系对计算序时平均数极为重要，这一点，我们将在本章第三节再结合介绍。

（三）平均数时间数列

平均数时间数列，是由一系列平均指标，按时间先后顺序排列组成的时间数列，用来说明社会经济现象发展的一般趋势。例如，表 3-2 中第 3，4 两项数列，就是平均数时间数列。

由于平均指标有静态平均数和动态平均数（也称序时平均数）两种，所以，平均数时间数列也有两类：一类是由一般平均数组成的时间数列，如表 3-2 中第 3，4 两项数列；另一类是由序时平均数组成的时间数列。例如，某企业某产品各月产量及生产费用资料如表 3-4 所示。

表 3-4

月份	1	2	3	4	5	6	7	8	9	10	11	12
生产费用（万元）	10	9.9	10.2	10.3	10.8	10.5	12.4	12.8	12.2	12.3	12.9	12.7
产品产量（t）	100	100	110	110	120	120	140	150	150	150	160	160

根据表 3-4 资料，编制序时平均数时间数列（表 3-5）如下：

表 3-5

季度	一	二	三	四
产品平均单位成本（元/t）	970.97	902.86	850.00	806.38

三、编制时间数列的原则

为了使编制的时间数列能够正确地反映社会经济现象的发展过程和规律性，在编制时间数列时，必须遵循以下原则：

（一）时期数列中各项指标所包括的时期长短应该相等

由于时期数列各项指标数值的大小与时期的长短直接相关，如果各项指标是分别表明时期长短不等的社会经济现象，就不能用来做比较和分析。例如，在编制产值数列时，不能有的指标数值是月度的，有的是季度的或年度的，这样排列起来，就失去了时间数列的动态研究作用。

另外，在编制时期数列时，各项指标之间的时间间隔也应该相等，这样便于对比分析和连续比较。

（二）时间数列中各项指标的总体范围应该一致

也就是说，各项指标都是指特定统计总体的数量特征的，不能随意扩大或缩小。如果遇到总体范围发生较大变化时，可以将有关指标进行必要的调整，以保持总体前后的一致性。

（三）时间数列中各项指标的计算方法、计量单位以及指标内容应该统一

在时间数列中的指标计算，不论哪一时期的，必须采用同样的方法。例如，计算总产值采用的价格，各年应按可比价格折算，以保证指标的可比性。同时，在一个时间数列中采用的计量单位，必须前后一致。关于指标的经济内容，要特别注意各项指标的涵义。比如，全员劳动生产率与工人劳动生产率内容不同；上交利润与上交税金涵义不同。所以，在编制时间数列时，不能混淆。

第二节　动　态　比　较　指　标

编制时间数列，只是提供了对社会经济现象进行动态研究的资料，而要对现象作出规律性的认识，还必须根据时间数列计算有关的动态指标。动态指标由于运用的指标形式和分析方法不同，分为动态比较指标和动态平均指标两类。本节先介绍动态比较指标，动态平均指标在第三节介绍。

动态比较指标有发展水平、增减量、发展速度、增减速度和每增长 1% 绝对值等五个指标，下面分别进行说明。

一、发展水平

发展水平，就是时间数列中的每一个指标数值所表明某个时期（或时点）所达到的规模、程度或水平。例如，现将表 3-2 中第一项房屋竣工面积的时间数列单独列表 3-6 如下。

表 3-6

动态比较指标	1991 年	1992 年	1993 年	1994 年	1995 年
代表符号	a_0	a_1	a_2	a_3	a_4
发展水平（万 m²）	1.14	1.18	1.24	1.26	1.88

表 3-6 中各年房屋竣工面积的指标数值均为各该年度的发展水平。用符号 a 代表发展水平，则时间数列中各时期的发展水平分别为：

$$a_0、a_1、a_2……a_{n-1}、a_n$$

在对时间数列的发展水平进行对比分析时，一般把处于时间数列首项指标的数值（a_0）叫作最初水平；把处于时间数列末项指标的数值（a_n），叫做量末水平；把处于首尾之间的指标数值（$a_1、a_2、a_3……a_{n-1}$），称为中间各项水平。我们还把所要研究和说明的那个时期

（或时点）的发展水平，叫作报告期水平（或计算期水平）；把用以作为对比基础的发展水平，叫作基期水平。最初水平、最末水平、报告期水平和基期水平的确定，都不是固定不变的，而是随着时间数列编制时间的不同和研究目的的不同而改变。例如，根据表 3-6 资料，如果用 1995 年指标与 1993 年指标比，那么，1995 年的发展水平就是报告期水平，1993 年的发展水平就是基期水平，如果用 1993 年指标与 1991 年指标对比，那么，1993 年的发展不平就成为报告期水平了。

发展水平指标本身的计算，应该按各自指标本身的经济含义和计算范围，计算方法进行，这里不能一一介绍。

二、增减量

增减量，就是一定时期增加或减少的绝对数量。它等于报告期水平与基期水平之差，正数为增长量，负数为减少量。

增减量由于采用的对比基期不同，分为逐期增减量和累计增减量两种。

（一）逐期增减量

逐期增减量，就是报告期水平减去其前一期水平的差额，用来说明报告期水平比它前一期水平增加或减少的数量。用公式表示为：

$$a_1 - a_0; a_2 - a_1; \cdots\cdots a_n - a_{n-1}$$

（二）累计增减量

累计增减量，就是报告期水平减去某一固定基期水平（一般为最初水平）的差额，说明一段时期内总的增减数量。用公式表示为：

$$a_1 - a_0; a_2 - a_0 \cdots\cdots a_n - a_0$$

根据表 3-6 资料，计算各年房屋竣工面积的逐期增减量和累计增减量指标如表 3-7 所示。

表 3-7

动态比较指标		1991 年	1992 年	1993 年	1994 年	1995 年
代表符号		a_0	a_1	a_2	a_3	a_4
发展水平（万 m²）		1.14	1.18	1.24	1.26	1.88
增减量（万 m²）	逐期	—	0.04	0.06	0.02	0.62
	累计	—	0.04	0.10	0.12	0.74

逐期增减量与累计增减量之间存在着一定的计算关系。即：累计增减量等于相应各时期逐期增减量之和。用公式表示为：

$$a_n - a_0 = (a_1 - a_0) + (a_2 - a_1) + \cdots\cdots + (a_n - a_{n-1})$$

如表 3-7 中：

$$0.74 = 0.04 + 0.06 + 0.02 + 0.62（万 m²）$$

三、发展速度

发展速度，就是根据报告期水平与基期水平对比而计算的比率，它说明社会经济现象发展的相对变动程度，即报告期与基期对比，发展到什么程度。发展速度一般用百分数或倍数表示。发展速度可以大于100%，也可以小于100%。大于100%表示报告期水平高于基期水平，小于100%表示报告期水平低于基期水平。

计算发展速度由于所采用的基期不同，分为环比发展速度和定基发展速度两种。

（一）环比发展速度

环比发展速度，就是报告期水平除以其前一期水平的商数，用来说明报告期水平相当于它前期水平的百分之多少或多少倍。用公式表示为：

$$\frac{a_1}{a_0}, \frac{a_2}{a_1}, \frac{a_3}{a_2} \cdots\cdots \frac{a_n}{a_{n-1}}$$

（二）定基发展速度

定基发展速度，就是报告期水平除以某一固定基期水平（一般为最初水平）的商数，用来说明报告期水平相当于固定基期水平的百分之多少或多少倍。用公式表示为：

$$\frac{a_1}{a_0}, \frac{a_2}{a_0}, \frac{a_3}{a_0} \cdots\cdots \frac{a_n}{a_0}$$

根据表3-6资料，计算房屋竣工面积各年环比发展速度和定基发展速度指标如表3-8所示。

表 3-8

动态比较指标		1991 年	1992 年	1993 年	1994 年	1995 年
代表符号		a_0	a_1	a_2	a_3	a_4
发展水平（万 m²）		1.14	1.18	1.24	1.26	1.88
发展速度（%）	环比	—	103.51	105.08	101.61	149.21
	定基	100	103.51	108.77	110.53	164.91

环比发展速度与定基发展速度之间存在着一定的计算关系，即：定基发展速度等于相应各时期环比发展速度的连乘积。用公式表示如下：

$$\frac{a_n}{a_0} = \frac{a_1}{a_0} \times \frac{a_2}{a_1} \times \frac{a_3}{a_2} \times \cdots\cdots \times \frac{a_n}{a_{n-1}}$$

如表3-8中：

$$164.91\% = 103.51\% \times 105.08\% \times 101.61 \times 149.21\%$$

发展速度不但说明社会经济现象发展的相对程度，而且还能够指明社会经济现象发展的方向。当发展速度大于1或100%时，说明现象趋势上升；当发展速度小于1或100%时，说明现象发展趋势下降。因此，在实际时间数列动态指标的计算中，发展速度指标广为应用。

四、增长速度

增长速度，就是增长量与基期水平对比而计算的比率，它说明报告期的增长量相当于基期水平的百分之多少，即报告期水平与基期水平相比较，增长了百分之多少。增长速度一般也用百分数表示。

计算增长速度时，由于采用的增长量和基期水平不同，分为环比增长速度和定基增长速度两种。

（一）环比增长速度

环比增长速度，就是报告期的逐期增长量与前一时期发展水平对比的商数，说明报告期增长的绝对量相当于其前期发展水平的百分之多少。其计算公式表示如下：

$$环比增长速度（\%）=\frac{逐期增长量}{前一期水平}=\frac{报告期水平-前一期水平}{前一期水平}$$

$$=\frac{a_n-a_{n-1}}{a_{n-1}}=\frac{a_n}{a_{n-1}}-1$$

$$=环比发展速度-1$$

（二）定基增长速度

定基增长速度，就是报告期的累计增长量与某一固定基期发展水平对比的商数，它表明现象在某一较长时期内总的增长百分比。其计算公式如下：

$$定基增长速度（\%）=\frac{累计增长量}{固定基期水平}=\frac{报告期水平-固定基期水平}{固定基期水平}$$

$$=\frac{a_n-a_0}{a_0}=\frac{a_n}{a_0}-1$$

$$=定基发展水平-1$$

根据表 3-6 资料，计算房屋竣工面积的各年环比增长速度和定基增长速度如表 3-9 所示。

表 3-9

动态比较指标		1991 年	1992 年	1993 年	1994 年	1995 年
代表符号		a_0	a_1	a_2	a_3	a_4
发展水平（万 m²）		1.14	1.18	1.24	1.26	1.88
增减量（万 m²）	逐期	—	0.04	0.06	0.02	0.62
	累计	—	0.04	0.10	0.12	0.74
增长速度（%）	环比		3.51	5.08	1.61	49.21
	定基		3.51	8.77	10.53	64.91

环比增长速度与定基增长速度之间，没有直接的计算关系。但从增长速度的计算公式推导和表 3-9 的计算结果看，它却与发展速度之间存在着内在的数量计算关系，即：增长速度等于发展速度减 1（或 100%）。所以，在实际统计工作中，如果已经掌握了现象的发展速度，只要减去 1（或 100%），就可以求得相应的增长速度；反之，如果掌握了现象的增长速度，只要加上 1（或 100%），就可以求得相应的发展速度了。上述这种关系，可以用公式直接表示为：

$$环比增长速度＝环比发展速度－1（或100\%）$$
$$定基增长速度＝定基发展速度－1（或100\%）$$

例如，表3-9中1995年的环比增长速度，可以用逐期增长量除前一期水平，即，$\dfrac{0.62}{1.26}$×100％＝49.21％，也可以用表3-8中已计算出来的1995年环比发展速度减去100％，即，149.21％－100％＝49.21％。又如，表3-9中1995年的定基增长速度，可以用累计增长量除固定基期1991年的发展水平，即，$\dfrac{0.74}{1.14}$＝64.91％，也可以用表3-8中已计算出来的1995年定基发展速度减去100％，即，164.91％－100％＝64.91％求得。两种计算方法，结果完全相同。

从以上增减量、发展速度和增长速度之间的关系中还可以看出，如果逐期增减量为正值，或环比发展速度大于100％，则环比增长速度也就为正值，表示社会经济现象的发展和增长方向都是上升的；相反，如果逐期增减量为负值（即减少量），或环比发展速度小于100％，则环比增长速度也就为负值，表明社会经济现象的发展和增长的方向都是下降的，这时的增长速度实际上也就成为下降速度或降低速度了。这就是我们在实际统计工作中通常使用的负增长的含义。累计增减量、定基发展速度和定基增长速度三者之间的关系，也是如此，这里不再复述。

五、每增长1％绝对值

在分析社会经济现象发展变动的特征时，不仅要计算速度指标，而且要分析速度指标中所含绝对数量的水平。换句话说，在实际工作中，有时会出现这样的情况：高速度会掩盖低水平，而低速度却不一定是低水平。这时，我们常常使用"每增长1/100的绝对值"来代表多少这样的指标，把增长速度和增长数量直接结合起来，以全面地说明社会经济现象的本质特征。

每增长1％绝对值，就是用增长量除以增长速度再乘以1/100得到的。如用公式可表示为：

$$每增长1\%绝对值＝\dfrac{增长量}{增长速度×100}$$

在实际统计工作中，往往是用逐期增长量与环比增长速度相对比，来计算每年每增长1％绝对值的。用以比较说明各年速度指标因对比基数大小不同，速度可能会上升或下降，每增长1％的绝对量是不一样的，从而可以对现象得出正确的认识。这样，上述公式可推导并改写为：

$$\begin{aligned}每增长1\%\ 绝对值&＝\dfrac{逐期增长量}{环比增长速度×100}\\[2mm]&＝\dfrac{a_n－a_{n-1}}{\dfrac{a_n－a_{n-1}}{a_{n-1}}×100}＝\dfrac{a_n－1}{100}\\[2mm]&＝\dfrac{前一期发展水平}{100}\end{aligned}$$

例如，1994年比1993年房屋竣工面积增长了1.61％，而1995年比1994年房屋竣工面积却增长了49.21％。但是，1.61％和49.21％各自所代表每1％的绝对量也是不一样的。现计算如下：

$$1994\text{ 年每增长 }1\%\text{ 的绝对值}=\frac{0.02}{1.61\%\times100}=0.0124(\text{万 m}^2)$$

$$\text{或}=1.24\div100=0.0124(\text{万 m}^2)$$

$$1995\text{ 年每增长 }1\%\text{ 的绝对值}=\frac{0.62}{49.21\%\times100}=0.0126(\text{万 m}^2)$$

$$\text{或}=1.26\div100=0.0126(\text{万 m}^2)$$

以上分别介绍了发展水平、增减量、发展速度、增长速度和每增长1%绝对值五个动态比较指标的计算方法。现仍根据表 3-6 资料，将计算的动态比较指标集中到表 3-10 展示如下。

房屋竣工面积动态比较指标一览表

表 3-10

动态比较指标		1991 年	1992 年	1993 年	1994 年	1995 年
代表符号		a_0	a_1	a_2	a_3	a_4
发展水平（万 m²）		1.14	1.18	1.24	1.26	1.88
增减量（万 m²）	逐期	—	0.04	0.06	0.02	0.62
	累计	—	0.04	0.10	0.12	0.74
发展速度（%）	环比	—	103.51	105.08	101.61	149.21
	定基	100	103.51	108.77	110.53	164.91
增长速度（%）	环比	—	3.51	5.08	1.61	49.21
	定基	—	3.51	8.77	10.53	64.91
每增长 1%绝对值（万 m²）			0.0114	0.0118	0.0124	0.0126

第三节　动态平均指标

动态平均指标，就是把时间数列中的各项指标数值加以平均而计算的一种平均数。也就是说，它是以时间为单位，以发展水平为标志而计算的平均数，所以也称为"时间平均数"或"序时平均数"。

动态平均指标与第二章介绍的一般平均指标相比较，有相同点，也有不同点。相同之处在于，两者都是反映社会经济现象的一般水平，并对社会经济现象的典型状态作出综合的概括说明。其不同处在于：第一，一般平均指标所平均的是总量指标在静态上的差异；而动态平均指标所平均的是总量指标在时间上的变动。第二，一般平均指标所平均的是总体各单位在某一数量标志上的数量差异；而动态平均指标所平均的是某一总体标志总量（或相对量，或平均量）在各时间上的差异。第三，一般平均指标是由变量数列计算的，它包括变量和权数两个基本要素；而动态平均指标则是根据时间数列计算的，它包括所属时期（或时间间隔）与发展水平两个基本因素。

动态平均指标在统计研究上占有相当重要的地位。它的重要性和作用，主要表现在以下几个方面：第一，动态平均指标与动态对比指标相比，由于前者是平均量性质，更便于资料的对比。特别是对于时期不等的时间数列，指标之间没有可比性，但若用各时期的动态平均数对比，就具有可比性了。例如，年度内各月产值之间，虽然都是一个月，但制度工日数不同，如果计算各月平均每日产值数来进行比较，当然就可以直接对比了。第二，利用动态平均指标可以对长期的动态资料进行修匀，这样可以消除季节变动和偶然因素的影响，使现象的发展趋势和规律更加明显（本章第四节专门介绍）。第三，动态平均指标是编制计划、检查计划完成情况的重要参考依据，如平均发展速度、平均增长速度等指标，在制订长期计划时，都是不可缺少的重要资料。

动态平均指标主要有平均发展水平、平均增长量、平均发展速度和平均增长速度等指标。下面，逐一介绍其计算方法。

一、平均发展水平

平均发展水平，就是发展水平的动态平均指标，它是把时间数列中的每一个发展水平计算其序时平均数。

由于时间数列有绝对数、相对数和平均数三种类型，所以，根据其计算序时平均数也有三种方法。不过，根据绝对数时间数列计算动态平均数，是最基本的方法。以下，我们分别进行介绍。

（一）根据绝对数时间数列计算平均发展水平

由于绝对数时间数列分为时期数列和时点数列两种，数列性质不同，因而计算方法也有所不同。

1. 根据时期数列计算平均发展水平

根据时期数列计算平均发展水平，可以采用简单算术平均法，即将数列中的每个发展水平指标相加，再除以时期项数。其计算公式为：

$$\bar{a} = \frac{a_0 + a_1 + a_2 + \cdots\cdots + a_n}{n + 1} = \frac{\Sigma a}{n + 1}$$

式中：

$\bar{a}$——平均发展水平；

a——各期发展水平；

n——时期序数。

例如，根据表 3-10 资料中房屋竣工面积的发展水平资料，计算 1991～1995 年 5 年间平均每年的发展水平时，可直接使用上式计算：

$$平均每年竣工面积（万 m^2） = \frac{\Sigma a}{n + 1}$$

$$= \frac{1.14 + 1.18 + 1.24 + 1.26 + 1.88}{4 + 1}$$

$$= 1.34（万 m^2）$$

在实际工作中，常常根据资料计算季度月平均，年度月平均或年度季平均等指标，这实际上就是计算序时平均数。例如，某建筑企业某年各月完成施工产值资料如表 3-11 所示。

从表 3-11 资料中可以看出该企业产值完成的水平各月是不一样的。如果计算年度月平均和年度季平均指标，则为：

$$年度平均月产值 = \frac{3300}{12} = 275（万元）$$

$$年度平均季产值 = \frac{3300}{4} = 825 （万元）$$

表 3-11

月份	产值（万元）	月份	产值（万元）	月份	产值（万元）
1	150	5	240	9	330
2	200	6	260	10	380
3	190	7	270	11	350
4	220	8	300	12	410

2. 根据时点数列计算平均发展水平

根据时点数列计算平均发展水平，由于时点资料反映的情况不一样，需要采用不同的方法来计算。

（1）如果时点数列中的发展水平是每日时点资料，统计上称为间隔相等的连续时点数列，则可用简单算术平均法计算，即以各日数值之和除日数。其计算公式如下：

$$\bar{a} = \frac{\Sigma a}{n}$$

式中：n——日历日数。

例如，某企业 4 月 1 日至 12 日库存材料占用流动资金资料如表 3-12 所示。

表 3-12

4 月	1 日	2 日	3 日	4 日	5 日	6 日	7 日	8 日	9 日	10 日	11 日	12 日
材料库存量（万元）	18	21	19	17	20	18	15	22	19	20	21	18

根据表 3-12 资料，计算 4 月 1～12 日平均每日材料库存量为：

$$每日平均材料库存量 = \frac{\Sigma a}{n} = \frac{228}{12} = 19（万元）$$

（2）如果时点数列中的发展水平不是每日资料都排列上，其时序是按一定期间表示的，每个发展水平间的时点有间隔，而且间隔长变不一样，统计上称为间隔不等的连续时点数列，则可用加权平均法计算。即以其间隔长度为权数，计算其平均发展水平。其计算公式表示为：

$$\bar{a} = \frac{\Sigma af}{\Sigma f}$$

式中，Σf——间隔长度总和。

例如，某企业 4 月份职工人数统计资料如表 3-13 所示。

表 3-13

4 月	1～5 日	6～12 日	7～21 日	22～30 日
职工人数（人）	2488	2476	2500	2512

根据表 3-13 资料，计算该企业 4 月份平均人数为：

$$4 月份平均人数 = \frac{\Sigma af}{\Sigma f}$$

$$= \frac{2488 \times 5 + 2476 \times 7 + 2500 \times 9 + 2512 \times 9}{5 + 7 + 9 + 9}$$

$$= \frac{74880}{30} = 2496（人）$$

（3）如果时点数列中的发展水平为间隔时点（即不是每日资料都排列在时间数列上），但间隔相等的期末（或期初）资料，统计上称为间隔相等的间断时点数列，则可用简单算术平均数分层计算其平均发展水平。

例如，某企业职工人数资料如表 3-14 所示。

表 3-14

时　　间	1 月初	2 月初	3 月初	4 月初
职工人数（人）	2384	2616	2624	2736

根据表 3-14 资料计算该企业第一季度平均人数时，则可先分层计算各月平均人数，然后再计算季度平均人数。月平均人数的计算公式如下：

$$月平均人数 = \frac{月初人数 + 月末人数}{2}$$

那么，

$$1 月份平均人数 = \frac{2384 + 2616}{2} = 2500（人）$$

$$2 月份平均人数 = \frac{2616 + 2624}{2} = 2620（人）$$

$$3 月份平均人数 = \frac{2624 + 2736}{2} = 2680（人）$$

根据以上 3 个月平均人数的计算结果，再计算季度的平均人数为：

$$第一季度平均人数 = \frac{2500 + 2620 + 2680}{3} = 2600（人）$$

如果将以上计算步骤合并计算时，则为：

$$第一季度平均人数 = \frac{\frac{2384 + 2616}{2} + \frac{2616 + 2624}{2} + \frac{2624 + 2736}{2}}{3}$$

$$= \frac{\frac{2384}{2} + 2616 + 2624 + \frac{2736}{2}}{3}$$

$$= 2600（人）$$

计算结果完全一样。上述这种合并计算方法，可用公式表示如下：

$$\bar{a} = \frac{\frac{1}{2} a_0 + a_1 + a_2 + \cdots\cdots + \frac{1}{2} a_n}{n}$$

式中：n——时间数列末项下标数。

上式，是我们实际工作中常用的基本方法，即：用时间数列首项的 $\frac{1}{2}$，加中间各项，加末项的 $\frac{1}{2}$ 后，再除末项下标数 n。

需要指出：应用上式计算序时平均数，是以现象在时点间隔内均匀变动为其假定条件的。如果在月份内变动起伏很大，就不宜采用这种方法。

(4) 如果时点数列中的发展水平为间断时点资料，而且间隔长短还不相等，这时就要用间隔长短加权计算其平均发展水平。其计算公式如下：

$$\bar{a} = \frac{\dfrac{a_0 + a_1}{2} \cdot f_1 + \dfrac{a_1 + a_2}{2} \cdot f_2 + \cdots\cdots + \dfrac{a_{n-1} + a_n}{2} \cdot f_n}{\Sigma f}$$

例如，某企业 1995 年的职工人数资料如表 3-15 所示。

表 3-15

时　　间	1月1日	4月1日	8月1日	10月1日	12月31日
职工人数（人）	2384	2736	2812	2844	2868

根据表 3-15 资料计算该企业 1995 年职工平均人数如下：

$$\begin{aligned}
\text{年平均人数} &= \frac{\dfrac{2384 + 2736}{2} \times 3 + \dfrac{2736 + 2812}{2} \times 4}{3 + 4 + 2 + 3} \\
&\quad + \frac{\dfrac{2812 + 2844}{2} \times 2 + \dfrac{2844 + 2868}{2} \times 3}{3 + 4 + 2 + 3} \\
&= \frac{7680 + 11096 + 5656 + 8568}{3 + 4 + 2 + 3} \\
&= \frac{33000}{12} = 2750 (\text{人})
\end{aligned}$$

以上四种方法，都是根据时点数列的不同资料特点而分别采用的，其目的就在于力求使动态平均指标——平均发展水平的计算结果，更能接近实际变动的一般情况。在实际工作中，一定要既考虑使用资料的条件，又考虑计算方法的准确，将两者结合起来，就能收到较好的计算结果。

（二）根据相对数时间数列计算平均发展水平

相对指标一般是由两个绝对数对比而得到的比率。因此，相对数时间数列也是由两个绝对数时间数列对比而形成的。所以，计算其动态平均指标时，基本方法就是将其对比的子项和母项数列先分别加以序时平均，然后再用两个序时平均数对比而求得。其基本计算公式如下：

$$\bar{c} = \frac{\bar{a}}{\bar{b}}$$

式中：

$\bar{c}$——相对数时间数列序时平均数；

$\bar{a}$——子项数列序时平均数；

$\bar{b}$——母项数列序时平均数。

在应用上述基本公式时，要注意相对数所对比的两个数列的资料特点。因为，相对数可能是由两个时期数列对比而得来，也可能是由两个时点数列对比而得来，又可能是由一个时期数列的一个时点数列对比而得来。这样，就要分别采用本节（一）介绍的有关方法。

下面，分别介绍这三种情况的计算方法。

1. 根据两个时期数列对比所形成的相对数时间数列计算平均发展水平

因为根据绝对数时期数列计算其序时平均数，是采用简单平均的方法。故此，根据两个时期数列对比所形成的相对数时间数列计算其平均发展水平时，子项和母项都可以采用简单平均的方法计算序时平均数，然后再对比求得平均发展水平。在计算时，还要根据掌握资料的情况，分别采用下列公式。

（1）有子项数列和母项数列时，公式为：

$$\bar{c} = \frac{\bar{a}}{\bar{b}} = \frac{\dfrac{\Sigma a}{n}}{\dfrac{\Sigma b}{n}} = \frac{\Sigma a}{\Sigma b}$$

（2）有相对数列和母项数列时，公式为：

$$\bar{c} = \frac{\Sigma bc}{\Sigma b}$$

（3）有相对数列和子项数列时，公式为：

$$\bar{c} = \frac{\Sigma a}{\Sigma \dfrac{a}{c}}$$

例如，某企业 1995 年第四季度各月份产值计划完成情况如表 3-16 所示。

表 3-16

指　标	单位	10 月份	11 月份	12 月份	合　计
实际产值（$a=bc$）	万元	630	540	440	1610
计划完成（$c=a/b$）	%	105	108	110	—
计划产值（$b=a/c$）	万元	600	500	400	1500

根据表 3-16 资料，如果计算第四季度计划完成程度指标，也就是 10、11、12 三个月的平均计划完成程度，这就要根据所掌握的资料，分别选用上列 3 个公式进行计算了。

如果掌握实际产值（a 数列）和计划产值（b 数列），就是掌握了子项和母项资料，则可用：

$$平均计划完成程度 = \frac{\Sigma a}{\Sigma b} = \frac{1610}{1500} \times 100\% = 107.3\%$$

如果掌握了计划完成程度（c 数列）和计划产值（b 数列），则可用：

$$平均计划完成程度 = \frac{\Sigma bc}{\Sigma b}$$

$$= \frac{600 \times 105\% + 500 \times 108\% + 400 \times 110\%}{1500} \times 100\%$$

$$= 107.3\%$$

如果掌握了实际产值（a 数列）和计划完成程度（c 数列），则可用：

$$平均计划完成程度 = \frac{\Sigma a}{\Sigma \dfrac{a}{c}}$$

$$= \frac{1610}{\dfrac{630}{105\%} + \dfrac{540}{108\%} + \dfrac{440}{110\%}} \times 100\%$$

$$= 107.3\%$$

三种计算方法的结果完全相同，可根据已知条件选用。但无论如何，切不可把 3 个相对指标简单相加被 3 除。这是因为，各单位对比基数不同，不允许采取简单平均法。

2. 根据两个时点数列对比所形成的相对数时间数列计算平均发展水平

由于时点数列有连续时点和间断时点的区别，而且又有间隔相等和不等之区分，其计算序时平均数的方法都有所不同。因此，两个时点数列对比所形成的相对数时间数列，计算其平均发展水平时，要区分不同的情况，分别进行计算处理。

（1）如果是两个连续时点数列对比而成的相对数时间数列，据以计算平均发展水平时，可采用以下两种方法：

第一，当间隔相等时，可采用下列公式：

$$\bar{c} = \frac{\Sigma a}{\Sigma b} （有子项数列和母项数列）$$

$$\bar{c} = \frac{\Sigma bc}{\Sigma b} （有相对数列和母项数列）$$

$$\bar{c} = \frac{\Sigma a}{\Sigma \dfrac{a}{c}} （有相对数列和子项数列）$$

因为这种情况与两个时期数列的特点基本相同，所以不再举例说明。

第二，当间隔不等时，可采用下列公式：

$$\bar{c} = \frac{\dfrac{\Sigma af}{\Sigma f}}{\dfrac{\Sigma bf}{\Sigma f}} = \frac{\Sigma af}{\Sigma bf}$$

例如，某企业有如表 3-17 所示职工人数资料。

表 3-17

时间	天数间隔	全部职工人数	生产人员人数	生产人员比重（%）	bf	af
	f	b	a	c		
4 月 1 日～5 月 10 日	40	2400	1968	82	96000	78720
5 月 11 日～6 月 9 日	30	2420	2057	85	72600	61710
6 月 10 日～6 月 30 日	21	2500	2100	84	52500	44100
合 计	91	—	—	—	221100	184530

根据表 3-17 资料，计算第二季度生产人员占全部职工平均比重（或第二季度平均每月生产人员比重）时，则：

$$\text{生产人员比重(\%)}\bar{c} = \frac{\Sigma af}{\Sigma bf} = \frac{184530}{221100} \times 100\% = 83.46\%$$

（2）如果是两个间断时点数列对比而形成的相对数时间数列，据以计算时可采用如下计算公式：

$$\bar{c} = \frac{\dfrac{a_0}{2} + a_1 + a_2 + \cdots\cdots + a_{n-1} + \dfrac{a_n}{2}}{\dfrac{b_0}{2} + b_1 + b_2 + \cdots\cdots + b_{n-1} + \dfrac{b_n}{2}}$$

例如，某构件厂职工资料如表 3-18 所示。

表 3-18

时　　间	6 月 30 日	7 月 31 日	8 月 31 日	9 月 30 日
生产工人数（a）	400	410	442	462
全部职工数（b）	500	500	520	550
生产工人比重（%）	80	82	85	84

根据表 3-18 资料，计算该厂第三季度（每月）生产工人占全部职工的平均比重时，则可：

$$\text{生产人员平均比重} = \frac{\dfrac{400}{2} + 410 + 442 + \dfrac{462}{2}}{\dfrac{500}{2} + 500 + 520 + \dfrac{550}{2}} \times 100\%$$

$$= \frac{1283}{1545} \times 100\% = 83.04\%$$

3. 根据一个时期数列和一个时点数列对比形成的相对数时间数列计算平均发展水平

一般来说，时期数和时点数是不能直接进行对比的。在这种情况下，也是先分别计算子项数列和母项数列的平均数后，两个平均数再进行对比计算。

例如，某企业 1993～1996 年企业资本金总额与年实现利润总额资料如表 3-19 所示。

表 3-19

	1993 年	1994 年	1995 年	1996 年
年利润总额（万元）	203.5	259.2	357	—
年初资本金总额（万元）	1000	1200	1500	2000
资本金利润率（%）	18.5	19.2	20.4	—

根据表 3-19 资料计算年平均资本金利润率：

$$\text{年平均资本金利润率} = \frac{\dfrac{203.5 + 259.2 + 357}{3}}{\dfrac{\dfrac{1000}{2} + 1200 + 1500 + \dfrac{2000}{2}}{3}} \times 100\%$$

$$= \frac{273.23}{1400} \times 100\% = 19.52\%$$

（三）根据平均数时间数列计算平均发展水平

根据平均数时间数列计算平均发展水平，也是要先计算形成平均数时间数列的分子和分母的绝对数时间数列的序时平均数，然后再将这两个序时平均数加以对比计算平均发展水平。其计算公式为：

$$\bar{c} = \frac{\bar{a}}{\bar{b}}$$

例如，某企业所属构件厂某产品的成本资料如表 3-20 所示。

表 3-20

	1 月	2 月	3 月	4 月	5 月	6 月	合 计
产品总成本（元）	45000	48950	49504	50370	52320	55640	301784
产品产量（体）	1000	1100	1120	1150	1200	1300	6870
产品单位成本（元/体）	45	44.5	44.2	43.8	43.6	42.8	—

根据表 3-20 资料，计算该厂某产品上半年平均单位成本为：

$$平均单位成本 = \frac{301784}{6870} = 43.93（元/件）$$

二、平均增减量

平均增减量，就是逐期增减量的动态平均指标，用来说明在一定时期内平均增长或减少的绝对数量。

平均增减量的计算方法比较简单，就是用逐期增减量之和或累计增减量除逐期增减量的项数（或时间数列末项水平的下标序数）。其计算公式如下：

$$平均增减量 = \frac{逐期增减量之和}{项数} = \frac{累计增减量}{项数}$$

如用符号表示为：

$$平均增减量 = \frac{(a_1 - a_0) + (a_2 - a_1) + \cdots\cdots + (a_n - a_{n-1})}{n}$$

$$= \frac{a_n - a_0}{n}$$

例如，某企业 1995 年上半年总产值及其增减量资料如表 3-21 所示。

表 3-21

月 份		1	2	3	4	5	6
代表符号		a_0	a_1	a_2	a_3	a_4	a_5
总产值（万元）		140	150	180	240	380	480
增减量（万元）	逐期	—	10	30	60	140	100
	累计	—	10	40	100	240	340

根据表 3-21 资料，计算该企业 1995 年上半年平均每月总产值增长的绝对数量为：

$$平均增减量 = \frac{10 + 30 + 60 + 140 + 100}{5}$$

$$= 68（万元）$$

或：

$$平均增减量 = \frac{340}{5} = 68（万元）$$

三、平均发展速度

平均发展速度，就是各时期环比发展速度的动态平均指标，说明社会经济现象在一段时期内发展的平均速度。

计算平均发展速度，一般应用几何平均法计算。这是因为，社会经济现象发展的总速度，不等于各年发展速度之和，而等于各年环比发展速度的连乘积。即：

$$\frac{a_1}{a_0} \times \frac{a_2}{a_1} \times \frac{a_3}{a_2} \times \cdots\cdots \times \frac{a_n}{a_{n-1}} = \frac{a_n}{a_0}$$

$$x_1 \cdot x_2 \cdot x_3 \cdots\cdots x_n = \frac{a_n}{a_0}$$

在实际工作中，由于被研究社会经济现象的特点不同，平均发展速度的计算方法也不一样，有的采用几何平均法，有的需用方程式法。

（一）几何平均法

几何平均法，也称水平法。它的特点是：现象从最初水平 a_0 出发，如果每年以相同的速度（平均速度）发展，经过几年后，应达到最末一年的水平 a_n。这样，平均发展速度的几次方，也应等于最末一年的定基发展速度。即：

如果，$x_1 = x_2 = x_3 = \cdots\cdots = x_{n-1} = x_n = \bar{x}$

那么，$a_0 \cdot x_1 \cdot x_2 \cdot x_3 \cdot \cdots\cdots \cdot x_{n-1} \cdot x_n = a_n$

由于，$a_0 \bar{x}^n = a_n$

$$\bar{x}^n = \frac{a_n}{a_0}$$

所以，
$$\bar{x} = \sqrt[n]{\frac{a_n}{a_0}} \qquad\qquad (1式)$$

式中：

$\bar{x}$——平均发展速度；

a_n——时间数列最末不平；

a_0——时间数列最初水平；

n——时间数列末期下标序数。

从上式可以看出，平均发展速度（$\bar{x}$）的计算，可以直接用时间数列的最末水平与最初水平相比，然后开 n 次方即可。

由于最末水平与最初水平相比的结果，就是定基发展速度，实际工作中也称为总速度（R）。这样，可将上列公式改写为：

$$\bar{x} = \sqrt[n]{R} \qquad\qquad (2式)$$

根据定基发展速度等于环比发展速度连乘积的运算关系，上式还可改写为：

$$\bar{x} = \sqrt[n]{\pi \cdot x} \qquad\qquad (3式)$$

所以说，通常理解的平均发展速度，就是环比发展速度连乘积的多次方根。实际计算时采用哪个公式，要根据掌握资料的情况来决定。直接根据时间数列计算，就用 $\bar{x} = \sqrt[n]{\frac{a_n}{a_0}}$（即 1 式，但首项时序设 0，如设 1，应开 $n-1$ 次方）；若已计算出最末时期的定基发展速度，就用 $\bar{x}=\sqrt[n]{R}$（2式）；如果已经计算了各期环比发展速度资料，就用 $\bar{x}=\sqrt[n]{\pi \cdot x}$（3式）即可。

例如，根据前表3-6资料计算房屋竣工面积平均发展速度指标时，可直接应用1式计算：

$$房屋竣工面积平均发展速度 = \sqrt[n]{\frac{a_n}{a_0}} = \sqrt[4]{\frac{1.88}{1.14}} = 113.32\%$$

如果根据前表3-8资料计算，可用2式：

$$房屋竣工面积平均发展速度 = \sqrt[n]{R} = \sqrt[4]{164.91\%} = 113.32\%$$

也可用3式计算：

$$房屋竣工面积平均发展速度 = \sqrt[n]{\pi \cdot x}$$
$$= \sqrt[4]{103.51\% \times 105.08\% \times 101.61\% \times 149.21\%}$$
$$= 113.32\%$$

三个方法，计算结果完全一样。

采用几何平均法计算平均发展速度，不论上述哪种方法，都必须开高次方。解决这一计算问题，一般采用的是对数方法。

如采用1式，
$$\bar{x}=\sqrt[n]{\frac{a_n}{a_0}}$$

可变成
$$\log \bar{x}=\frac{1}{n}(\log a_n - \log a_0)$$

如上例，
$$\log \bar{x} = \frac{1}{4}(\log 1.88 - \log 1.44)$$
$$= \frac{1}{4}(0.2742 - 0.0569) = 0.0543$$

则：
$$\bar{x}=113.32\%$$

如采用2式，
$$\bar{x}=\sqrt[n]{R}$$

可变成，
$$\log \bar{x}=\frac{1}{n}\log R$$

如上例，
$$\log \bar{x}=\frac{1}{4}\log 1.6491 = \frac{0.2172}{4} = 0.0543$$

则，
$$\bar{x}=113.32\%$$

如采用3式，
$$\bar{x}=\sqrt[n]{\pi \cdot x}$$

可变成，
$$\log \bar{x}=\frac{1}{n}(\log 1.0351 + \log 1.0508 + \log 1.0161 + \log 1.4921)$$
$$= \frac{0.015 + 0.0215 + 0.0069 + 0.1738}{4}$$
$$= 0.0543$$

则，
$$\bar{x}=113.32\%$$

当然，用几何平均法计算平均发展速度，也可以使用计算器直接计算。其一般计算器程度为：

以 $\bar{x}=\sqrt[4]{\frac{1.88}{1.14}}$ 为例，则：

$$1.88 \div 1.14 = \text{INV}\,Y^x\,4 = \bar{x}$$

或，$1.88 \div 1.14 = \sqrt{} \sqrt{} = \bar{x}$

假如，某企业 1991 年总产值为 5000 万元，1995 年总产值为 7000 万元，计算 1991～1995 年平均发展速度，可直接使用微型计算器：

$$7000 \div 5000 = \text{INVY}^x 4 = 1.0878$$

或，$\qquad 7000 \div 5000 = \sqrt{} \sqrt{} = 1.0878$

则，$\bar{x} = 108.78\%$

（二）方程式法

方程式法，也称累计法。它的特点是：现象从最初水平 a_0 出发，如果每年以相同的速度（平均速度）发展，这样计算的各期绝对水平之和应等于全时期总水平。用公式表示如下。

$$a_0\bar{x}^1 + a_0\bar{x}^2 + a_0\bar{x}^3 + \cdots\cdots + a_0\bar{x}^n = a_1 + a_2 + a_3 + \cdots\cdots + a_n$$

即：$\qquad a_0(\bar{x}^1 + \bar{x}^2 + \bar{x}^3 + \cdots\cdots + \bar{x}^n) = \Sigma a$

则：$\qquad \bar{x}^1 + \bar{x}^2 + \bar{x}^3 + \cdots\cdots \bar{x}^n = \dfrac{\Sigma a}{a_0}$

求解上列高次方程的正根，就是平均发展速度。

例如，某地区"八五"计划期间，基本建设的投资如表 3-22 所示。

表 3-22

年　份	1990	1991	1992	1993	1994	1995
基本建设投资额（万元）	15	18	24	22	27	25

根据表 3-22 资料，计算该地区"八五"期间基本建设投资的平均发展速度，就要先求出 5 年发展总和与基年（$a_0 = 15$）发展水平之比的总速度。即：

$$\frac{\Sigma a}{a_0} = \frac{18 + 24 + 22 + 27 + 25}{15} = 773.3\%$$

如解方程：$\qquad \bar{x}^5 + \bar{x}^4 + \bar{x}^3 + \bar{x}^2 + \bar{x}^1 - 773.3\% = 0$

则：$\qquad \bar{x} = 114.91\%$

大家知道，求解高次方程式是比较复杂的。为了方便起见，在实际工作中，都是根据事先编好的累计法查对表计算。现摘录 5 年期间从 101%～121% 的平均发展速度如表 3-23 所示。

表 3-23

年平均发展速度（%）	5年发展水平总和为基期的（%）	年平均发展速度（%）	5年发展水平总和为基期的（%）	年平均发展速度（%）	5年发展水平总和为基期的（%）
$\bar{x}$	$\Sigma a/a_0$	$\bar{x}$	$\Sigma a/a_0$	$\bar{x}$	$\Sigma a/a_0$
101	515.20	108	633.59	115	775.38
102	530.80	109	652.83	116	797.74
103	546.84	110	671.56	117	820.69
104	563.31	111	691.27	118	844.18
105	580.19	112	711.51	119	868.31
106	597.54	113	732.38	120	892.99
107	615.33	114	753.53	121	918.31

如果根据表 3-23 资料,用查表法可知 5 年发展水平总和为基期 773.33% 的年平均发展速度在 114%～115% 之间。这时,可用插补法求其平均发展速度为:

$$\overline{x} = 114\% + \frac{(773.33\% - 753.53\%) \times (115\% - 114\%)}{775.38\% - 753.53\%}$$

$$= 114\% + 0.91\% = 114.91\%$$

四、平均增长速度

平均增长速度,就是各时期环比增长速度的动态平均数。计算平均增长速度,一般是根据增长速度与发展速度之间的关系来计算。其计算公式表示为:

平均增长速度＝平均发展速度－1

例如,根据表 3-8 计算的房屋面积竣工程度的平均发展速度为 113.32%,那么:

房屋竣工面积平均增长速度＝113.32%－100%＝13.32%

根据表 3-22 计算的基本建设投资额平均发展速度为 114.91%,那么:

基本建设投资额平均增长速度＝114.91%－100%＝14.91%

第四节 动态分析方法

编制时间数列并根据时间数列计算有关动态指标,本身就是研究现象总体发展的变动趋势,揭示其内在的规律性。如何根据时间数列研究社会经济现象的基本变动趋势并根据其内在的发展规律揭示未来的数量表现,这是统计上动态研究的基本内容。

关于对时间数列的动态分析方法很多,本节主要就时间数列修匀法和时间数列预测法作一些基本说明。

一、时间数列修匀法

我们知道,时间数列编制以后,有些数列能很明显地看到其变动的趋势和规律,但有些就很难一下子看出它的变动趋势来。例如,某工区某年 6 月份实作工日统计资料如表3-24所示。

表 3-24

日 期	1	2	3	4	5	6	7	8	9	10
实作工日	7720	7800	7710	7700	7750	7800	7820	7790	7800	7850
日 期	11	12	13	14	15	16	17	18	19	20
实作工日	7790	7800	7810	7850	7800	7850	7920	7880	7860	7850
日 期	21	22	23	24	25	26	27	28	29	30
实作工日	7850	7920	7860	7940	7920	7910	7900	7950	7940	7990

从表 3-24 观察其实作工日的情况,随着时间的变化而变化,但有时高,有时低。就有必要对这些时间数列进行加工整理,来展现事物发展变动的总趋势,以揭示其发展变动的规律性。这项工作,称之为时间数列的修匀。

时间数列的修匀，主要有时距扩大法和移动平均法两种方法。

（一）时距扩大法

时距扩大法，就是把原来的时间数列中所包括的各时期资料，加以合并，使指标数值所包括的时期适当扩大。这样，就可以消除由于时间短而受偶然因素影响所引起的波动，使现象发展的固有规律明显地表露出来。

关于时距扩大到什么程度，要以能显现趋势为准。

如将表 3-24 资料的时距扩大为 3 天，可编制时间数列如表 3-25 所示。

表 3-25

日 期	1～3	4～6	7～9	10～12	13～15
实作工日	23230	23250	23410	23440	23460
日 期	16～18	19～21	22～24	25～27	28～30
实作工日	23650	23560	23720	23730	23880

如将表 3-24 资料的时距扩大为 5 天，可编制时间数列如表 3-26 所示。

表 3-26

日 期	1～5	6～10	11～15	16～20	21～25	26～30
实作工日	38680	39060	39050	39360	39490	39690

从表 3-25 和表 3-26 来看，时距越扩大，趋势越明显，实作工日基本呈现上升的变动趋势。但是，也要注意时距不宜扩大过长。因为，有些现象时距扩大过长时，反而会掩盖事物的发展趋势，达不到扩大时距，修匀数列，揭示规律的目的。

（二）移动平均法

移动平均法，就是将时间数列的每一个指标，都用逐渐推移的方法计算其平均数，然后，将平均数重新排成时间数列，也可以揭示事物变动的趋势和规律。移动平均法的实质，仍然是把原来的时间数列的时距扩大，只不过是采用逐项推移的方法来计算其序时平均数而已。

采用移动平均法，更可以消除时间数列中偶然因素引起的不规则变动，以达到对时间数列修匀的目的。

移动平均时，可根据数字资料的特点，采取 3 项移动平均，或 5 项移动平均，或 7 项移动平均等，都可以。

现仍以表 3-24 资料为例，编制 3 项移动平均时间数列表如表 3-27 所示。

对表 3-24 资料经过上述移动平均后，整个数列从平均每天实作 7743 个工日，持续、稳定地上升到平均每天实作 7960 个工日，就比较明显地展现了事物发展的基本趋势。

这里还需要说明一下，社会经济现象从长期看，是有规律地不断发展的。但是，有些社会经济现象由于受自然条件和社会条件的影响而会发生短期"背离"规律的数值表现。所以，对时间数列进行修匀，主要是从长期基本趋势上来进行研究，以揭示基本规律的趋势。

表 3-27

日　期	实作工日	平均数	日　期	实作工日	平均数	日　期	实作工日	平均数
1～3	23230	7743	11～13	23400	7800	21～23	23630	7877
2～4	23210	7737	12～14	23460	7820	22～24	23720	7907
3～5	23160	7720	13～15	23460	7820	23～25	23720	7907
4～6	23250	7750	14～16	23500	7833	24～26	23770	7923
5～7	23370	7790	15～17	23570	7857	25～27	23730	7910
6～8	23410	7803	16～18	23650	7883	26～28	23760	7920
7～9	23410	7803	17～19	23660	7887	27～29	23790	7930
8～10	23440	7813	18～20	23590	7863	28～30	23880	7960
9～11	23440	7813	19～21	23560	7853	—	—	—
10～12	23440	7813	20～22	23620	7873	—	—	—

二、时间数列预测法

时间数列预测法，就是根据所编制的时间数列的变量资料对未来值进行测算，它是统计动态分析最基本的，也是最重要的方法。在实际经济管理的预决策工作中，时间数列预测法占有极为重要的地位。

（一）时间数列预测的特点

时间数列预测的方法，有如下特点：

第一，时间数列预测，需要足够的资料。

也就是说，所编制的时间数列中的发展水平要尽量包括的时期多一些，而且编制的时间数列资料要具有连续性。这是因为，一则资料太少，不容易判断是否有比较稳定的规律性，据此预测的未来值也不会准确；另则，预测要依据的历史资料，必须是全部信息，如果是残缺不全的资料，就不便直接采用时间数列预测，而需要先进行推算出"缺口"资料后，才可进行预测。

第二，时间数列预测，需要正确的方法。

时间数列预测要依据科学的方法，并按照特定程序进行，特别要判断清楚时间数列的基本类型，并采用相适应的方法。否则，就不会得到满意的预测结果。例如，时间数列是呈趋势型的，而采用水平型预测方法，未来值当然就推算不准确了。

第三，时间数列预测出来的未来值总带有某种不确定性。

预测值是根据历史资料规律推导出来的参考值，它又是进行决策前的重要参考数值。可以说，任何数量研究都带有一定的不确定性，因为未来的客观条件是未知的，在时间，地点或条件变化了，情况必然随之而有所改变。如果未来是确定的，当然就不需要进行预测了。

（二）时间数列的基本类型

时间数列的基本类型，就是指在时间数列中所表现出来的基本状态。这种基本状态能反映时间数列资料中所存在着的某种规律性，这是进行时间数列预测的前提和基础。时间数列预测中的每一种具体的预测方法，都是以时间数列的基本类型稳定不变为其前提的。

时间数列的基本类型有以下几种：

1. 水平型时间数列

如果时间数列中的各项数值是围绕着某一个平均值（稳定值）而上下波动，或者说，数列的任何一个数值既有可能高于稳定值，也有可能低于稳定值，这样的时间数列，就是水平型时间数列。

例如，某构件厂某产品的废品率资料如表 3-28 所示。

表 3-28

月 份	1	2	3	4	5	6	7	8
废品率（%）	3	4	6	3	6	4	5	4

从表 3-28 资料可以看出，该厂 1～8 月份平均每月废品率为 4.375%，而各月实际废品率，既不是呈上升状态，也不是呈下降趋势，均在一个平均线上下摆动，故称为水平型时间数列。

2. 趋势型时间数列

如果时间数列中的各项数值是趋于增加或趋于减少，或者是普遍递增或递减，这样的时间数列，就是趋势型时间数列。

例如，某施工企业历年完成施工产值资料如表 3-29 所示。

表 3-29

年份（年）	施工产值（万元）	年份（年）	施工产值（万元）	年份（年）	施工产值（万元）
1981	2000	1986	3000	1991	6500
1982	2400	1987	3400	1992	7200
1983	2200	1988	4000	1993	8400
1984	2500	1989	4800	1994	9600
1985	2600	1990	6000	1995	9800

从表 3-29 可以看出，该施工企业 1981～1995 年间，历年完成施工产值的基本态势是上升（或增加）的，故称为趋势型时间数列。有些社会经济现象，比如产品的单位成本，一般呈现逐期下降（或减少）的，也称为趋势型时间数列。

3. 季节型时间数列

如果时间数列中的各项数值是以周期性的规律性变动为特点的，这样的时间数列，就是季节型的时间数列。

例如，某施工企业 3 年各季度完成施工产值的资料如表 3-30 所示。

从表 3-30 可以看出，该施工企业 1993～1995 3 年间施工产值完成情况呈现相同的规律，即：第一季度低，第二季度上升，第三季度最高，第四季度回落，3 个年度以季度表现出现周期性、规律性的变动，这种变动明显是受"季节"影响，所以称为季节型时间数列。

表 3-30

年份 （年）	季度	施工产值 （万元）	年份 （年）	季度	施工产值 （万元）	年份 （年）	季度	施工产值 （万元）
1993	一 二 三 四	1000 2000 4000 1400	1994	一 二 三 四	1200 2400 4500 1500	1995	一 二 三 四	1200 2500 4600 1600

（三）时间数列预测的基本方法

1. 朴素预测法

朴素预测法是比较简单的预测方法，它是利用时间数列增长量或发展速度指标进行的简单预测。

（1）用增长量预测。如果时间数列各项数值之间的逐期增长量相等（或近似相等），也就是每期的变动值是绝对的，这时，就可以假定预测期对本期的变动值等于本期对上期的变动值，也可以假定整个预测期按时间数列的平均增减量变动。

用公式表示为：

$$\hat{x}_{t+1} = x_t + (x_t - x_{t-1})$$

式中：

$\hat{x}$——预测值；

x——历史值；

t——时序。

例如，某木工组每人每月完成产值资料如表 3-31 所示。

表 3-31

月　份　（月）	1	2	3	4	5	6	7	8
劳动生产率（元/人）	5000	5600	6000	6500	7000	7500	8000	8500

如果预测 9 月份每人每月完成产值，则：

$$\hat{x}_{t+1} = x_t + (x_t - x_{t-1})$$

$$\hat{x}_{8+1} = x_8 + (x_8 - x_{8-1})$$

$$\hat{x}_9 = 8500 + (8500 - 8000) = 9000（元／人）$$

（2）用发展速度预测。如果时间数列的各项数值之间的环比发展速度相同（或近似相同），也就是每期相对变动是一样的，这时，就可以假定预测期对本期的环比发展速度等于本期对上期的环比发展速度。也可以假定整个预测期按时间数列的平均发展速度变动。

用公式表示为：

$$\hat{x}_{t+1} = x_t \cdot \frac{x_t}{x_{t-1}}$$

例如，某瓦工组每人每月完成砌筑工程量资料如表 3-32 所示。

表 3-32

月　份　（月）	5	6	7	8	9
月工效（m³/人）	80	88	96.8	106.5	117

如果预测 10 月份每人每月完成砌筑工程量，则：

$$\hat{x}_{5+1} = x_5 \cdot \frac{x_5}{x_{5-1}}$$

$$\hat{x}_6 = 117 \times \frac{117}{106.5} = 129 (\text{m}^3/\text{人})$$

2. 平均预测法

平均预测法又称平滑预测法；它是将水平型时间数列进行动态的修匀，以观察其是否有规律性特征，并据以外推预测的一种方法。

平均预测法有简单法和高级法之分，这里介绍两种简单的方法。

（1）移动平均预测法。移动平均预测法，就是把从 t 期开始的过去 n 个时期的历史值的简单算术平均数，作为 $t+1$ 期的预测值。

用公式表示为：

$$\hat{x}_{t+1} = \frac{x_t + x_{t-1} + x_{t-2} + \cdots\cdots + x_{t-n+1}}{n}$$

例如，前面举例（表 3-28）的某构件厂某产品的废品率资料，现分别用三项移动平均和五项移动平均预测 9 月份废品率，如表 3-33 所示。

表 3-33

月份（月）	时序 t	废品率（%） x_t	三项移动平均 移动平均数	预测值	五项移动平均 移动平均数	预测值
1	1	3	—	—	—	—
2	2	4	—	—	—	—
3	3	6	$\frac{3+4+6}{3}=4.33$	—	—	—
4	4	3	$\frac{4+6+3}{3}=4.33$	4.33	—	—
5	5	6	$\frac{6+3+6}{3}=5.00$	4.33	$\frac{3+4+6+3+6}{5}=4.40$	—
6	6	4	$\frac{3+6+4}{3}=4.33$	5.00	$\frac{4+6+3+6+4}{5}=4.60$	4.40
7	7	5	$\frac{6+4+5}{3}=5.00$	4.33	$\frac{6+3+6+4+5}{5}=4.80$	4.60
8	8	4	$\frac{4+5+4}{3}=4.33$	5.00	$\frac{3+6+4+5+4}{5}=4.4$	4.80
9	9	—	—	4.33	—	4.40

从以上预测结果看，按三项移动平均预测 9 月份废品率为 4.33％，按五项移动平均预测 9 月份废品率为 4.4％。

对历史资料应取几项移动平均，其原则是：当历史值中包含较多随机因素作用时，应取较多项移动平均，以消除随机因素的影响；如果估计时间数列的类型要发生改变时，应取较少项数移动平均，以灵活地适应变化了的形势。

移动平均预测法，只适用于作未来一期，即 t＋1 期的预测，如果预测 t＋2 期或 t＋5 期等，因缺少移动平均的历史实际资料，预测值就不准确了。

（2）指数平滑预测法。指数平滑预测法，分为一次指数平滑和二次指数平滑两种方法。我们介绍一次指数平滑法。

一次指数平滑预测法，就是把 t 期计算的指数平滑数作为 t＋1 期的预测值。用公式表示为：

$$S_t^{(1)} = \alpha x_t + (1 - \alpha)S_{t-1}^{(1)}$$
$$\hat{x}_{t+1} = \alpha x_t + (1 - \alpha)\hat{x}_t$$

式中：

$S^{(1)}$——一次指数平滑平均数；

α——平滑系数（小于 1 的正数）。

我们仍以某构件厂某产品的废品率资料进行一次指数平滑预测列表 3-34。

表 3-34

月份（月）	时序 t	废品率（％）x_t	$\alpha=0.1$		$\alpha=0.9$	
			$S_t^{(1)} = \alpha x_t + (1-\alpha)S_{t-1}^{(1)}$	$\hat{x}_{t+1}$	$S_t^{(1)} = \alpha x_t + (1-\alpha)S_{t-1}^{(1)}$	$\hat{x}_{t+1}$
1	1	3	$0.1 \times 3 + 0.9 \times 3 = 3.00$	—	$0.9 \times 3 + 0.1 \times 3 = 3.00$	—
2	2	4	$0.1 \times 4 + 0.9 \times 3 = 3.10$	3.00	$0.9 \times 4 + 0.1 \times 3 = 3.90$	3.00
3	3	6	$0.1 \times 6 + 0.9 \times 3.1 = 3.39$	3.10	$0.9 \times 6 + 0.1 \times 3.90 = 5.79$	3.90
4	4	3	$0.1 \times 3 + 0.9 \times 3.39 = 3.35$	3.39	$0.9 \times 3 + 0.1 \times 5.79 = 3.28$	5.79
5	5	6	$0.1 \times 6 + 0.9 \times 3.35 = 3.62$	3.35	$0.9 \times 6 + 0.1 \times 3.28 = 5.73$	3.28
6	6	4	$0.1 \times 4 + 0.9 \times 3.62 = 3.65$	3.62	$0.9 \times 4 + 0.1 \times 5.73 = 4.17$	5.73
7	7	5	$0.1 \times 5 + 0.9 \times 3.65 = 3.79$	3.65	$0.9 \times 5 + 0.1 \times 4.17 = 4.92$	4.17
8	8	4	$0.1 \times 4 + 0.9 \times 3.75 = 3.78$	3.79	$0.9 \times 4 + 0.1 \times 4.92 = 4.09$	4.92
9	9	—	—	3.78	—	4.09

从以上预测结果看，如设平滑系数 $\alpha=0.1$ 时，9 月份的废品率预测值为 3.78％，如设平滑系数 $\alpha=0.9$ 时，9 月份的废品率预测值为 4.09％。

平滑系数 α 值应取多少，其原则是：当历史值中包含较多随机因素作用时，应取较小的 α 值，以降低历史实际值作用的比重，而加大预测值（$\hat{x}_{t+1}$）作用的比重；如果估计时间数列类型要发生改变时，应取较大的 α 值，以灵活适应变化的形势。

一次指数平滑预测法与前述移动平均法一样，也只适用于作未来一期的预测。道理同前述。

3. 趋势预测法

趋势预测法，就是把趋势型时间数列的时间作为自变量，把时间数列的指标数值作为因变量，在平面直角坐标系里配合适当的直线或曲线方程作为数学模型，然后把预测期的时序作为自变量值代入数学模型，计算出相应的变量值作为预测值。

趋势预测法分为直线趋势预测法和曲线预测法两类。指标趋势特征不同，配合的方程也不同。我们只介绍直线趋势预测方法。

给时间数列资料配合直线方程式为：

$$\hat{x} = a + bt$$

式中　$\hat{x}$——预测值；

　　　t——时间顺序；

　　　a——直线的纵轴截距；

　　　b——直线斜率。

如果直线方程式中的 a、b 参数确定了，那么，这条直线在直角坐标系中确切的位置就确定了。因此，对趋势型时间数列想配合成确切的直线，只要求解出 a、b 两参数值来就可以了，这是直线趋势预测的最基本方法。

求解 a、b 参数并配合直线有三种方法，即：平均数法、最小平方法和三点法。下面分别进行介绍。

（1）用平均数法配合直线。用平均数法配合直线，就是把时间数列资料分成项数相等的两部分，然后分别计算每一部分时间数列的时间变量值的简单平均数和指标数值的简单平均数，就可以得到两个平均数的坐标点。通过连接这两个平均数坐标点，就会在平面直角坐标系中形成一条确定的直线。这个方法，就是平均数法。

例如，将前面趋势型举例（表3-29）中的某建筑企业历年完成施工产值资料舍掉第一期资料后分成两个项数相等的部分，形成表3-35资料如下。

表 3-35

年份（年）	时序 t	产值（万元）x_t	年份（年）	时序 t	产值（万元）x_t
1982	1	2400	1989	8	4800
1983	2	2200	1990	9	6000
1984	3	2500	1991	10	6500
1985	4	2600	1992	11	7200
1986	5	3000	1993	12	8400
1987	6	3400	1994	13	9600
1988	7	4000	1995	14	9800
合　计	28	20100	合　计	77	52300

根据表3-35资料，可按简单平均的方法形成以下两个坐标点：

第一个坐标点 $\begin{cases} \bar{t}_1 = \dfrac{28}{7} = 4 \\ \bar{x}_1 = \dfrac{20100}{7} = 2871 \text{（万元）} \end{cases}$

第二个坐标点 $\begin{cases} \bar{t}_2 = \dfrac{77}{7} = 11 \\ \bar{x}_2 = \dfrac{52300}{7} = 7471 \text{（万元）} \end{cases}$

将以上两个坐标点代入直线函数或列出方程组如下：

$$\begin{cases} 2871 = a + 4b \\ 7471 = a + 11b \end{cases}$$

联立求解得出：

$$\begin{cases} b = 657.14 \\ a = 242.44 \end{cases}$$

这样，所配合的直线方程式为：

$$\hat{x} = 242.44 + 657.14t$$

如果要预测 1996 年的施工产值，就要按建立的直线方程式时序对各年所确定的时序往前推，即：1996 年，$t = 15$，这样，其预测施工产值为：

$$\hat{x}_{1996} = 242.44 + 657.14 \times 15 = 10099.54 \text{（万元）}$$

（2）用最小平方方法配合直线。用最小平方方法配合直线，就是按照时间数列的各项历史值与用直线方程式计算出的相应预测值的离差平方之和为最小作为约束条件，然后编制其直线数学模型的方法。

高等数学已经证明，按照这样的约束条件求解 a、b 两参数的方程组是：

$$\begin{cases} \Sigma x_t = na + b\Sigma t \\ \Sigma t x_t = a\Sigma t + b\Sigma t^2 \end{cases}$$

式中：n——时间数列的项数

上列方程组，叫做用最小平方方法建立直线数学模型的标准方程。解这个方程组，可以得到用最小平方方法确定直线数学模型参数的简捷计算公式为：

$$b = \frac{n\Sigma t x_t - \Sigma t \Sigma x_t}{n\Sigma t^2 - (\Sigma t)^2}$$

$$a = \bar{x}_t - b\bar{t}$$

现仍根据前表 3-29 资料列最小平方方法计算表 3-36 如下。

表 3-36

年 份 （年）	时 序 t	产值（万元）x_t	t^2	tx_t
1981	1	2000	1	2000
1982	2	2400	4	4800
1983	3	2200	9	6600
1984	4	2500	16	10000

年　份 （年）	时　序 t	产值（万元） x_t	t^2	tx_t
1985	5	2600	25	13000
1986	6	3000	36	18000
1987	7	3400	49	23800
1988	8	4000	64	32000
1989	9	4800	81	43200
1990	10	6000	100	60000
1991	11	6500	121	71500
1992	12	7200	144	86400
1993	13	8400	169	109200
1994	14	9600	196	134400
1995	15	9800	225	147000
合　　计	120	74400	1240	761900

将表 3-36 的合计资料，代入直线数学模型的参数计算公式得

$$b = \frac{15 \times 761900 - 120 \times 74400}{15 \times 1240 - 120 \times 120}$$

$$= \frac{11428500 - 8928000}{18600 - 14400} = \frac{2500500}{4200} = 595.36$$

$$a = \frac{74400}{15} - 595.36 \times \frac{120}{15}$$

$$= 4960 - 4762.88 = 197.12$$

这样，所配合的直线方程为：

$$\hat{x} = 197.12 + 595.36t$$

如果要预测 1996 年的施工产值，就要按建立的直线方程式时对各年所确定的时序往前推，即 1996 年，$t = 16$。这样，1996 年的施工产值为：

$$\hat{x}_{1996} = 197.12 + 595.36 \times 16 = 9722.88（万元）$$

这样预测的结果较平均数法低一些，原因是 1981 年的产值较低也参与了预测，故使预测值偏低。

（3）用三点法配合直线。三点法，又叫部分加权平均法。这种方法，就是将时间数列分成三等份，每等份都按时间顺序为权数计算三个加权平均数。可建立起包含数学模型未知参数的三个方程式，将其联立求解参数。由于配合直线模型只有两个参数，所以只在数列首尾两部分计算加权平均数联立方程求解式即可。

如上例编制计算表 3-37 如下。

表 3-37

年 份 （年）	时 序 t	产值（万元） x_t	tx_t	年 份 （年）	时 序 t	产值（万元） x_t	tx_t
1981	1	2000	2000	1991	1	6500	6500
1982	2	2400	4800	1992	2	7200	14400
1983	3	2200	6600	1993	3	8400	25200
1984	4	2500	10000	1994	4	9600	38400
1985	5	2600	13000	1995	5	9800	49000
合 计	15	—	36400	合 计	15	—	133500

根据表 3-37 资料，计算首尾两部分的加权平均数为：

$$第一部分加权平均数（R）=\frac{36400}{15}=2426.67$$

$$第二部分加权平均数（T）=\frac{133500}{15}=8900$$

根据数学推导的结果，当首尾各取三项数值加权平均时，对其方程组求解得下式：

$$\begin{cases} b=\dfrac{T-R}{N-3}（N\text{ 为数列项数和}）\\[2mm] a=R-\dfrac{7}{3}b \end{cases}$$

当首尾五项数值加权平均时，对其方程组求解得下式：

$$\begin{cases} b=\dfrac{T-R}{N-5}（N\text{ 为数列项数和}）\\[2mm] a=R-\dfrac{11}{3}b \end{cases}$$

本例是按首尾五项数值加权平均时，故而代入下式：

$$b=\frac{T-R}{N-5}=\frac{8900-2426.67}{15-5}$$

$$=\frac{6473.33}{10}=647.33$$

$$a=R-\frac{11}{3}b=2426.67-\frac{11\times647.33}{3}$$

$$=53.1267$$

这样，所配合的直线方程为：

$$\hat{x}=53.1267+647.33t$$

如果要预测 1996 年的施工产值，也要按建立直线方程式时对各年所确定的时序往前推，即：1996 年，$t=16$。这样，1996 年的预测施工产值为：

$$\hat{x}_{1996}=53.1267+647.33\times16=10410.41（万元）$$

这个预测结果偏大一些，这是由于两个原因造成的：一是中间各项未参与预测，二是小数点进位。不过，基本数字资料仍是可供参考的。

4. 季节预测法

季节预测法，就是根据季节型时间数列，找出其季节变动的周期性规律，然后用它推测未来期的数值。

但是，在季节型时间数列中，如果剔除季节变动的影响后所形成的新数列，可能呈水平形态，也可能呈趋势形态。换句话说，在社会经济现象中，纯季节型时间数列是极少见的，它往往与趋势型数列或水平型数列混合在一起，被称为混合型数列。这时，为了测定季节变动的影响，就要首先剔除季节影响，观察其含水平型的还是趋势型的影响，先按其预测未来值。之后，再测算季节影响，对按趋势型或水平型预测值施加季节影响，从而求出所需求的预测值来。

下面，分别就以上两种情况举例说明其预测方法。

(1) 季节与水平混合型时间数列预测法。对含水平型的季节数列进行预测的过程是：第一，计算各年的季度平均数，以消除原数列中的季节变动影响，从而得到一个含水平型样式的新数列；第二，编制季节模型，即将原数列与移动平均数相除，以消除原数列中除季节变动影响外其他因素作用；第三，采取平均法预测未来值；第四，用季节比率调整平滑预测值。

下面，假定某建筑企业 1991 年至 1995 年施工产值完成情况资料，说明其预测方法。如表 3-38 所示。

表 3-38

	一季	二季	三季	四季	每年四季平均	$\alpha=0.1$
1991 年	710	780	800	700	747.5	747.5
1992 年	690	780	820	660	737.5	746.5
1993 年	750	810	870	620	762.5	748.1
1994 年	650	800	820	630	725.0	745.8
1995 年	720	790	840	670	755.0	746.7
5 年同季平均	704	792	830	656	745.5	——
季节比率（%）	94.43	106.24	111.34	87.99	100.00	——

根据表 3-38 资料，如果预测 1996 年各季度施工产值，可用 1995 年预测的平滑值外推一期，即 1996 年各季的平均施工产值为 746.7 万元，那么：

$$1996 年第一季度 (\hat{x}) = 746.7 \times 94.43\% = 705.12 （万元）$$
$$1996 年第二季度 (\hat{x}) = 746.7 \times 106.24\% = 793.30 （万元）$$
$$1996 年第三季度 (\hat{x}) = 746.7 \times 111.34\% = 831.39 （万元）$$
$$1996 年第四季度 (\hat{x}) = 746.7 \times 87.99\% = 657.03 （万元）$$

(2) 季节与趋势混合型时间数列预测法。对含趋势型季节数列进行预测的过程是：第一，首先计算趋势值，其目的是从原数列中消除季节因素及一部分随机因素的影响，从而得到一个含有长期趋势的时间数列；第二，计算季节比率，就是计算历史观察值与长期趋势值的比率，说明历史实际值占平均值的百分之多少，然后计算各周期同一季节比率的简单算术平均数，作为调正趋势预测值的季节比率；第三，根据直线趋势数学模型预测未来期预测值；第四，对长期趋势预测值施加季节影响，以求出预测目的值来。

下面，假定某建筑企业 1993 年至 1995 年各季施工产值完成情况列表 3-39 如下：

表 3-39

指标 \ 年 \ 季	1993				1994				1995			
	1	2	3	4	1	2	3	4	1	2	3	4
施工产值（万元）	100	200	400	140	120	240	450	150	120	250	450	160

根据表 3-39 资料观察，1993 年至 1995 年各季度产值完成情况都是一季度低，二季度高，三季度最高，四季度回落。那么，该数列肯定是季节型时间数列。但仔细观察，后续年份比前一年份的同季度产值都有提高或持平，这说明该数列总体趋势是上升的。那么，该数列又是趋势型时间数列。这样，我们就应首先建立该数列的直线趋势方程，以消除季节变动影响。

这样，我们可以选择前面趋势型时间数列预测方法中的任一方法来建立该数列的直线趋势方程式。实际工作中最普遍采用的是最小平方法。现在，我们也采用最小平方法来测定，列表 3-40 如下：

表 3-40

施工产值（万元） x_t	时 序 t	t^2	tx_t
100	1	1	100
200	2	4	400
400	3	9	1200
140	4	16	560
120	5	25	600
240	6	36	1440
450	7	49	3150
150	8	64	1200
120	9	81	1080
250	10	100	2500
450	11	121	4950
160	12	144	1920
合　计　2780	78	650	19100

根据表 3-40 资料，首先按简捷求解参数值公式计算 a、b 参数值：

$$b = \frac{12 \times 19100 - 78 \times 27800}{12 \times 650 - 12 \times 12}$$

$$= \frac{12360}{7656} = 1.6144$$

$$a = \frac{2780}{12} - 1.6144 \times \frac{78}{12} = 221.1731$$

这样，就可以建立该数列的直线趋势方程为：

$$\hat{x}_t = 221.1731 + 1.6144t$$

再按预测程序列表 3-41 如下：

表 3-41

年份 (年)	季度	施工产值 (万元)	趋势值 (万元)	季 节 比 率 （%）		
				每季对比	各年同季简单平均		调整
		x_t	$\hat{x}_t$	$x_t/\hat{x}_t$	季度	平均数	1.00178156
1993	一	100	223	44.84	一	49.36	49.45
	二	200	224	89.29	二	99.56	99.74
	三	400	226	176.99	三	186.41	186.74
	四	140	228	61.40	四	63.96	64.07
1994	一	120	229	52.40	合计	399.29	400.00
	二	240	231	103.90	—		
	三	450	232	193.97	—		
	四	150	234	64.10	—		
1995	一	120	236	50.85	—		
	二	250	237	105.49	—		
	三	450	239	188.28	—		
	四	160	241	66.39	—		

根据上述测算准备工作后，我们就可以计算预测值了。

如果测算 1996 年 4 个季度的长期趋势值，按其时序分别为 13、14、15、16，代入直线趋势方程分别为：

1996 年第一季度（t_{13}）= 221.1731 + 1.6144 × 13 = 242.16（万元）；

1996 年第二季度（t_{14}）= 221.1731 + 1.6144 × 14 = 243.77（万元）；

1996 年第三季度（t_{15}）= 221.1731 + 1.6144 × 15 = 245.39（万元）；

1996 年第四季度（t_{16}）= 221.1731 + 1.6144 × 16 = 247.00（万元）。

最后，在上面长期趋势预测值的基础上，分别乘以表 3-41 测算的季节比率（调整数），就可以得到 1996 年各季的预测施工产值为：

1996 年第一季度（$\hat{x}_{13}$）= 242.16 × 49.45％ = 120（万元）；

1996 年第二季度（$\hat{x}_{14}$）= 243.77 × 99.74％ = 243（万元）；

1996 年第三季度（$\hat{x}_{15}$）= 245.39 × 186.74％ = 458（万元）；

1996 年第四季度（$\hat{x}_{16}$）= 247 × 64.07％ = 158（万元）。

复 习 思 考 题

1. 什么是时间数列？有哪几种？

2. 如何计算发展速度和增长速度？

3. 为什么计算每增长 1% 绝对值？如何计算？

4. 时期数列和时点数列有何异同？按时点数列计算序时平均数有几个方法？

5. 平均发展速度与平均增长速度有什么计算关系？计算平均发展速度有几个公式？各适用什么条件？

6. 如何对时间数列进行修匀？为什么？

7. 根据动态分析的需要，一般把时间数列区分为哪几种基本类型？

8. 朴素预测法在什么情况下应用？

9. 平均预测法有哪几种？它们适合什么类型时间数列预测？怎样进行？

10. 什么是趋势预测法？有几种方法？它们适合于什么类型时间数列预测？如何预测？

11. 计算下列时间数列的动态比较指标并填入表内：

动态比较指标		1990	1991	1992	1993	1994	1995
符　号		a_0	a_1	a_2	a_3	a_4	a_5
建筑业总产值（万元）		3350	3551	3693	3767	4068	4687
增减量（万元）	逐期						
	累计						
发展速度（%）	环比						
	定基						
增长速度（%）	环比						
	定基						
每增长1%绝对值（万元）							

12. 某建筑企业水泥库存量资料如下：

1月1日	4月30日	5月31日	12月31日
180t	200t	220t	120t

根据表中资料计算水泥年平均库存量。

13. 某企业1990年完成建筑业总产值5000万元，1995年完成建筑业总产值7500万元，求其平均发展速度。如果从1996年起按此速度发展，到本世纪末总产值可达到什么水平？

14. 某企业1995年全员劳动生产率为18.000元/人，如果到2000年全员劳动生产率达到36.000元/人，求每年应提高百分之多少？

15. 根据下列某企业利润额资料，用移动平均法和指数平滑法预测1996年12月份的利润额。

1996年	1月	2月	3月	4月	5月	6月	7月	8月	9月	10月	11月
利润额（万元）	40	30	35	42	48	54	50	48	50	49	52

16. 根据下列资料分别用平均法、最小平方法预测1997年的施工产值？

年　份（年）	产值（万元）	年　份（年）	产值（万元）
1986	2300	1991	2570
1987	2360	1992	2620
1988	2410	1993	2760
1989	2460	1994	2810
1990	2520	1995	2860

第四章 统 计 指 数

统计的综合指标和动态指标，一般说来，是对某一社会经济现象进行研究。换句话说，就是研究同类指标的实现情况及其发展变化规律。但是，统计研究社会经济现象，还需要从各种相关联现象中，研究其相互作用的关系和程度。研究这类问题，就需要编制统计指数并计算其量变数值。本章就有关统计指数的基本知识、编制方法及其应用，作些基本的介绍。

第一节 统 计 指 数 概 述

一、统计指数的概念

统计指数与数学指数概念不同。统计指数，就是表明社会经济现象数量综合对比关系的一种相对指标。对统计指数有两种理解：从广义说，凡是表明社会经济现象变动程度的相对指标，都可以叫做统计指数。但是，从狭义说，统计指数只是用来表明由不能直接加总的各要素所构成的社会经济现象综合变动程度的相对指标。

例如，建筑企业的实物工程量指标有很多种，如土方工程，混凝土工程，砌筑工程，装饰工程等。我们如果就某一分部分项工程计算它的完成程度和变动程度，就可以采用一般相对指标和编制时间数列来解决。如果我们要分析多种分部分项工程的综合变动情况，由于各实物工程的性质和计量单位都不一样，单靠相对指标和时间数列就不能完成了。这就需要编制统计指数来解决。

在统计工作中所编制的统计指数，主要是指狭义的指数。使用统计指数来分析研究社会经济现象综合变动情况的方法，叫做指数分析法或因素分析法。

二、统计指数的作用

统计指数在国民经济和企业经济管理工作中，应用很广泛，并发挥着重要作用，主要有以下几方面：

（1）统计指数能把多种不同使用价值的产品数量进行对比，来综合反映其总的变动情况。

也就是说，它可以用来测定那些不能直接相加或对比的社会经济现象综合变动的总情况。例如，把各种不同计量单位的实物工程量，通过预算价格这个媒介，就可以使其变成价值量相加对比。这个任务，只有通过编制统计指数，才能完成。

（2）统计指数可以分析研究社会经济现象中各个因素变动对现象总变动的影响方向和影响程度。

任何一种社会经济现象的数量变化，往往是由其构成因素的变化所左右的，而且每个构成因素影响的程度又不会一样。例如，施工产值指标的变化，必然受预算单价变化和实物工程量完成多少两个基本因素的影响。而且，不同实物工程量中哪个完成的多，哪个完成的少，哪个预算单价提高了，哪个预算单价降低了，都会对施工产值完成多少发生着不同的影响。运用指数分析法，就可以对上述情况进行分析和研究，以剖析事物中各构成因素的作用程度。

（3）统计指数可以对总体平均水平的变动进行因素分析。

在对统计总体进行分组研究的条件下，总平均指标的变化不仅受到各组平均指标变化的影响，而且还要受到各组结构变化的影响。例如，在第二章介绍平均指标应用时，要注意用组平均数补充说明总平均数。那么，各组平均数对总平均数影响如何，各组比重变化又对总平均数影响到什么程度，也只有用统计指数才能说明问题。

（4）统计指数还可以应用于分析计划的执行情况和说明在地区、部门和单位之间的数量对比关系。

例如，我们经常应用统计指数来分析说明不同单位的计划完成程度，劳动生产率水平和工资水平等的相对变动情况。

从以上四个方面可以看出，统计指数不同于一般相对数或发展速度指标。统计指数承担着统计分析研究的特殊任务，它将对更复杂社会经济现象总体进行分析和研究，来揭示社会经济现象之间的数量关系。

三、统计指数的种类

统计指数按其范围、性质、形式等不同标志可以区分为若干种。统计指数按其所反映的对象范围不同，可以分为个体指数、类（或组）指数和总指数三种；统计指数按其所反映的指标性质和特征不同，可以分为数量指标指数和质量指标指数两种；统计指数按其计算的形式不同，可以分为综合指数、加权平均指数和平均数指数三种；统计指数按其选用基期不同，可以分为定基指数和环比指数两种，等等。

本章就综合指数、加权平均指数和平均数指数的编制以及相关的因素分析方法问题，作些最基本的说明。

第二节 综 合 指 数

上节讲到，统计指数按其范围不同，可分为个体指数、类指数和总指数三种。个体指数是说明单一社会经济现象变动的动态相对数，而总指数是说明多项事物综合变动程度的动态相对数，类指数介乎个体指数和总指数之间。本节主要介绍总指数的基本表现形式——综合指数的编制原理。

计算总指数，就在于综合测定不同计量单位的许多复杂现象总体的动态。马克思在《资本论》中分析商品的二重性时指出："作为使用价值，产品首先有质的差别，作为交换价值，产品只能有量的差别，因而不包含任何一个使用价值的原子"（《马克思恩格斯全集》第23卷，第50页）。由此可见，为了使不同度量的单位的现象改变为可以加总的总体，需要将各种现象的使用价值形态，还原为价值形态。这一基本原理，是解决总指数编制方法的基本依据。

计算总指数，主要是通过综合指数的编制实现的。综合指数有两种，一种是数量指标综合指数，一种是质量指标综合指数。下面分别介绍其编制的方法。

一、数量指标综合指数的编制

数量指标综合指数，是表明社会经济现象数量方面总变动程度的统计指标。例如，在建筑企业中所完成的实物工程量是多项的，而且其计量单位又各不相同，是不能直接相加对比的。那么，要反映全部实物工程量的总变动程度，就需要编制实物工程量综合指数，以反映产品数量方面的综合变动情况，这就是数量指标综合指数。

前面已经讲过，要想把不能直接相加的事物过渡到可以相加，就必须将其不同的使用价值量还原为价值量。要想把不同的实物工程量还原为价值量，这就需要借助预算价格这个因素。即：

$$实物工程量 \times 预算单价 = 施工产值$$

如用符号"q"代表实物工程量，"p"代表预算单价，则：

$$q \cdot p = pq$$

假定某建筑企业土方工程、砌筑工程和抹灰工程的实物工程量及按基期预算单价计算的产值资料如表 4-1 所示。

表 4-1

分项工程名称	计量单位	基期单价（元）	实物工程量		按基期价格计算的	
		p_0	基期 q_0	报告期 q_1	基期产值 $p_0 q_0$	报告期产值（元）$p_0 q_1$
土方工程	m³	3.50	3000	4000	10500	14000
砌筑工程	m³	54.20	1500	2000	81300	108400
抹灰工程	m²	2.80	10000	15000	28000	42000
合　计	—	—	—	—	119800	164400

根据表 4-1 资料，如果要综合反映三项工程量的总变动情况，由于计量单位不同，不能将实物工程量直接加总对比，故需借助于基期预算单价这个因素，计算出按基期预算单价计算的两期产值量，然后再两者相加对比。这样，就形成了数量指标综合指数的基本计算公式。即：

$$\text{数量指标综合指数} (\overline{K}_q) = \frac{\Sigma p_0 q_1}{\Sigma p_0 q_0}$$

式中：

$\overline{K}_q$——数量指标综合指数；

p_0——基期预算单价；

q_0——基期实物工程量；

q_1——报告期实物工程量；

$p_0 q_0$——基期产值；

$p_0 q_1$——按基期单价计算的报告期产值。

从上列公式可以看出，在编制数量指标综合指数时，是以基期价格（p_0）作为媒介因素使其可以相加对比的，这个媒介因素在统计指数理论中，叫作同度量因素。这样，在产值指标构成因素上固定了相同的价格因素，也就是假定价格因素不变，就能通过产值的变动只反映实物工程量的变动程度。因为，根据数学计算原理，分子分母同乘一个相同的量，其比值不变。

如将表 4-1 资料的合计数代入公式，即为：

$$\text{实物工程量综合指数}(\overline{K_q}) = \frac{\Sigma p_0 q_1}{\Sigma p_0 q_0} = \frac{164400}{119800} \times 100\%$$

$$= 1.3723 \text{ 或 } 137.23\%$$

计算结果表明，报告期工程量比基期工程量总的说多完成了 37.23%。

综合指数不但能够反映社会经济现象的总变动程度，而且还能反映由于这种变动而影响的绝对数量。用公式表示为

$$\text{由于工程量变动对产值的影响额} = \Sigma p_0 q_1 - \Sigma p_0 q_0$$

代入上列资料，则：

$$\text{由于工程量变动对产值的影响额} = 164400 - 119800 = 44600(元)$$

二、质量指标综合指数的编制

质量指标综合指数，是表明社会经济现象质量水平总变动程度的统计指标。例如，在建筑企业中各实物工程量的预算单价是不同的，也是可变的，而且不同实物工程量的预算单价也是不能直接相加对比的。那么，要反映全部预算价格的总变动程度，就需要编制质量指标综合指数来说明了。

编制质量指标综合指数，同样需要解决各种预算价格之间不能同度量的问题。由于各种建筑产品的使用价值不同，计量单位不同，各种实物工程量的预算单价不能直接相加，这时就需要用其预算单价分别乘其已完实物工程量，得出施工产值之后，才能相加计算。

现仍以上例三个分项工程为例，来说明质量指标综合指数的编制方法。

假定该企业三项工程的预算单价、报告期实物工程量以及按报告期工程量计算的施工产值资料如表 4-2 所示。

表 4-2

分项工程名　称	计量单位	报告期工程量	预算单价（元）		报告期工程量计算	
			基期	报告期	基期产值（元）	报告期产值（元）
		q_1	p_0	p_1	$p_0 q_1$	$p_1 q_1$
土方工程	m³	4000	3.50	4.10	14000	16400
砌筑工程	m³	2000	54.20	55.60	108400	111200
抹灰工程	m²	15000	2.80	3.5	42000	52500
合　计	—	—	—	—	164400	180100

根据表 4-2 资料，我们如果以报告期工程量作为同度量因素，即在产值指标构成因素上固定了工程量因素，通过产值的变动只反映预算价格的变动，这就形成了下列质量指标综

合指数的基本公式：

$$质量指标综合指数(\overline{K}_{\mathrm{p}}) = \frac{\Sigma p_1 q_1}{\Sigma p_0 q_1}$$

式中

$\overline{K}_{\mathrm{p}}$——质量指标综合指数；

$p_1 q_1$——报告期产值；

$p_0 q_1$——按基期单价计算的报告期产值。

如果代入表 4-2 资料的合计数可计算：

$$预算价格综合指数(\overline{K}_{\mathrm{p}}) = \frac{\Sigma p_1 q_1}{\Sigma p_0 q_1} = \frac{180100}{164400} \times 100\%$$

$$= 1.0955 \text{ 或 } 109.55\%$$

其绝对量变动为：

$$由于价格变动对产值的影响额 = \Sigma p_1 q_1 - \Sigma p_0 q_1$$

$$= 180100 - 164400 = 15700（元）$$

以上介绍的关于编制综合指数的方法，是就一般编制原则而论的。也就是说，在编制数量指标综合指数时，一般把作为同度量因素的质量指标固定在基期，在编制质量指标综合指数时，一般把作为同度量因素的数量指标固定在报告期。

但是，统计的研究任务是特定的。如果遇到特殊要求时，对于同度量因素的选择，就应按编制指数的目的和任务来确定。例如，在实际工作中，为了避免用破坏原有产量构成的方法使成本指数虚假下降，以增强实际成本指数与计划成本指数的可比性，在编制成本指数时，往往不用实际产量加权，而是用计划产量加权（即同度量因素）。用公式表示如下：

$$计划成本指数(\overline{K}_z) = \frac{\Sigma z_{\mathrm{n}} q_{\mathrm{n}}}{\Sigma z_0 q_{\mathrm{n}}}$$

$$实际成本指数(\overline{K}_z) = \frac{\Sigma z_1 q_{\mathrm{n}}}{\Sigma z_0 q_{\mathrm{n}}}$$

式中

z_0——基期单位成本；

z_{n}——计划单位成本；

z_1——实际单位成本；

q_{n}——计划产量。

由此可见，综合指数的编制，一定要服从统计研究的具体任务和直接目的。我们不能把编制综合指数的一般原则绝对化，要根据社会经济现象的特点和分析的目的要求，选用不同的同度量因素，编制具体的综合指数公式。

第三节　加权平均指数

综合指数是总指数的基本形式。但是，在实际工作中，往往由于有些资料不容易取得，还需要达到计算总指数的目的，这时，就必须采用其他的总指数形式，这就是编制和计算加权平均指数。

加权平均指数，有加权算术平均指数和加权调和平均指数两种。它们都是根据非全面资料来计算总指数的方法，以达到与综合指数相同的结果。所以，我们把加权平均指数称为综合指数的变形形态。

下面，分别介绍两种加权平均指数的编制方法。

一、加权算术平均指数

加权算术平均指数，就是把综合指数变形为加权算术平均数的基本形态，但还仍然保持综合指数的本来意义和计算结果。

在上节综合指数公式中，数量指标综合指数，适合于变形为加权算术平均指数。编制加权算术平均指数，是在掌握基期产值和个体数量指标指数的条件下，将数量指标综合指数变形为加权算术平均数形态，但仍保持原数量指标综合指数的计算结果。

由于，数量指标综合指数 $(\overline{K}_q) = \dfrac{\sum p_0 q_1}{\sum p_0 q_0}$

如果，设个体数量指标指数 $(K_q) = \dfrac{q_1}{q_0}$

那么，$q_1 = K_q q_0$

代入数量指标综合指数公式后，便形成加权算术平均指数的公式了：

$$加权算术平均指数 = \frac{\sum K_q p_0 q_0}{\sum p_0 q_0}$$

从上述公式中可以看到，假设以个体数量指标指数 (K_q) 为度量值 x，以基期价值量（通常为产值 $p_0 q_0$）为权数 f，那么，就会变成 $\dfrac{\sum xf}{\sum f}$ 这样的加权算术平均数的基本形式。由于它仍然是个总指数，却采用加权算术平均数的形式，所以我们把它称为加权算术平均指数。

用加权算术平均指数计算的总指数，与用数量指标综合指数计算的总指数，结果完全一样。

现仍用前面的某企业三项分项工程资料为例。假定我们知道基期施工产值和各项实物工程量的个体指数以及按基期产值与实物工程量个体指数计算的施工产值，列表 4-3 如下。

表 4-3

分项工程 名　称	计量 单位	基期施工产值 （元）	个体工程量指数 （％）	按基期预算单价报告期 工程量计算的施工产值
（甲）	（乙）	$p_0 q_0$	$K_q = q_1/q_0$	$p_0 q_1 = K_q p_0 q_0$
土方工程	m³	10500	133.33	14000
砌筑工程	m³	81300	133.33	108400
抹灰工程	m²	28000	150.00	42000
合计	—	119800	—	164400

根据表 4-3 资料，计算工程量总指数为：

$$实物工程量总指数(\overline{K}_q) = \frac{\Sigma K_q p_0 q_0}{\Sigma p_0 q_0} = \frac{164400}{119800} \times 100\%$$

$$= 1.3723 \text{ 或 } 137.23\%$$

这个计算结果与用综合指数公式计算的结果，完全相同。

在有些情况下，由于缺乏全面的统计资料，直接应用综合指数公式或其变形公式都有困难时，一般还可以利用固定权数加权计算总指数。其公式为：

$$\overline{K}_q = \frac{\Sigma K_q W}{\Sigma W}$$

式中：

$K_q = \dfrac{q_1}{q_0}$（个体数量指数）；

$W = \dfrac{p_0 q_0}{\Sigma p_0 q_0}$（固定权数）；

$\Sigma W = 100$（固定权数和）。

上述固定权数的计算公式，广泛应用于资本主义国家编制数量指标综合指数，这里不再举例说明了。

二、加权调和平均指数

加权调和平均指数，就是把综合指数变形为调和平均数的基本形态。

在上节综合指数公式中，质量指标综合指数，适合于变形为加权调和平均指数。编制加权调和平均指数，是在掌握报告期产值和个体质量指标指数的条件下，将质量指标综合指数变形为加权调和平均数形态，但仍保持原质量指标综合指数的计算结果。

由于，

$$\frac{质量指数}{综合指数}(\overline{K}_q) = \frac{\Sigma p_1 q_1}{\Sigma p_0 q_1}$$

如果，设个体质量指标指数为：$K_p = \dfrac{p_1}{p_0}$

那么，

$$p_0 = \frac{p_1}{K_p}$$

代入质量指标综合指数公式后，便形成加权调和平均指数公式：

$$加权调和平均指数 = \frac{\Sigma p_1 q_1}{\Sigma \dfrac{p_1 q_1}{K_p}}$$

从上述公式中可以看到，假设个体质量指标指数（K_p）为度量值 x，报告期价值量（通常为产值 $p_1 q_1$）为权数 M，那么，就会变成为 $\dfrac{\Sigma M}{\Sigma \dfrac{M}{x}}$ 这样的加权调和平均数的基本形式，所以称为加权调和平均指数。

用加权调和平均指数计算的总指数与用质量指标综合指数计算的总指数，结果也完全是一样的。

现仍用前面的某企业三项分项工程资料为例。假定我们掌握报告期施工产值和各分项工程预算单价的个体指数及按基期单价与报告期实物工程量计算的施工产值，编表 4-4 如下。

表 4-4

分项工程名称	计量单位	报告期施工产值（元）	个体预算单价指数（%）	按基期预算单价和报告期工程量计算的施工产值（元）
（甲）	（乙）	$p_1 q_1$	$K_p = \dfrac{p_1}{p_0}$	$p_0 q_1 = \dfrac{p_1 q_1}{K_q}$
土方工程	m^3	16400	117.14	14000
砌筑工程	m^3	111200	102.58	108400
抹灰工程	m^2	52500	12500	42000
合计	—	180100	—	164400

根据表 4-4 资料，计算预算单价总指数为：

$$\text{预算单价总指数}(\overline{K}_p) = \frac{\Sigma p_1 q_1}{\Sigma \dfrac{p_1 q_1}{K_p}} = \frac{180100}{164400} \times 100\%$$

$$= 1.0955 \text{ 或 } 109.55\%$$

这个计算结果与用综合指数公式计算的结果，也完全相同。

上项公式，也可以改为某种固定权数，其公式为：

$$\overline{K}_p = \frac{\Sigma W}{\Sigma \dfrac{W}{K_p}}$$

这一公式，在实际工作中很少采用。

从本节介绍的加权算术平均指数和加权调和平均指数的计算公式和方法可以看出，前者是在缺少单价资料的情况下求解出 $\Sigma p_0 q_1$，后者是在缺少产量资料的情况下求解出 $\Sigma p_0 q_1$。这样看来，只要计算出按基期单价和报告期产量计算的价值总量，那么，数量指标综合指数和质量指标综合指数，就都可以编制出来。前者是用个体数量指标指数调整计算的，后者是用个体质量指标指数调整计算的，结果都一样。

有下面推导公式为证

$$\because \quad \Sigma K_q p_0 q_0 = \Sigma \frac{p_1 q_1}{K_p}$$

$$\Sigma \frac{q_1}{q_0} p_0 q_0 = \Sigma \frac{p_1 q_1}{\dfrac{p_1}{p_0}}$$

$$\Sigma \frac{q_1}{q_0} p_0 q_0 = \Sigma \frac{p_0}{p_1} p_1 q_1$$

$$\therefore \quad \Sigma p_0 q_1 = \Sigma p_0 q_1$$

因此，只要掌握基期和报告期的价值总量，另外掌握任何一种个体指数资料，都能计算出 $\Sigma p_0 q_1$ 来。这样，数量指标综合指数和质量指标综合指数，就都能计算出来了。

第四节　平均数指数

在统计工作中，经常把内容相同的不同时期的平均指标的数值加以对比，用来说明社会经济现象一般水平的变动程度。如果我们把由两个平均指标对比而形成的相对数值，这就是统计指数中的平均数指数了。

我们知道，在统计分组的条件下，社会经济现象总体平均水平的大小，要受到两个因素影响：一个是各组度量值大小；一个是次数分布状态。例如，某产品平均单位成本的高低，可能是由于每件产品单位成本的高或低，也可能是成本水平高或低的单位产品占总产量比重的大或小，或者是两方面综合影响的结果。要分析这两个因素的影响方向和程度，就需要编制平均数指数。

编制的平均数指数有三个，即：可变组成指数、固定组成指数和结构影响指数。这三个指数之间存在着下面的数量关系：

$$可变组成指数＝固定组成指数×结构影响指数$$

下面，分别介绍其含义和编制方法。

一、可变组成指数

可变组成指数，就是报告期总平均指标与基期总平均指标对比而形成的相对指标。用公式表示如下：

$$\overline{K}_{可变} = \frac{\overline{x}_1}{\overline{x}_0}$$

式中

$\overline{K}_{可变}$——可变组成指数；

$\overline{x}_1$——报告期总平均指标；

$\overline{x}_0$——基期总平均指标。

根据第二章中平均指标一节中介绍过的加权算术平均数的计算公式，可将上述可变组成指数公式改写为：

$$\overline{K}_{可变} = \frac{\dfrac{\Sigma x_1 f_1}{\Sigma f_1}}{\dfrac{\Sigma x_0 f_0}{\Sigma f_0}}$$

$$或，\overline{K}_{可变} = \frac{\Sigma x_1 \cdot \dfrac{f_1}{\Sigma f_1}}{\Sigma x_0 \cdot \dfrac{f_0}{\Sigma f_0}}$$

从以上公式中明显地看出，在总平均指标对比形成的可变组成指数中，包含着组平均数值（x）和组的次数比重 $\left(\dfrac{f}{\Sigma f}\right)$ 两个因素的变动影响。

现用表 4-5 资料预以说明。

表 4-5

按熟练程度分组	1994 年				1995 年			
	人数（人）	比重（%）	平均工资（元）	工资总额（元）	人数（人）	比重（%）	平均工资（元）	工资总额（元）
（甲）	f_0	$\frac{f_0}{\Sigma f_0}$	x_0	$x_0 f_0$	f_1	$\frac{f_1}{\Sigma f_1}$	x_1	$x_1 f_1$
熟练工人	360	90	500	180000	390	78	520	202800
非熟练工人	40	10	300	12000	110	22	310	34100
合　计	400	100	480	192000	500	100	473.8	236900

从表 4-5 可以看出，1995 年与 1994 年相比，熟练工人平均每人增加 20 元，非熟练工人平均每人增加 10 元，而全部工人总平均工资却降低了 6.2 元。要从总平均观察其变动程度时，可计算可变组成指数如下：

$$\overline{K}_{可变} = \frac{\frac{\Sigma x_1 f_1}{\Sigma f_1}}{\frac{\Sigma x_0 f_0}{\Sigma f_0}} = \frac{\frac{236900}{500}}{\frac{192000}{400}} \times 100\%$$

$$= \frac{473.8}{480} \times 100\% = 0.9871 \ 或 \ 98.71\%$$

上述计算表明该单位总平均工资 1995 年比 1994 年下降了 1.29%。本资料可变组成指数的大小，主要受两个因素影响：一个是两年各组平均工资水平的高低；另一个是熟练工人与非熟练工人比重的变化。那么，这两个因素各自影响的方向和程度如何，就需要编制另外两个平均数指数来说明了。

二、固定组成指数

固定组成指数，就是根据统计指数的基本原理，把总体的结构因素固定不变，也就是用固定的比重作权数，只是单纯地测定各组平均数水平的变化对总平均数变动的影响方向和程度。这样计算的平均数指数，称为固定组成指数。

根据编制指数的一般方法，由于各组平均工资是个质量指标，在测定其影响时，应将总体结构这个指标作为数量指标充当同度量因素并固定在报告期。这样，便形成固定组成指数。用公式表示如下。

$$\overline{K}_{固定} = \frac{\Sigma x_1 \cdot \frac{f_1}{\Sigma f_1}}{\Sigma x_0 \cdot \frac{f_1}{\Sigma f_1}} = \frac{\frac{\Sigma x_1 f_1}{\Sigma f_1}}{\frac{\Sigma x_0 f_1}{\Sigma f_1}} = \frac{\overline{X}_1}{\overline{X}_n}$$

式中：

$\overline{K}_{固定}$——固定组成指数；

$\overline{X}_n$——按基期组平均工资和报告期人数计算的假定平均工资。

根据表 4-5 资料，可编表 4-6 说明。

表 4-6

按熟练程度分组	平均工资（元）		1995 年人数（人）	工 资 总 额 （元）	
	1994 年	1995 年		1995 年	按 94 年工资计算 95 年
（甲）	x_0	x_1	f_1	$x_1 f_1$	$x_0 f_1$
熟练工人	500	520	390	202800	195000
非熟练工人	300	310	110	34100	33000
合　计	—	—	500	236900	228000

从表 4-6 资料可以计算

$$\overline{x}_1 = \frac{\Sigma x_1 f_1}{\Sigma f_1} = \frac{236900}{500} = 473.8（元）$$

$$\overline{x}_n = \frac{\Sigma x_0 f_1}{\Sigma f_1} = \frac{228000}{500} = 456（元）$$

$$\overline{K}_{固定} = \frac{\overline{x}_1}{\overline{x}_n} = \frac{473.8}{456} \times 100\% = 1.039 \text{ 或 } 103.9\%$$

$$\overline{x}_1 - \overline{x}_n = 473.8 - 456 = 17.8（元）$$

从上述计算结果可以看出，由于各组平均工资水平的提高，应使总平均工资提高 3.9%，平均每人应增加 17.8 元。

三、结构影响指数

结构影响指数，就是将各组平均工资水平这个因素固定不变，只是单纯测定总体结构变动对总平均指标变动的影响程度。这样计算的平均数指数，称为结构影响指数。

根据统计指数编制的一般方法，由于各组比重（总体结构）相对于工资水平来说是一个数量指标，在测定其影响时，应将各组平均工资水平这个质量指标充当同度量因素时固定在基期。这样，便形成结构影响指数。用公式表示如下：

$$\overline{K}_{结构} = \frac{\Sigma x_0 \cdot \dfrac{f_1}{\Sigma f_1}}{\Sigma x_0 \cdot \dfrac{f_0}{\Sigma f_0}} = \frac{\dfrac{\Sigma x_0 f_1}{\Sigma f_1}}{\dfrac{\Sigma x_0 f_0}{\Sigma f_0}} = \frac{\overline{X}_n}{\overline{X}_0}$$

式中：$\overline{K}_{结构}$——结构影响指数。

根据表 4-5 资料，可编表 4-7 说明。

表 4-7

按熟练程度分组	工人人数（人）		1994 年平均工资（元）	工 资 总 额 （元）	
	1994 年	1995 年		1994 年	按 94 年工资计算 95 年
（甲）	f_0	f_1	x_0	$x_0 f_0$	$x_0 f_1$
熟练工人	360	390	500	180000	195000
非熟练工人	40	110	300	12000	33000
合　计	400	500	—	192000	228000

根据表 4-7 资料可以计算：

$$\overline{x}_\text{n} = \frac{\Sigma x_0 f_1}{\Sigma f_1} = \frac{228000}{500} = 456（元）$$

$$\overline{x}_0 = \frac{\Sigma x_0 f_0}{\Sigma f_0} = \frac{192000}{400} = 480（元）$$

$$\overline{K}_\text{结构} = \frac{\overline{x}_\text{n}}{\overline{x}_0} = \frac{456}{480} \times 100\% = 95\%$$

$$\overline{x}_\text{n} - \overline{x}_0 = 456 - 480 = -24（元）$$

从上述计算可以看出，由于各组人数结构的变化，使总平均工资下降了 5%，平均每人减少 24 元。

第五节 因 素 分 析 法

本章以上各节介绍了有关统计指数的编制方法。在实际工作中，我们不单单是计算某一社会经济现象的总指数或平均数指数，而更重要的是根据社会经济现象之间内在的联系，特别是根据各统计指数之间客观存在的数量关系，并形成统计指数体系，以测定构成社会经济现象总体的各要素对总体变动的影响方向和程度。这样一种统计分析的方法，称之为因素分析法。本节就因素分析法的基本知识作一概括地说明，并就几个基本指数体系的形成和应用，来说明因素分析的具体方法。

一、因素分析法的概念和种类

因素分析法，就是测定受多种因素影响的社会经济现象总变动中，每个因素影响方向和程度的方法。

理解和掌握因素分析法的上述含义，必须把握以下几个要点：

第一，因素分析法，就是对社会经济现象总体构成因素的数量表现具有乘积关系时，方可用指数分析法去测定各构成因素的影响作用。否则，就不能运用统计指数原理产生的因素分析方法。

第二，使用因素分析法，必须假定其他因素不变（即，同度量因素），分别测定其中一个因素的影响方向和程度。如果有两个因素，则假定其中一个因素相同；如果有三个因素，则假定其中两个因素相同，以此类推。

第三，因素分析法的理论依据，就是统计指数体系。就是说，现象总变动指数等于构成因素指数的连乘积；现象变动的总差额等于构成因素影响差额之和。

第四，同度量因素的确定，要根据实际情况和研究目的适当采用。从一般方法来说，分析数量指标的影响作用时，将同度量因素的质量指标固定在基期；分析质量指标的影响作用时，将同度量因素的数量指标固定在报告期。

以上四点，就是因素分析法的基本内容。无论对哪类现象进行因素分析，都是对这几个基本要点的具体运用。当然，在现象特点和研究目的不同时，要相应地调整有关方法，以服从统计研究的任务。

因素分析法主要有以下几种：

1. 总量指标的两因素分析

就是构成社会经济现象总体的因素只有两个，通过编制指数体系，来分别测定两个因素各自影响的方向和程度。

2. 平均指标的两因素分析

就是构成总平均指标的两个因素分析，通过编制平均数指数体系，分别测定各组平均值和比重各自影响的方向和程度。

3. 总量指标的多因素分析

就是构成社会经济现象总量的两个以上因素的分析，也是通过编制多因素指数体系，分别测定每一个因素各自影响的方向和程度。

4. 包含平均指标在内的总量指标两因素分析

就是构成社会经济现象总量之一的有平均量在内，由于平均量本身又由两个因素作用而成，所以通过指数体系也将其影响程度分析出来。

以上 4 种基本分析方法，下面逐一进行说明。

二、总量指标的两因素分析

社会经济现象总体构成因素的分析，相当普遍的是两因素分析。这种社会经济现象之间的数量关系，在单项事物的构成因素中存在，在多项事物的构成因素中也存在。

两因素分析的现象总量与其构成因素之间应存在乘积关系。例如：

施工产值＝预算单价×实物工程量

总成本＝单位成本×产量

等等。

如果客观事物的构成因素存在着这种乘积关系，那么，它们的指数也必然存在着这种乘积关系。如上例：

$$施工产值指数 ＝预算单价指数 \times 实物工程量指数$$
$$总成本指数 ＝单位成本指数 \times 产量指数$$

等等。

如果要研究的社会经济现象存在着上述的数量依存关系，就可以用来进行因素的分析了。

例如，将某建筑企业土方工程单位成本、预算单价和实物工程量等资料编表 4-8 如下：

表 4-8

年 份	单位成本 （元/m³）	预算单价 （元/m³）	工程量 （m³）	总成本 （元）	施工产值 （元）
	z	p	q	zq	pq
1994	2.40	3.20	3000	7200	9600
1995	2.30	3.50	4000	9200	14000

从表 4-8 资料中可以计算出总成本指数，即：

$$K_{zq} = \frac{z_1 q_1}{z_0 q_0} = \frac{9200}{7200} = 1.2778 \text{ 或 } 127.78\%$$

也可以计算出施工产值指数，即：

$$K_{pq} = \frac{p_1 q_1}{p_0 q_0} = \frac{14,000}{9,600} = 1.4583 \text{ 或 } 145.83\%$$

那么，单位成本、预算单价和工程量各自的变化，也可以对比计算：

$$\text{单位成本指数} = \frac{z_1}{z_0} = \frac{2.30}{2.40} = 0.9583 \text{ 或 } 95.83\%$$

$$\text{预算单价指数} = \frac{p_1}{p_0} = \frac{3.50}{3.20} = 1.0938 \text{ 或 } 109.38\%$$

$$\text{工程量指数} = \frac{q_1}{q_0} = \frac{4000}{3000} = 1.3333 \text{ 或 } 133.33\%$$

由于：$\dfrac{q_1}{q_0} \times \dfrac{p_1}{p_0} = \dfrac{p_1 q_1}{p_0 q_0}$

则：$\dfrac{p_0 q_1}{p_0 q_0} \times \dfrac{p_1 q_1}{p_0 q_1} = \dfrac{p_1 q_1}{p_0 q_0}$

又由于：$\dfrac{z_1}{z_0} \times \dfrac{q_1}{q_0} = \dfrac{z_1 q_1}{z_0 q_0}$

则：$\dfrac{z_1 q_1}{z_0 q_1} \times \dfrac{z_0 q_1}{z_0 q_0} = \dfrac{z_1 q_1}{z_0 q_0}$

这就形成了单项事物的两因素指数体系。如果分析施工产值变化的原因，我们可以列表 4-9 如下。

表 4-9

1994 年土方工程		1995 年土方工程		1994 年施工产值（元）	1995 年施工产值（元）	按 94 年单价计算的 95 年施工产值（元）
预算单价（元/m³）	工程量（m³）	预算单价（元/m³）	工程量（m³）			
p_0	q_0	p_1	q_1	$p_0 q_0$	$p_1 q_1$	$p_0 q_1$
3.20	3000	3.50	4000	9600	14000	12800

根据表 4-9 资料和上列指数体系测算：

$$\text{施工产值指数} = \text{预算单价指数} \times \text{工程量指数}$$

$$\frac{p_1 q_1}{p_0 q_0} = \frac{p_1 q_1}{p_0 q_1} \times \frac{p_0 q_1}{p_0 q_0}$$

代入资料：$\dfrac{14000}{9600} = \dfrac{14000}{2800} \times \dfrac{12800}{9600}$

则：$\qquad 145.83\% = 109.38\% \times 133.33\%$

计算结果与前面计算结果完全相同。如果分析两年土方工程产值差额时，就可将上述指数体系公式改写为：

$$p_1q_1 - p_0q_0 = (p_1q_1 - p_0q_1) + (p_0q_1 - p_0q_0)$$

代入资料：

$$14000 - 9600 = (14000 + 2800) + (12800 - 9600)$$

$$4400 = 1200 + 3200(元)$$

从以上分析计算说明，1995 年土方工程比 1994 年土方工程多实现产值 4400 元，增长 45.83%，是因为预算单价提高了 9.38%，增加产值 1200 元和工程量多完成 33.33%，增加产值 3200 元这两个因素共同作用的结果。

如果分析总成本变化时，方法一样，不再复述。

这种两因素分析，在单项事物中如此，在多项事物中也一样。我们仍以本章第二节三项分项工程为例列表 4-10 如下。

表 4-10

分项工程名称	计量单位	预算单价（元）		工程量		施工产值（元）		
		基期	报告期	基期	报告期	基期	报告期	假定
		p_0	p_1	q_0	q_1	p_0q_0	p_1q_1	p_0q_1
土方工程	m³	3.50	4.10	3000	4000	10500	16400	14000
砌筑工程	m³	54.20	55.60	1500	2000	81300	111200	108400
抹灰工程	m²	2.80	3.50	10000	15000	28000	52500	42000
合　计	—	—	—	—	—	119800	180100	164400

根据表 4-10 资料计算如下：

$$\text{施工产值综合指数}(\overline{K}_{pq}) = \frac{\Sigma p_1q_1}{\Sigma p_0q_0} = \frac{180100}{119800} = 1.5033 \text{ 或 } 150.33\%$$

$$\text{预算单价综合指数}(\overline{K}_{p}) = \frac{\Sigma p_1q_1}{\Sigma p_0q_1} = \frac{180100}{164400} = 1.0955 \text{ 或 } 109.55\%$$

$$\text{工程量综合指数}(\overline{K}_{q}) = \frac{\Sigma p_0q_1}{\Sigma p_0q_0} = \frac{164400}{119800} = 1.3723 \text{ 或 } 137.23\%$$

三个综合指数的关系为

$$\frac{\Sigma p_1q_1}{\Sigma p_0q_0} = \frac{\Sigma p_1q_1}{\Sigma p_0q_1} \times \frac{\Sigma p_0q_1}{\Sigma p_0q_0}$$

其绝对差量可表示为：

$$\Sigma p_1q_1 - \Sigma p_0q_0 = (\Sigma p_1q_1 - \Sigma p_0q_1) + (\Sigma p_0q_1 - \Sigma p_0q_0)$$

用计算结果可表示为：

相对分析：150.33% = 109.55% × 137.23%

绝对分析：60300 = 15700 + 44600（元）

通过以上的综合指数体系和计算结果表明：该企业报告期施工产值比基期施工产值增长了 50.33%（增加 60300 元），这是由于预算价格上调了 9.55%（增加 15700 元）和实物工程量提高了 37.23%（增加 44600 元）这两个因素共同影响的结果。

对综合指数体系的应用，还可以根据以上三个指数数量对等关系的计算方法，用已知的两个指数来推算第三个指数。

例如，某建筑企业 1995 年完成的实物工程量为 1994 年的 115%，而施工费用也增长了 12%。如果要说明该企业成本变动情况，就可以根据下列工程量、单位成本和施工费用的关系进行推算。

$$生产费用 = 单位成本 \times 已完工程量$$

$$生产费用指数 = 单位成本指数 \times 工程量指数$$

代入资料时，已知工程量指数为 115%，施工费用指数为 112%（12%＋100%），设单位成本指数为未知数 x，则：

$$112\% = 115\% x$$

$$x = 97.39\%$$

即：成本降低了 2.61%。

又如，某建筑企业 1995 年职工工资水平提高了 4%，职工人数增加了 2%，计算该企业工资总额的变动情况。根据工资总额、工资水平（即平均工资）和职工人数三者关系，可知：

$$工资总额 = 平均工资 \times 职工人数$$

$$工资总额指数 = 平均工资指数 \times 职工人数指数$$

代入资料，可得：

$$工资总额指数 = 104\% \times 102\% = 106.08\%$$

即：工资总额增长了 6.08%。

三、平均指标的两因素分析

平均指标的两因素分析，就是对构成总平均指标的两个因素进行分析，来揭示现象的内在联系，以达到深入认识事物本质的作用。

本章第四节中我们已经编制了平均数的三个指数，而且知道了三个指数的关系。如果用公式来表示其指数体系时，则：

$$\overline{K}_{可变} = \overline{K}_{固定} \times \overline{K}_{结构}$$

即：

$$\frac{\dfrac{\Sigma x_1 f_1}{\Sigma f_1}}{\dfrac{\Sigma x_0 f_0}{\Sigma f_0}} = \frac{\dfrac{\Sigma x_1 f_1}{\Sigma f_1}}{\dfrac{\Sigma x_0 f_1}{\Sigma f_1}} \times \frac{\dfrac{\Sigma x_0 f_1}{\Sigma f_1}}{\dfrac{\Sigma x_0 f_0}{\Sigma f_0}}$$

或：

$$\frac{\overline{X}_1}{\overline{X}_0} = \frac{\overline{X}_1}{\overline{X}_n} \times \frac{\overline{X}_n}{\overline{X}_0}$$

它们的绝对差额也可以用下式表示：

$$\overline{X}_1 - \overline{X}_0 = (\overline{X}_1 - \overline{X}_n) + (\overline{X}_n - \overline{X}_0)$$

我们如果用第四节举例的指数计算结果代入上列指数体系时，便可得到：

相对分析：
$$\frac{473.8}{480} = \frac{473.8}{456} \times \frac{456}{480}$$

$$98.71\% = 103.9\% \times 95\%$$

绝对分析：
$$-6.2 = 17.8 - 24（元）$$

从上述计算可以说明，1995 年比 1994 年企业每人平均工资下降了 1.29%，平均每人减少 17.8 元，这是由于工资水平提高了 3.9%，使每人平均增加 17.8 元，但由于职工构成的变化，使总平均工资下降了 5%，可使每人平均减少 24 元。这样综合作用，使总平均工资纯减少 6.2 元。

实际工作中平均指标应用很广泛，也应对其经常进行分析。下面我们再举一例说明平均指标两因素分析方法的应用。

假设，某建筑企业及其所属单位 1994 年和 1995 年两年职工平均人数，全员劳动生产率和完成建筑业总产值资料如表 4-11 所示。

表 4-11

所属单位	职工平均人数（人）		全员劳动生产率（元/人）		建筑业总产值（万元）		
	1994 年	1995 年	1994 年	1995 年	1994 年	1995 年	假定
（甲）	f_0	f_1	m_0	m_1	$m_0 f_0$	$m_1 f_1$	$m_0 f_1$
第一工区	600	700	30000	32000	1800	2240	2100
第二工区	400	350	31000	35000	1240	1225	1085
第三工区	520	500	2800	30000	1456	1500	1400
第四工区	480	450	34000	40000	1920	1800	1530
合　计	2000	2000	—	—	6416	6765	6115

根据表 4-11 资料，我们对该企业劳动生产率指标进行分析，计算如下：

1995 年全员劳动生产率 $(\overline{m}_1) = \dfrac{\Sigma m_1 f_1}{\Sigma f_1} = \dfrac{67650000}{2000} = 33825（元／人）$

1994 年全员劳动生产率 $(\overline{m}_0) = \dfrac{\Sigma m_0 f_0}{\Sigma f_0} = \dfrac{64160000}{2000} = 32080（元／人）$

假定全员劳动生产率 $(\overline{m}_n) = \dfrac{\Sigma m_0 f_1}{\Sigma f_1} = \dfrac{611550000}{2000} = 30575（元／人）$

这样，我们从指数分析时：

由于，
$$\frac{\overline{m_1}}{\overline{m_0}} = \frac{\overline{m_1}}{\overline{m_n}} \times \frac{\overline{m_n}}{\overline{m_0}}$$

代入资料：
$$\frac{33825}{32080} = \frac{33825}{30575} \times \frac{30575}{32080}$$

$$105.44\% = 110.63\% \times 95.31\%$$

从差额分析：

由于，
$$\overline{m_1} - \overline{m_0} = (\overline{m_1} - \overline{m_n}) + (\overline{m_n} - \overline{m_0})$$

代入资料。
$$33825 - 32080 = (33825 - 30575) + (30575 - 32080)$$

$$1745 = 3250 - 1505(元)$$

通过以上计算分析可以得出如下结论：该企业1995年比1994年全员劳动生产率提高了5.44%（人均增加产值1745元），这主要是各工区劳动生产率平均提高了10.63%，（使人均产值增加了3250元），但由于各工区人数占公司总人数结构的变化，使公司全员劳动生产率下降了4.69%，使人均少完成产值1505元。

四、总量指标的多因素分析

总量指标的多因素分析，主要是指对构成现象总量指标的三个或三个以上的因素分析测定其对总量指标的影响方向和程度。

多因素构成的单项事物中，可以根据其数量的乘积关系，分别测定其每个因素的影响方向和程度。例如，某建筑企业有如下资料如表4-12所示。

表 4-12

项 目	代表符号	7月份	8月份	动态（%）
工人人数（人）	a	2000	2100	105
月工作天数（日）	b	30	30	100
日工作时数（时）	c	10	11	110
时劳动生产率（元/时）	d	50	52	104
施工产值（万元）	$abcd$	3000	3603.6	120.12

从表4-12可知：施工产值等于时劳动生产率、每日工作时数、月工作天数和工人人数这四个项目的连乘积。这五个项目之间的关系可用图4-1表示如下：

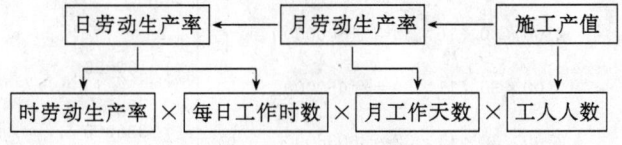

图 4-1 产值与劳动生产率关系图

根据图4-1的各项目关系以及指数体系的编制原理和方法，对表4-12资料作如下的分析和计算。

从相对数分析时，编制如下指数体系：

$$\frac{a_1b_1c_1d_1}{a_0b_0c_0d_0} = \frac{a_1b_1c_1d_1}{a_0b_1c_1d_1} \times \frac{a_0b_1c_1d_1}{a_0b_0c_1d_1} \times \frac{a_0b_0c_1d_1}{a_0b_0c_0d_1} \times \frac{a_0b_0c_0d_1}{a_0b_0c_0d_0}$$

代入资料后计算（单位：万元）：

$$\frac{3603.6}{3000} = \frac{3603.6}{3465} \times \frac{3465}{3150} \times \frac{3150}{3150} \times \frac{3150}{3000}$$

得出：$120.12\% = 104\% \times 110\% \times 100\% \times 105\%$

从绝对数分析，可将上述指数公式改写为如下公式：

$$a_1b_1c_1d_1 - a_0b_0c_0d_0 = (a_1b_1c_1d_1 - a_0b_1c_1d_1)$$
$$+ (a_0b_1c_1d_1 - a_0b_0c_1d_1) + (a_0b_0c_1d_1 - a_0b_0c_0d_1)$$
$$+ (a_0b_0c_0d_1 - a_0b_0c_0d_0)$$

代入资料得：

$$603.6 = 138.6 + 315 + 0 + 150（万元）$$

通过以上分析计算可以得出如下结论：该建筑企业施工产值 8 月份比 7 月份增长了 20.12%（增加 603.6 万元），是由于时劳动生产率提高了 4%（增加 138.6 万元）、每日工作时数提高了 10%（增加 315 万元）和工人人数增加了 5%（增加 150 万元）这三个因素共同作用的结果。由于两个月工作天数是一样的，它对于施工产值变动没产生影响。

为了简化上述计算过程，根据指数的基本原理，在理论上总结了一种简便方法，叫连锁替代法（亦称"连锁置换法"或"连环替代法"）。其方法是：第一，在衡量某一个因素对于一个经济指标的影响时，假定只有这一个因素变动而其余因素不变；第二，确定各个因素的替代顺序，并按这一顺序逐一进行替代计算；第三，把每次替代后的指标与该因素替代前的指标相比较，确定该因素变动影响的绝对量。

仍用上例测算如表 4-13 所示。

表 4-13

顺　　序	连锁替代计算过程	差异额（元）	差异原因
基期指标	$2000 \times 30 \times 10 \times 50 = 30000000$	} 1500000	工人数影响
第一次替代	$2100 \times 30 \times 10 \times 50 = 31500000$	} 0	工作天数影响
第二次替代	$2100 \times 30 \times 10 \times 50 = 31500000$	} 3150000	工作时数影响
第三次替代	$2100 \times 30 \times 11 \times 50 = 34650000$	} 1386000	时劳动生产率影响
报告期指标	$2100 \times 30 \times 11 \times 52 = 36036000$		
合　　计	——	6036000	综合影响

从表 4-13 中箭头表示的替代顺序及计算差异额的结果看，与前述绝对分析的结果完全

一致。但此法计算简便，更易于被人们接受。

对多因素构成的多项事物的因素分析，与前述道理和方法是一样的。假定某建筑企业施工耗用红砖、水泥和粗沙三种材料的有关资料如表 4-14 所示。

表 4-14

材料 名称	计量 单位	单位材料价格（元）		单位工程消耗量		实物工程量（m³）	
		基期	报告期	基期	报告期	基期	报告期
（甲）	（乙）	p_0	p_1	m_0	m_1	q_0	q_1
红　砖	千块	100	120	0.61	0.58		
水　泥	t	180	200	0.14	0.15	2500	3800
粗　沙	m³	40	50	0.32	0.32		

我们知道，构成工程造价的材料费用是由下列因素构成的：

$$\frac{\text{材料费}}{\text{用总额}} = \frac{\text{材料}}{\text{单价}} \times \frac{\text{单位产品原}}{\text{材料消耗量}} \times \frac{\text{已完实物}}{\text{工程量}}$$

根据表 4-14 资料分析报告期与基期三种材料费用总额的变化及其构成的三因素作用程度时，必须注意以下两点：

第一，进行因素分析的基本依据仍然是指数体系。也就是说，因素指数的乘积等于材料费总指数，因素影响的差额总和等于材料费用总差额。

第二，分析其中一个因素影响时，要将其他两个因素都固定起来。分析质量指标影响时，将同度量因素的数量指标固定在报告期；分析数量指标影响时，将同度量因素的质量指标固定在基期。

根据上述要求，原材料费用总额指数可以分解为三个指数，并形成下列指数体系。用文字表示为：

$$\frac{\text{材料费用}}{\text{总额指数}} = \frac{\text{材料价}}{\text{格指数}} \times \frac{\text{单位产品材料}}{\text{消耗量指数}} \times \frac{\text{实物工程}}{\text{量指数}}$$

用公式表示为

$$\frac{\sum p_1 m_1 q_1}{\sum p_0 m_0 q_0} = \frac{\sum p_1 m_1 q_1}{\sum p_0 m_1 q_1} \times \frac{\sum p_0 m_1 q_1}{\sum p_0 m_0 q_1} \times \frac{\sum p_0 m_0 q_1}{\sum p_0 m_0 q_0}$$

用绝对差量表示为：

$$\sum p_1 m_1 q_1 - \sum p_0 m_0 q_0 = (\sum p_1 m_1 q_1 - \sum p_0 m_1 q_1)$$

$$+ (\sum p_0 m_1 q_1 - \sum p_0 m_0 q_1) + (\sum p_0 m_0 q_1 - \sum p_0 m_0 q_0)$$

根据上述指数体系的要求，可将表 4-14 资料，编制原材料费用总额的计算表 4-15 如下。

表 4-15

材料名称	基期实际	按基期单价计算	按基期单耗计算	报告期实际
	$p_0 m_0 q_0$	$p_0 m_1 q_1$	$p_0 m_0 q_1$	$p_1 m_1 q_1$
红 砖	152500	220400	231800	264480
水 泥	63000	102600	95760	114000
粗 沙	32000	48640	48640	60800
合 计	247500	371640	376200	439280

根据表 4-15 合计资料计算有关总指数及其绝对差量如下：

1. 材料费用总变化

$$\text{材料费用总额指数} = \frac{\Sigma p_1 m_1 q_1}{\Sigma p_0 m_0 q_0} = \frac{439280}{247500} = 1.7749 \text{ 或 } 117.49\%$$

$$\text{材料费用总差额} = \Sigma p_1 m_1 q_1 - \Sigma p_0 m_0 q_0 = 439280 - 247500 = 191780(元)$$

2. 材料单价影响

$$\text{材料价格指数} = \frac{\Sigma p_1 m_1 q_1}{\Sigma p_0 m_1 q_1} = \frac{439280}{371640} = 1.182 \text{ 或 } 118.20\%$$

$$\text{材料价格影响差额} = \Sigma p_1 m_1 q_1 - \Sigma p_0 m_1 q_1 = 439280 - 371640 = 67640(元)$$

3. 材料单耗影响

$$\text{单位产品材料消耗指数} = \frac{\Sigma p_0 m_1 q_1}{\Sigma p_0 m_0 q_1} = \frac{371640}{376200} = 0.9879 \text{ 或 } 98.79\%$$

$$\text{材料单耗影响差额} = \Sigma p_0 m_1 q_1 - \Sigma p_0 m_0 q_1 = 371640 - 376200 = -4560(元)$$

4. 实物工程量影响

$$\text{实物工程量指数} = \frac{\Sigma p_0 m_0 q_1}{\Sigma p_0 m_0 q_0} = \frac{376200}{247500} = 1.52 \text{ 或 } 152\%$$

$$\text{工程量影响差额} = \Sigma p_0 m_0 q_1 - \Sigma p_0 m_0 q_0 = 376200 - 247500 = 128700(元)$$

以上指数之间存在着以下关系：

相对关系为：

$$177.49\% = 118.2\% \times 98.79\% \times 152\%$$

绝对关系为：

$$191780 = 67640 - 4560 + 128700(元)$$

通过以上计算分析可以得出以下结论：报告期比基期材料费用增长了 77.49%（增加材

料费 191780 元），是由于三种材料价格平均上涨了 18.2％（增加材料费 67.640 元）、单位产品原材料消耗量降低了 1.21％（节约材料费 4560 元）和实物工程量多完成了 52％（增加材料费 128700 元）这几个因素共同影响的结果。

五、包含平均指标的两因素分析

包含平均指标的两因素分析，其对象既包括总量指标，又包括平均指标，特别在影响因素内，又涉及结构变动的影响。因此，使计算分析又复杂了一些。

为了说明这个问题，我们仍使用表 4-5 资料编制表 4-16 如下：

表 4-16

按熟练程度分组	平均工资（元）		工人人数（人）		工资总额（元）		
	1994 年	1995 年	1994 年	1995 年	1994 年	1995 年	假定
（甲）	x_0	x_1	f_0	f_1	$x_0 f_0$	$x_1 f_1$	$x_0 f_1$
熟练工人	500	520	360	390	180000	202800	195000
非熟练工人	300	310	40	110	12000	34100	33000
合　计	480	473.8	400	500	192000	236900	228000

根据表 4-16 资料分析工资总额的变动时，可按总量指标的两因素分析计算为：

$$\frac{\Sigma x_1 f_1}{\Sigma x_0 f_0} = \frac{\Sigma x_1 f_1}{\Sigma x_0 f_1} \times \frac{\Sigma x_0 f_1}{\Sigma x_0 f_0}$$

代入资料： $\dfrac{236900}{192000} = \dfrac{236900}{228000} \times \dfrac{228000}{192000}$

得： $123.39\% = 103.90\% \times 118.75\%$

这是根据工资总额指数等于工资水平指数乘职工人数指数的指数体系分析测算的。

如果按平均指标的两因素分析可计算为：

$$\frac{\overline{X_1}}{\overline{X_0}} = \frac{\overline{X_1}}{\overline{X_n}} \times \frac{\overline{X_n}}{\overline{X_0}}$$

由于，$\overline{X_n} = 228000/500 = 456$（元）

代入资料： $\dfrac{473.8}{480} = \dfrac{473.8}{456} \times \dfrac{456}{480}$

得： $98.71\% = 103.90\% \times 95\%$

这是根据平均工资指数等于工资水平指数乘结构影响指数的指数体系分析测算的。

根据上述分析测算，不管从工资总额进行分析，还是从平均工资进行分析，工资水平的变动指数都是 103.90％。但是，从工资总额分析人数变动的指数是 118.75％，而从平均工资分析人数变动的指数是 95％，两者却是不一致的。同时，这两个指数同实际人数的动态相对数 $\left(\dfrac{500}{400} \times 100\% = 125\%\right)$ 又都不一样。为什么会出现这种情况呢？这是因为，对工资总额进行分析时，职工人数的变化既有总数量的变化，又有结构的变化。换句话说，就是职工人数指数中包含着结构影响的因素在内，它是纯人数变化指数与结构变化指数的乘积。如果我们把它分开来，就会得到纯人数变化因素的指数了。即：

$$118.75\% \div 95\% = 125\%$$

这才符合人数变化的实际情况。

为了一并分析测算工资总额变动中，工资水平、人数结构与职工人数的影响方向和程度，可以用下列指数体系进行：

$$\frac{\Sigma X_1 f_1}{\Sigma X_0 f_0} = \frac{\Sigma X_1 f_1}{\Sigma X_0 f_1} \times \frac{\Sigma X_0 f_1}{\overline{X}_0 \Sigma f_1} \times \frac{\overline{X}_0 \Sigma f_1}{\Sigma X_0 f_0}$$

$$\Sigma X_1 f_1 - \Sigma X_0 f_0 = (\Sigma X_1 f_1 - \Sigma X_0 f_1) + (\Sigma X_0 f_1 - \overline{X}_0 \Sigma f_1)$$

$$+ (\overline{X}_0 \Sigma f_1 - \Sigma X_0 f_0)$$

根据上面指数体系的要求，在表 4-16 基础上需要再计算出按基期总平均工资和报告期总人数计算的假定工资总额（$\overline{X}_0 \Sigma f_1$），就可以使用上述指数体系来进行分析测算了。

$$\overline{X}_0 \Sigma f_1 = 480 \times 500 = 240000（元）$$

现使用上列包含平均指标在内的两因素分析的指数体系，代入上述计算结果和表 4-16 资料可得到：

相对分析：

$$\frac{236900}{192000} = \frac{236900}{228000} \times \frac{228000}{240000} \times \frac{240000}{192000}$$

$$123.39\% = 103.90\% \times 95\% \times 125\%$$

绝对分析：

$$236900 - 192000 = (236900 - 228000) + (228000 - 240000)$$

$$+ (240000 - 192000)$$

$$44900 = 8900 - 12000 + 48000（元）$$

这样就可以说，1995 年比 1994 年工资总额增长了 23.39%（增加工资 44900 元），这是由于升级等原因使工资水平增长了 3.9%（增加工资 8900 元）和两类工人结构比重的变化使工资总额减少了 5%（减少工资 12000 元）以及工人人数增长了 25%（增加工资 48000 元）几个因素共同影响的结果。

六、应用因素分析法应注意的问题

因素分析法是进行统计分析的重要方法，特别是对于复杂社会经济现象总变动的原因分析，能使我们认识事物并作出正确的判断。但是，应用因素分析法，也应注意以下几方面的问题。

（一）明确现象之间的基本依存关系

现象之间的数量关系，主要是社会经济现象总量等于其构成因素乘积的计算关系，这是因素分析法的出发点。因此，在应用因素分析法时，必须首先确定现象之间是否存在这种依存关系。否则，就会导致错误的结论，歪曲对社会经济现象本质的认识。特别是对于多因素分析，更应注意这一点。

（二）指数体系是因素分析法的依据

进行社会经济现象的因素分析，必须建立其指数体系。但是，形成何种指数体系，也就是采用什么样的同度量因素，不是一成不变的。例如，编制质量指标综合指数时，一般用报告期数量指标作为同度量因素，也可以用基期数量指标或计划数量指标作为同度量因素；编制数量指标综合指数时，一般用基期质量指标作为同度量因素，也可以用报告期质量指标或不变价格指标等作为同度量因素。总之，应该采用哪种同度量因素来编制统计指数及其体系，一定要根据研究目的来确定。

（三）应用因素分析法，必须掌握好原始资料，不能简单从事

例如，要编制材料的价格指数，不但要掌握好材料单价的资料，而且要掌握好所有材料消耗量资料（最低也要掌握准主要品种材料消耗量）。但是，由于材料品种繁多，而且用于不同产品，资料的确定比较困难。因此，一定要根据研究任务和客观条件，相应地采用指数形式，以保证指数计算的科学性。

（四）应用静态分析时，也要严格按指数编制原理处理

因素分析法主要是应用于社会经济现象的动态分析，但在实际工作中也广泛应用于社会经济现象的静态分析。例如，实际指标与计划指标的比较分析，单位之间的对比分析等。使用因素分析法应用于静态分析时，也要按指数编制的一般原则处理，特别是要妥善处理好因素的固定问题。否则，就达不到对社会经济现象实质研究的目的。

复 习 思 考 题

1. 什么是统计指数？有几种？

2. 什么是总指数？如何应用？

3. 编制综合指数的一般原则是什么？

4. 综合指数的变形有哪两种形态？如何编制？

5. 什么是可变组成指数？什么是固定组成指数？什么是结构影响指数？三者关系如何？

6. 如何对两因素总量进行指数分析？

7. 如何对多因素总量进行指数分析？

8. 平均数指数如何应用？

9. 某建筑企业 1995 年 4 月份和 5 月份的有关统计资料如下表：

项　　目	符　　号	计量单位	4 月份	5 月份	动态（%）
日劳动生产率	a	元/工日	400	450	112.50
出勤率	b	%	80	82	102.50
出勤工日利用率	c	%	80	85	106.25
工作天数	d	日	30	31	103.33
生产工人占生产人员比重	e	%	62.5	68	108.80
生产人员占全员比重	f	%	80	87	108.75
全员劳动生产率	m	元/人	3840	5752	149.79

要求：利用指数体系分析全员劳动生产率的总变动中各构成因素的影响方向和程度。

（提示：$m = a \cdot b \cdot c \cdot d \cdot e \cdot f$）

10. 某企业有下列资料：

指　　标	计量单位	计　划	实　际	计划完成（%）
施工产值	万元	150	172.8	115.2
全部职工人数	人	500	540	108.0
全员劳动生产率	元/人	3000	3200	106.7

根据上表资料编制施工产值、职工人数和劳动生产率指数，并进行因素分析。

11. 某构件厂1995年和1994年的成本资料如下表：

产品名称	1994年总成本（万元）	1995年总成本（万元）	个体成本指数（%）
A	2400	3000	95
B	2100	2500	92
C	850	1500	84
D	650	1000	80

根据上表资料编制四种产品总成本指数，并用相对指标和绝对指标说明单位成本和产量两个因素对总成本变动的作用程度。

12. 某建筑企业的职工人数和工资水平资料如下表：

基　　　期		报　　告　　期	
工资水平（元）	职工人数（人）	工资水平（元）	职工人数（人）
400 以下	200	500 以下	200
400～500	300	500～600	400
500～600	600	600～700	900
600～700	400	700～800	500
700～800	300	800～1000	400
800 以上	200	1000 以上	100
合　　计	2000	合计	2500

要求：（1）分别计算基期和报告期的总平均工资。

（2）对总平均工资的变动情况进行因素分析。

第五章　建筑业企业生产活动统计

建筑业是国民经济中专门从事建筑安装工程施工的物质生产部门。建筑业企业生产活动，就是以工农业产品为原料，经过建筑安装活动形成各种用途的固定资产。其主要活动包括：（1）各种房屋、建筑物和构筑物的建造；（2）各种线路、管道和机械设备的安装；（3）原有房屋、建筑物和构筑物的修理；（4）部分非标准设备的制造。

建筑业统计，是社会经济统计的重要组成部分。建筑业统计的对象是建筑业生产经营活动的数量表现。它通过搜集、整理和分析建筑业的大量经济信息，全面地反映建筑业整个行业的生产经营活动的条件、过程及成果和建筑企业从事的其他附营业务活动的状况和成果，以及整个企业生产经营成果、人力物力的投入和财务状况。

现行国家统计报表制度规定的建筑业的统计范围是：全社会国有经济、城镇集体和私营经济、联营经济、股份制经济、外商和港、澳、台投资经济以及其他经济类型的独立核算的法人建筑企业和其他行业的企业、事业行政单位中的附营建筑业施工单位。因此，建筑业统计总体是由以下两部分构成：一部分是专门组织的独立核算的法人建筑企业；一部分是附属于其他行业的附营建筑施工单位。

构成建筑业统计总体的每个具体单位——建筑企业，既是建筑业统计的基本调查单位，又是建筑业统计报表的基本填报单位。

建筑业企业生产活动统计，就是对建筑企业所从事的主营业务活动进行统计，它通过对建筑业产品的实物量、价值量、产品质量以及机械设备装备等方面进行统计，全面反映建筑企业生产活动的经营状况及其成果。

第一节　建筑业企业基本情况统计

一、建筑企业的经济类型

科学地进行建筑企业统计，必须区别建筑企业的不同经济类型。经济类型是根据生产资料所有制性质和国家有关法规性文件对企业的经济性质进行的分类。根据国家统计局和国家工商行政管理局的规定，建筑业企业的经济类型划分为以下几种形式。

（一）国有经济

国有经济是指生产资料归国家所有的一种经济类型，是社会主义公有制经济的重要组成部分。包括中央和地方各级国家机关、事业单位和社会团体使用国有资产投资举办的建筑企业。也包括实行企业化经营，国家不再核拨经费或核拨部分经费的事业单位和从事经营性质活动的社会团体使用自有资金投资举办的建筑企业。

（二）集体经济

集体经济是指生产资料归公民集体所有的一种经济类型，它是社会主义公有制经济的组成部分。包括城乡所有使用集体投资举办的建筑企业，以及部分个人通过集体自愿放弃所有权并依法经工商行政管理部门认定为集体所有制的建筑企业。

（三）私营经济

私营经济是指生产资料归公民私人所有，以雇佣劳动为基础的一种经济类型，包括私营独资企业、私营合伙企业和私营有限责任公司。私营独资企业是指由一人投资经营，投资者对企业债务承担无限责任的企业；私营合伙企业是指由两人以上按照协议共同投资，共同经营，共负盈亏，并由投资人对企业债务承担连带无限责任的企业；私营有限责任公司是指投资者以其出资额对公司负责，公司以其全部资产对公司债务承担责任的企业。

（四）联营经济

联营经济是指不同所有制性质的企业之间或者企业、事业单位之间共同投资组成新的经济实体的一种经济类型。

（五）股份制经济

股份制经济是指全部注册资本由全体股东共同出资，并以股份形式投资举办企业而形成的一种经济类型。股份制经济主要存在股份有限公司和有限责任公司两种组织形式。股份有限公司是指全部注册资本由等额股份构成并通过发行股票（或股权证）筹集资本，股东以其认购的股份对公司承担有限责任，公司以其全部资产对其债务承担责任的企业法人；有限责任公司是指两个以上股东共同出资，每个股东以其所认缴的出资额对公司承担有限责任，公司以其全部资产对其债务承担责任的企业法人。

（六）中外合资经济企业

中外合资经济企业是指外国合营者与中国合营者依照《中华人民共和国中外合资经营企业法》的规定，按一定的比例共同投资，共同管理，分享利润，共担风险，在中国大陆境内共同举办的企业。

（七）中外合作经营企业

中外合作经营企业是指外国合作者与中国合作者依照《中华人民共和国中外合作经营企业法》的规定，通过签订合同明确双方责任、权利和义务，在中国大陆境内共同举办的企业。

（八）外资企业

外资企业是依照《中华人民共和国外资企业法》的规定，在中国大陆境内设立的全部资本由外国投资者投资的企业。外国企业或其他经济组织在中国大陆境内合作开发资源、承包工程或承包经营管理的，也列入此类。

（九）港、澳、台投资经济

港、澳、台投资经济是指港、澳、台地区投资者以合资、合作或独资的形式在大陆举办企业而形成的一种经济类型。

（十）其他经济

其他经济是指上述（一）～（九）项之外的其他经济类型。

二、建筑企业的行业类别

行业类别，是国家根据企业经济活动的性质，对调查单位进行的分类。填制统计报表时，应统一按国家统计局制定的《国民经济行业分类与代码》（国标修订方案）的小类类别和代码填写。建筑业行业分类与代码（选自国标修订方案）见下表5-1。

表 5-1

门 类	大 类	中 类	小 类	类 别 名 称
E				建筑业
	47			土木工程建筑业
		471	4710	房屋建筑业
		472	4720	矿山建筑业
		473	4730	铁路、公路、隧道、桥梁建筑业
		474	4740	堤坝、电站、码头建筑业
		479	4790	其他土木工程建筑业
	48			线路、管道和设备安装业
		481	4810	线路、管道安装业
		482	4820	设备安装业
	49	490	4900	建筑物的装修装饰业

三、建筑企业的规模分类

建筑企业规模是指建筑企业的生产规模，建筑企业的规模分类，是按照国务院经贸委拟定的非工业企业规模（方案）标准，即分为大型、中型和小型。这一分类标准，是依据企业建筑业总产值和生产经营用固定资产原值等指标大小进行的。现将建筑企业大中小型划分标准，列表 5-2 如下：

表 5-2

行业类别	指 标	单 位	大 型	中 型	小 型
土木工程建筑企业	建筑业总产值	万元	5500 及以上	1900～5500	1900 以下
	生产用固定资产原值	万元	1900 及以上	1100～1900	1100 以下
线路、管道和设备安装企业	建筑业总产值	万元	4000 及以上	1500～4000	1500 以下
	生产用固定资产原值	万元	1500 及以上	800～1500	800 以下

表 5-2 中大、中型土木工程建筑企业和大、中型线路、管道和设备安装企业必须具备企业二级资质。

四、建筑业企业基本情况统计的其他标志

（一）企业法人代码

企业法人代码，是根据中华人民共和国国家标准《全国企业、事业和社会团体代码编制规则》，由政府标准化行政主管部门给每个机关、企事业单位和社会团体颁发的在全国范围内唯一的、始终不变的法人代码，即各级技术监督部门颁发的《单位代码证书》上的号

表 5-3

表号:C 101 表
制表机关:国家统计局
文号:国统字(1993)254 号

建筑业企业基本情况表

199　年

01 企业法人代码 □□□□□□□□—□
02 企业详细名称 ____

03 法人代表	**05 企业详细地址**	**06 经济类型**	**07 行业类别**	**08 隶属关系**
____	省(自治区、直辖市)____	10. 国有经济	依据《国民经济行业分类与代码》(国标修订方案)主营业务活动:	10. 中央
	地(市州、盟)____	20. 集体经济		20. 省(自治区、直辖市)
04 企业通讯号码	县(市、旗、区)____	30. 私营经济		50. 地区(州、盟、省辖市)
1. 邮政编码 □□□□□□	街(乡、镇)____	50. 联营经济		61. 街道
2. 电话号码 □□□□□□□-□□□□	号____	60. 股份制经济		62. 镇
3. 电报挂号 □□□□		71. 中外合资经济企业		90. 其他
4. 传真号码 □□□□□□		72. 中外合作经营企业		
		73. 外资企业		
		81. 港、澳、台与大陆合资经营企业		
		82. 港、澳、台与大陆合作经营企业		
		83. 港、澳、台独资企业		
		90. 其他经济　□	□□□□	□

09 附营活动单位数

1. 附营工业 □□个
3. 附营交通运输业 □□个
4. 附营批发零售贸易业 □□个
9. 其他附营单位 □□个

11 企业规模	**12 企业营业状态**	**13 企业正式开业时间**	**14 企业资质等级**
1. 自行完成施工产值 ____万元	1. 营业	19□□年□□月	1. 一级
2. 年末生产用固定资产原值 ____万元	2. 停建		2. 二级
	3. 筹建		3. 三级
规模代码 □□	9. 其他　□		4. 四级
			9. 其他级　□

附营单位代码		经济类型	行业类别	原所属行业	所在地类别
直接隶属法人代码	专业代号		依据《国民经济行业分类代码》(国标修订方案)	限批发、零售贸易业填报	限批发、零售贸易业填报
	顺序号	10. 国有经济 20. 集体经济 30. 私营经济 50. 联营经济 60. 股份制经济 71. 中外合资经营企业 72. 中外合作经营企业 73. 外资企业 81. 港、澳、台与大陆合资经营企业 82. 港、澳、台与大陆合作经营企业 83. 港、澳、台独资企业 90. 其他经济		1. 国内贸易业 2. 对外贸易业 3. 物资供销业	1. 市 2. 县 3. 县以下
此段代码由主01栏给出，续表不填。	指一个专业内单位的顺序编号 B. 工业 C. 建筑业 D. 交通运输业 E. 批发零售贸易业				

16 营业单位代码

专业代号	顺序号		17 附营单位详细名称	18 附营单位地址		06 经济类型		07 行业类别				60 原所属行业	61 所在地类别
	1	2		街(镇、乡)	门牌号								

行政区划代码

1	2	3	4	5	6

经济类型

1	2

行业类别

1	2	3	4

企业负责人 _____ 企业统计负责人 _____ 填报人 _____ 报出日期:199 年 月 日

码。

（二）企业详细名称

企业详细名称，是指企业经各级工商部门核准，进行企业法人登记的名称。填写企业详细名称时，要与建筑企业公章所使用的名称一致，并用规范化汉字书写全称。

（三）法人代表

法人代表，是指企业有权承担民事责任的负责人，除写明称谓外，还应写明职务。企业法人代表按《企业法人营业热照》填写。

（四）企业营业状态

企业营业状态，是指企业的生产经营状态。它分为：

（1）营业：指企业正常开业生产经营。

（2）停业：指由于某种原因年末已处于停产状态，待条件改变后仍需恢复生产经营的企业。停业不包括临时性停产或季节性停产。

（3）筹建：指企业还未经工商行政管理部门登记开业，正在进行生产经营前期筹建工作，如研究和论证建设、投产或经营方案，办理征地拆迁，订购设备材料，进行基建等。

（4）其他：指企业经有关机关批准关闭撤消以及上述情况以外的其他情况。

（五）企业资质等级

企业资质等级是根据企业的人员素质、管理水平、资金数量、承包能力和建设业绩进行综合评价划分出的等级。企业资质等级是按照国家建设部颁发的《施工企业资质等级标准》中的具体内容为依据划分的。现行建筑业统计制度中规定了五个资质等级，即：一级、二级、三级、四级和其他级。

根据国家统计局颁发的《建筑业企业基本情况表》（C101 表）的要求，还有企业隶属关系、附营活动单位数以及企业正式开业时间等标志，均按填表要求填报即可，这里不再一一说明了。

现将 C101 表附前（表 5-3）。

第二节　建筑业产品实物量统计

建筑产品的实物量，是在一定时期内建筑安装企业（或附营施工单位）按施工进度计划而完成的生产量。建筑业产品实物量统计有四种表现方法：建筑产品实物工程数量、单项工程或单位工程的形象进度、单位工程个数和房屋建筑产品的建筑面积。下面分别进行说明。

一、建筑业产品实物工程量统计

（一）实物工程量统计的意义

建筑业产品实物工程量是指建筑业企业在一定时期内完成的、以物理或自然计量单位表示的各种分部分项的工程数量。如完成土方工程的立方米数，抹灰工程的平方米数等。

实物工程量能具体表明各种性质工程的完成情况，能生动地说明工程的性质及其取得的成果。因此，计算实物工程量指标有着重要的意义。

（1）通过实物工程量指标的计算，可以说明建筑企业为社会提供了多少使用价值。因为，社会主义生产的目的，就是为了满足社会的需要。而实物工程量指标，正是从使用价值角度反映建筑企业提供给社会的产品数量，即提供给社会所能使用的物质财富有多少。

（2）通过实物工程量指标的计算，可以反映施工进度情况。它是基层施工单位编制与检查施工作业计划，确定劳动力、材料、机械设备需要量的重要依据。

（3）通过实物工程量指标的计算，可以计算建筑安装企业的施工产值指标。同时，还可以计算实物劳动生产率及其他技术经济指标。有些关键性的实物工程量指标，还可以在一定程度上反映建筑业发展的规模和水平。此外，实物工程量也是与建设单位结算工程价款的重要依据。

（二）实物工程量统计的范围

要正确地统计各种实物工程量，就必须正确地规定各种实物工程量指标的范围。因为，建筑产品是一个复杂的整体，它由各种建筑物所构成，而每个建筑物又包括许多不同性质的分部分项工程。由于分部分项工程的种类繁多，所以国家只要求统计主要实物工程量，也就是统计那些在整个建筑物中占有较大比重和对整个工程进度有较大影响的实物工程量。

国家规定的主要实物工程量有：土方工程（m³）、石方工程（m³）、打桩工程（根/m³）、（根/t）、砌筑工程（m³）、混凝土工程（m³）、金属结构工程（t）、抹灰工程（m²）、屋面工程（m²）、工业管道敷设工程（km）、室内外采暖工程（m、台）、通风工程（m²）、电缆敷设工程（km）、动力配线工程（km）、机械设备安装工程（t/台）、非标准设备制作（台）、非生产用管道工程（km）、道路工程（km/m²）、铁路轴轨（km）、公路工程（m²/km）、矿山掘进（m/m²）等30种。各建筑企业都应根据国家统计部门制订的主要实物工程量目录，按企业实际完成的实物工程量顺序填报。

（三）计算实物工程量应注意的几个问题

1. 实物工程量必须是建筑产品

所谓建筑产品，是指房屋和构筑物的建筑工程以及机械设备的安装工程，是建筑业生产活动的直接有效成果。因此，对于附营工业生产的产品，就不能计入实物工程量。同时，对于不符合施工验收规范的工程，也不应计入实物工程量内，因为它不是有效的建筑产品。

2. 实物工程量计算应与预算定额规定的工作内容一致

我们说，每一种实物工程量的范围，就是预算定额所规定的工作内容。例如，我们要正确地反映混凝土工程实物量的完成情况，首先要理解混凝土工程量的内容，即它包括工厂预制、现场预制和现场浇灌的全部混凝土工程，而不包括工厂或附营企业的水泥管、电杆和水泥瓦等制品。同时，还应当划清在制品和成品的界限。如现场预制的混凝土构件虽已制作完毕，但尚未安装到工程上去，没有构成工程实体，也不能计算实物工程量。就是说，实物工程量指标，应反映完成规定工序的全部内容并已构成工程实体的建筑产品。

3. 实物工程量指标的计量单位要准确

实物工程量指标是以一定的计量单位表示的产品数量。因此，计算实物工程量指标，一定准确地按国家规定的计量单位表示，只有这样，才能便于统计汇总与对比分析，以保证统计资料的质量。

4. 实物工程量指标一定是实作数量

也就是说，每一项实物工程量的计算都应按实际完成数量进行认真统计，不可随意估量。如果施工图预算的实物工程量与实作工程量不符时，或采用合理化建议而改变实物工程量的种类或数量时，均按实作数量计算。

二、施工进度统计

施工进度统计，主要是为了及时反映建筑施工活动的进展程度，了解施工及其取得的成果，并能及时掌握施工中存在的问题，以便加强生产指挥，加快施工进度，取得更好的企业经济效益。

（一）单位工程个数统计

单位工程，是指具有独立设计资料并可以独立组织施工的工程，它是单项工程的组成部分，通常是按照不同性质的工程内容能否独立施工的要求来划分的，一个单项工程可以划分为若干个单位工程。所谓单项工程，一般是指有独立设计文件，建成后能独立发挥效益或生产能力的工程。单项工程又是建设项目的组成部分。工业建设项目的单项工程，一般是指能独立生产设计规定的产品生产车间或一个完整的、独立的生产系统；非工业建设项目的单项工程，是指建设项目中能够发挥设计规定的主要效益的各个独立工程。例如，某车间是一个单项工程，则车间的厂房建筑是一个单位工程，车间的安装工程也是一个单位工程。民用建筑以一幢房屋作为一个单位工程，不应把几幢同类型的房屋作为一个单位工程。其他如厂区内外按系统施工的给水工程、排水工程、电缆工程等均可作为一个单位工程。

单位工程个数统计又分为以下几种：

1. 单位工程施工个数

单位工程施工个数，是指报告期施过工的全部单位工程个数和。它包括本期新开工的单位工程、上期施工跨入本期继续施工的单位工程、上期停缓建本期复工的单位工程、本期竣工的单位工程以及本期开工又停缓建的单位工程。

2. 本年新开工单位工程个数

它是指报告年度内新开工的单位工程，它不包括在上期施工跨入报告年度继续施工和上期停缓建报告年度复工的单位工程。

3. 单位工程竣工个数

竣工单位工程，是指报告期内按设计所规定的工程内容全部完成，达到了使用条件，经有关部门检查验收鉴定合格的全部单位工程。

单位工程竣工个数的多少，可以反映在一定时期内为国民经济各部门提供可使用工程的规模，也是反映建筑施工企业生产成果、检查竣工计划的重要指标和依据。

在竣工单位工程个数中，凡被评为优良工程的单位工程个数，也要单独列示。

4. 单位工程竣工率

单位工程竣工率，是综合反映单位工程的生产完成情况的相对指标，其计算公式为：

$$\frac{单位工程}{竣工率} = \frac{报告期累计竣工的单位工程个数}{报告期累计施工的单位工程个数} \times 100\%$$

（二）单项工程或单位工程的形象进度统计

建筑产品的生产周期较长，一个工程从开工到竣工，少则数月，多则数年。因此，施工企业在一定时期内不可能使所建任务都达到竣工阶段，而多数工程是处于不同的施工阶段。为了能够及时反映施工的进度情况，进行工程形象进度统计是十分必要的，它是用建筑产品的实物形态反映建设进度的一种特殊表现形式，也是考核施工单位完成施工任务的重要指标之一。

工程形象进度，一般是用文字结合实物量或百分比，简明扼要地反映已施工工程所达到的形象部位或进度情况。例如，某住宅工程报告期末主体砌筑已完成 6 层，该工程的形象进度可统计为"6 层平口"，这就形象地反映了该项工程的施工进度。

工程形象进度，一般是按单位工程中分部分项工程的部位表示的。如土建工程可分为基础工程、结构工程、屋面工程、装饰工程等；还可以细分为各种工种工程，如结构工程中的砌筑工程等。

各种建筑产品的单位工程的形象进度要根据它们各自的特点来表示。

民用房屋建筑工程形象进度一般可分为：基础、结构（多层房屋以层数表示）、屋面、装修、收尾、竣工等。

工业房屋建筑工程形象进度一般可分为：基础、结构（复杂的结构可分柱、吊车梁、屋架、屋面板、砖墙等或按跨线说明）、屋面、收尾、竣工、交工等。

工业机电设备安装工程形象进度一般可分为：设备清洗、吊装就位、安装、试车调整、交工投产等。

管道、铁路、公路、桥梁、隧道、井巷和输电线路等工程，一般可用其主要部位或实际完成的实物工程量来表示。如桥梁工程可分为下部结构工程、上部结构工程、附属结构工程等；筑路工程可分为土基处理、筑路基、路面铺设等。

重点工程除按形象部位表示外，还应详细地说明实际达到的形象进度。如基础可分为基础挖土、混凝土基础、基础土方回填；多层工业建筑的主体结构可分为各层次结构及有关工程；大型和联动设备可分为主机和各附机；民用公共建筑收尾可分为门窗油漆、漆面涂料、照明、水暖等。

为综合反映建筑企业报告期工程形象进度计划执行情况，要通过工程形象进度完成率指标来说明。其计算公式为

$$\text{工程形象进度完成率} = \frac{\text{按计划形象进度全部完成或基本完成的单位工程个数}}{\text{计划施工的单位工程个数}} \times 100\%$$

为了按工程形象进度检查计划执行情况，在检查时要观察：（1）按计划形象进度全部完成或基本完成的有多少项；（2）与计划相比，只完成一部分的有多少项；（3）计划期内未施工的有多少项；（4）报告期计划外施工的有多少项。以上前三项之和应等于报告期计划施工的单位工程个数。

任何一项建筑安装工程，都是由许多的施工过程组成的，都可以根据施工过程的性质把建筑产品划分为若干部分。但是，使用形象进度指标，一方面要根据管理的要求，一方面要简明扼要，形象生动。这样，才能综合、概括地反映施工任务的完成情况。

（三）施工工期统计

施工工期，是指工程从开工到竣工所耗用的全部时间。施工工期指标，关系着企业资金周转、成本高低、效益好坏等诸多方面的问题。任何建筑企业，都应加快工程进度，缩短施工工期，尽快完成施工任务，以发挥基本建设投资效果。所以，施工工期是考核建筑企业工作质量的一个重要指标。

为了计算施工工期，首先需要明确工程开、竣工日期。单位工程开工日期，是指单位工程正式开始施工的日期，房屋建筑工程以具备了开工条件，有了基础工程施工图纸，正

式开始破土刨槽为准。基础需要处理的，以正式打桩为准。在单位工程正式开始施工以前的各项准备工作，如平整场地，放线，归有建筑物的清理等都不算正式开工。单位工程的竣工日期，是指单位工程按照设计的规定或承包范围的要求已全部完工，并经有关部门检查验收鉴定合格的日期。房屋建筑竣工不包括生产设备的安装部分，但应包括水、暖、电卫工程及附属于建筑物组成部分的设备安装，如电梯、通风设备等。

单位工程施工工期，一般以天数表示。由于从开工到竣工的全部时间中，不一定每天都在施工，有例假节日，有停工因素等。所以，计算施工工期也有不同的方法。一种是按从开工日起至竣工日止的全部日历天数计算，称为"日历工期"，这种计算方法，与合同规定的工期要求一致，可用于检查计划和合同的执行情况。另一种是在全部日历天数中，扣除例假节日中没有施工的天数，以及由于设计、材料、气候影响等原因而停工的天数计算，称为"作业工期"，这种计算方法，基本与工期定额的要求一致，可以作为组织施工和检查工期定额的执行情况。

为了综合反映建筑企业组织施工的好坏，并和地区和全国工期水平相对比，还需要根据企业报告期竣工的单位工程，计算平均施工工期。它的计算公式是：

$$\frac{\text{竣工工程平}}{\text{均施工工期}} = \frac{\text{各竣工单位工程施工工期之和}}{\text{竣工单位工程个数或面积}}$$

例如，某建筑企业 1995 年竣工单位工程列表 5-4 如下：

表 5-4

竣工单位工程	建筑面积（m²）	开工日期	竣工日期	施工（日历）工期
9401 工程	15000	1994 年 5 月 1 日	1995 年 9 月 28 日	513
9503 工程	4600	1995 年 6 月 1 日	1995 年 10 月 16 日	138
9505 工程	5000	1995 年 5 月 15 日	1995 年 11 月 5 日	175
9506 工程	3400	1995 年 8 月 1 日	1995 年 12 月 10 日	102

根据表 5-4 资料计算平均施工工期如下：

$$\frac{\text{竣工单位工程}}{\text{平均日历工期}} = \frac{513 + 138 + 175 + 102}{4} = 232(\text{d})$$

$$\frac{\text{每百平方米竣工}}{\text{面积平均工期}} = \frac{513 + 138 + 175 + 102}{150 + 46 + 50 + 34} = 3.31(\text{d}/100\text{m}^2)$$

三、房屋建筑产品的建筑面积统计

房屋是指有屋面和围护结构，供人们从事生产、工作、学习、生活和储存物品的建筑产品。房屋建筑面积是指房屋全部平面面积的总和。房屋建筑面积，它是从房屋的外墙线算起，包括可供使用的有效面积和墙柱等结构占用面积。有效面积是指可供使用的平面面积，结构面积是指房屋本身的各种结构物所占的平面面积。单层建筑物不论其高度如何均按一层计算建筑面积，多层建筑物的建筑面积按各层建筑面积的总和计算。假如建筑一幢长 30m 宽 15m 的 5 层教学楼，其建筑面积为：$30 \times 15 \times 5 = 2250$（m²）。有关房屋建筑面积的具体计算范围，要严格按国家有关规定执行，这里不再复述。

房屋建筑面积是一个重要的国民经济统计指标。房屋建筑面积统计，也是观察建筑工程的实物进度，它从建筑面积的施工、竣工等方面，研究施工的规模，考核建筑企业为社会提供的使用价值量。

房屋建筑从开始施工到竣工交付使用，需要经过一个较长时间才能完成。在一定时期内，有的房屋刚开始施工，有的正在施工过程中，有的已交付使用。因此，为了反映建筑施工活动的规模和建设速度的快慢，以及建筑企业取得建筑成果的大小，通常通过房屋施工面积、房屋新开工面积、房屋竣工面积和房屋建筑面积竣工率等指标来反映。下面分别进行说明。

（一）房屋施工面积

房屋施工面积，是指报告期内施过工的全部房屋建筑面积。它包括本期新开工的面积，上期跨入本期继续施工的面积，上期停缓建在本期恢复施工的房屋面积，本期竣工的房屋面积以及本期施工后又停缓建的房屋面积。

房屋施工面积指标，是反映一定时期内房屋建筑的施工规模，也是研究施工任务与施工力量、建筑材料平衡关系的一项重要依据。

施工面积以房屋单位工程为对象进行计算，即一栋房屋已进行施工，即以整栋房屋的建筑面积计算施工面积。多层房屋不论哪一层施工，都以各层的总面积计算施工面积。

施工面积又分为"累计施工面积"和"正在施工面积"。前者是指自年初（1月1日）至报告期末止施过工的各类房屋单位工程面积之和；后者是指报告期内施过工的各类房屋单位工程面积之和，但不包括上期开工又停工、本期未施工的面积。

（二）房屋新开工面积

房屋新开工面积，是指在报告期内新开工的各个房屋单位工程面积之和。它不包括在上期开工跨入报告期继续施工的房屋建筑面积和上期停缓建而在本期复工的建筑面积。新开工面积用于反映报告期内投入施工的房屋建筑规模，为科学组织施工提供依据。

（三）房屋竣工面积

房屋竣工面积，是指在报告期内房屋建筑按照设计要求已全部完工，达到了使用条件，经检查验收鉴定合格的房屋建筑面积。

计算房屋竣工面积，必须严格执行房屋竣工验收标准。对民用建筑来讲，一般应按设计要求在土建工程和房屋本身附属的水、卫、气、暖等工程已经完工，通风、电梯等设备已安装完毕，做到水通、灯亮，经验收鉴定合格，并正式交付给使用单位后，才能计算竣工面积。对于工业及科研等生产性房屋建筑来讲，一般应按设计要求在土建工程（包括水、暖、电、卫、通风）及属于房屋组成部分的生活间、操作间等已经完成，经验收合格后才计算竣工面积。

（四）房屋建筑面积竣工率

房屋建筑面积竣工率指标，就是表明在报告期内房屋的竣工面积与同期房屋的施工面积的比率。它说明建筑企业在一定时期内施工面积的竣工程度，反映房屋建筑竣工比例的大小，施工速度的快慢以及投资效果的高低。其计算公式为：

$$房屋建筑面积竣工率 = \frac{自年初至报告期累计房屋建筑竣工面积}{自年初至报告期累计房屋建筑施工面积} \times 100\%$$

为了说明以上几个指标的计算方法，现举例说明如下。

假设某建筑公司有下列资料如表 5-5。

表 5-5

单位工程名称	建筑面积（m²）	开、竣工日期	
		开工日期	竣工日期
A	24000	1993 年 10 月 3 日	——
B	15000	1994 年 5 月 1 日	1995 年 9 月 28 日
C	18000	1994 年 11 月 8 日	——
D	6000	1995 年 2 月 10 日	1995 年 10 月 1 日
E	5000	1995 年 5 月 15 日	1995 年 11 月 5 日
F	4000	1995 年 7 月 1 日	1995 年 12 月 10 日

根据表 5-5 资料，计算如下：

$$1995 \text{ 年度房屋施工面积} = 24000 + 15000 + 18000 + 6000$$
$$+ 5000 + 4000 = 72000(\text{m}^2)$$

$$1995 \text{ 年度新开工面积} = 6000 + 5000 + 4000 = 15000(\text{m}^2)$$

$$1995 \text{ 年度竣工面积} = 15000 + 6000 + 5000 + 4000 = 30000(\text{m}^2)$$

$$1995 \text{ 年度房屋建筑面积竣工率} = \frac{30000}{72000} \times 100\% = 41.67\%$$

第三节　建筑业产品价值量统计

建筑安装企业所生产的各种产品，都具有不同的使用价值；各实物工程量，计量单位不一样，也不能把各种实物量相加来反映建筑产品的总数量。就是说，建筑产品的实物工程量，不能用一个指标来说明建筑安装生产活动的总成果。因此，为了能够综合反映建筑安装生产活动的总成果，还必须设置建筑产品的价值量指标。

建筑业产品的价值量指标，是指用货币表现的一定时期内建安企业工作总成果。建筑业产品价值量指标包括：建筑业总产值、建筑业增加值和竣工产值等指标组成。

一、建筑业总产值

建筑业总产值，是以货币表现的建筑安装企业和附营施工单位在一定时期内生产的建筑产品的总和。

建筑业总产值，是反映建筑生产活动成果的一项重要价值量指标，它可以货币表现建筑企业一定时期所完成的生产总量。建筑业总产值指标，是反映建筑业生产规模、发展速度、经营成果的重要标志，也是用以计算建筑业经济效益、劳动生产率和建筑业在国民经济中所占比重的依据。在分析和研究建筑业的现状和今后发展趋势时，在为国家制订方针、政策和计划时，以及在衡量判断建筑业企业的工作成就和问题时，都离不开建筑业总产值指标。

（一）建筑业总产值的计算口径

建筑业总产值的计算口径，曾有三次较大的变动，一次是 1982 年，一次是 1991 年，一次是 1993 年。

1982 年以前的建筑业总产值，又叫自行完成工作量，是指建筑安装企业或单位自行完成的与建筑安装施工直接有关的产值，只包括施工产值，即：建筑安装产值、房屋及构筑物修理产值和现场非标准设备制造产值。

1982 年以后建筑业总产值计算口径扩大了，它包括：施工产值、建安附属构件产值、建安运输产值和其他产值四大部分。

1991 年建筑业总产值基于突出行业总产值的目的，对原来总产值的口径再次进行了修改，它包括：施工产值、建筑安装附属生产外销构件产值和建筑安装附属勘察设计产值。

现在执行的建筑业总产值计算口径，是在 1993 年根据新的《国民经济行业分类与代码》（国标修订方案）和会计制度的要求进行修改的。新的行业分类按照其活动的性质将原来的"工程勘察设计"大类划入"地质勘查业、水利管理业"门类，因此，原建筑业总产值中的附属勘察设计产值，因其不属于建筑业生产活动而不再包括在建筑业总产值中，对于附属外销构件产值的计算问题，按照行业分类，水泥预制构件制造业和金属结构制造业属于制造业门类，而新老施工企业会计制度也都把施工企业附属单位的外销构件的生产作为"工业生产"处理。因此，为规范企业的生产成果及其构成，将附属外销构件产值作为附营工业产值处理，建筑业总产值不再包括这部分内容。这样，目前建筑业总产值的口径范围已与自行完成施工产值的口径完全一致，即建筑业总产值等于自行完成施工产值。

（二）建筑业总产值的统计内容

建筑业总产值包括四部分内容，即：建筑工程产值、设备安装工程产值、房屋构筑物修理产值和非标准设备制造产值。

1. 建筑工程产值

建筑工程产值，是指列入建筑工程预算内的各种工程价值，它包括以下六部分内容：

（1）各种房屋如厂房、仓库、办公室、住宅、商店、学校、医院、俱乐部、食堂、招待所等房屋建设，按照当前预算制度规定，列入房屋预算内的暖气、卫生、通风、照明、煤气等设备价值及其装饰油漆工程，以及列入建筑工程预算内的各种管道（如蒸汽、压缩空气、石油、给排水等管道）、电力、电讯电缆导线的敷设工程。

（2）设备基础、支柱、操作平台、梯子、烟囱、凉水塔、水池、灰塔等建筑工程、炼焦炉、裂解炉、蒸气炉等各种窑炉的砌筑工程及金属结构工程。

（3）为施工而进行的建筑场地的布置，工程地质勘探，原有建筑物和障碍物的拆除及平整土地，施工临时用水、电、气、道路工程，以及完工后建筑场地的清理，环境绿化工作等。

（4）矿井的开凿、井巷掘进延伸、露天矿的剥离、石油、天然气钻井工程和铁路、公路、港口、桥梁等工程。

（5）水利工程，如水库、堤坝、灌渠以及河道整治等工程。

（6）防空、地下建筑等特殊工程。

2. 设备安装工程产值

设备安装工程产值，是指设备安装工程的价值，它包括：

（1）生产、动力、起重、运输、传动和医疗、实验等各种需要安装设备的装配和安装与设备相连的工作台、梯子、栏杆等装设工程，附属于被安装设备的管线敷设工程、被安装设备的绝缘、防腐、保温、油漆等工作。

（2）为测定安装工作质量，对单个设备、系统设备进行单机试运和系统联动无负荷试运工作。

在设备安装产值中，不得包括被安装设备本身价值。

3．房屋构筑物修理产值

房屋构筑物修理产值，是指房屋和构筑物的修理所完成的价值，但不包括被修理房屋、构筑物的本身价值和生产设备的修理价值。

4．非标准设备制造产值

非标准设备制造产值，是指加工制造没有定型的非标准生产设备的加工费和原材料价值（如化工厂、炼油厂用的各种罐、槽，矿井生产系统使用的各种漏斗、三角槽、阀门等）以及附属加工厂为本企业承建工程制作的非标准设备的价值。

（三）建筑业总产值的计算方法

建筑业总产值的计算方法，一般按"单价法"计算，也就是按照一个时期实际完成的实物工程量乘以预算单价，再加上一定比例的费用计算。建筑业总产值的计算范围，如前所述，包括四个方面的内容。由于每部分内容的工程性质不同，生产过程各异，因而在产值指标的计算方法上，也各具不同的特点。现分别说明如下。

1．建筑工程产值的计算

建筑工程产值，是指建筑工人在一定时期内从事房屋和各种构筑物等的生产活动所创造的各种建筑产品的价值总量。它是根据已完成的实物工程量乘预算单价之和，再乘一定的间接费率来确定的。国家统计局规定的计算公式为

$$\begin{aligned}\text{报告期建筑} \atop \text{工程产值} &= \sum\left[\begin{array}{c}\text{预算}\\\text{单价}\end{array}\times\begin{array}{c}\text{实际完成}\\\text{的实物量}\end{array}\times(1+\text{间接费率})\right]\\ &\quad\times\left(1+\begin{array}{c}\text{计划}\\\text{利润率}\end{array}\right)\times(1+\text{税率})\end{aligned}$$

从上述建筑工程产值的基本计算公式可以看出，建筑工程产值的价值构成，与其工程预算相适应，包括工程直接费、间接费、计划利润和税金四个基本部分。预算单价是指编制施工图预算时所采用的单价，它包括直接用于工程的人工费、材料费和机械费等直接费；间接费率是指施工管理费与直接费的比率；计划利润率是指建筑企业的计划利润与直接费的比率；税率是指建筑企业上缴营业税、城市建设维护税与教育费附加与直接费、间接费和计划利润之和的比率。

需要指出，国家统计局规定的建筑工程产值计算公式，是一个基本计算方法。但是，实际情况是比较复杂的，因而在采用上述基本公式时，还必须结合各地的实际情况，按各省（自治区、直辖市）的建筑安装工程费用定额执行。也就是说，建筑工程产值中各种费用的计算，应与地区建筑工程预算所使用的方法相一致。例如，某省的建筑工程费用（包工包料）的计算内容与方法如表 5-6 所示。

表 5-6

序　号	项　目	计　算　式
（一）	直接工程费	（1）＋（2）＋（3）
（1）	直　接　费	Σ（已完工程量×预算单价）
（2）	其他直接费	预算包干费和冬、雨季施工增加费等
（3）	现场经费	（1）×6.7%
（二）	间　接　费	（1）×5.2%
（三）	劳动保护费	（1）×2.8%
（四）	计划利润	（1）×9%
（五）	其他费用	施工调遣费、远征工程费等
（六）	上级管理费、工程造价管理费、劳动定额测定费	［（一）＋（二）＋（三）＋（四）＋（五）］×0.26%
（七）	税　金	［（一）＋（二）＋（三）＋（四）＋（五）＋（六）］×3.41%
（八）	单位工程费用	（一）＋（二）＋（三）＋（四）＋（五）＋（六）＋（七）

现将表 5-6 中有关计费项目内容说明如下：

（1）其他直接费包括：冬季施工增加费、材料二次搬运费、雨季施工增加费、夜间施工增加费、生产工具用具使用费、检验试验费、仪器仪表使用费、工程定位复测费、工程点交及场地清理费、流动施工补贴费和预算包干费。

（2）现场经费主要包括临时设施费和现场管理费。

（3）间接费主要包括企业管理费和财务费用。

（4）其他费用包括：预制混凝土构件增值税和预制木门窗与金属构件增值税、远地施工增加费、集中供暖费、公有房租金补贴、市内上下班交通补贴、材料预算价格与市场价格差和地区价差。

（5）税金是指国家税法规定应计入建筑安装工程造价的营业税、城市维护建设税和教育费附加。

假设某单位工程已完工，直接费为 1000000 元，按施工合同规定应取其他直接费 120000 元和其他费用 80000 元，那么，该单位工程的建筑工程产值计算如表 5-7 所示。

表 5-7

序　号	费用项目	计算举例 计　算　式	计算举例 金　额　（元）
（一）	直接工程费	（1）＋（2）＋（3）	1187000
（1）	直　接　费	——	1000000
（2）	其他直接费	——	120000
（3）	现场经费	（1）×6.7%	67000
（二）	间　接　费	（2）×5.2%	52000
（三）	劳动保护费	（1）×2.8%	28000
（四）	计划利润	（1）×9%	90000
（五）	其他费用	——	80000
（六）	上级管理费	（一）至（五）之和×0.26%	3736.2
（七）	税　金	（一）至（六）之和×3.41%	49129.1
（八）	建筑工程产值	（一）至（七）之和	1489865.3

2. 设备安装工程产值的计算

设备安装工程产值，是指设备安装工人在一定时期内，从事设备安装活动而创造的产品价值总量。

设备安装产值的计算方法，原则上与建筑工程产值的计算方法是一致的。但是，由于设备安装工程本身的特点，所以在具体计算方法上，也不尽相同。设备安装工程一般说来，有以下两个特点：

第一，设备规格种类繁多，施工方法复杂以及在施工过程中工料费与设备价值间的比率变动很大。这样，一方面很难制订统一而又具体的计算方法；另一方面，由于安装对象不同，间接费的计取基数也不一样，一般不是以直接费计取，而应以工人基本工资为计算基础。

第二，在施工过程中，很难以物理单位计量（如 t、m^3、m^2 等等）来衡量安装工程的完成数量，因而在计算产值时，往往不根据安装设备本身的实物量来进行。

根据上述特点，设备安装产值的计算方法，要分别采用下列的计算方法。

（1）单价法。按单价法计算设备安装工程产值，国家统计局规定的计算公式为：

$$\begin{aligned}\text{报告期设备} \atop \text{安装工程产值} = \sum &\left[\begin{matrix}\text{安装预} \\ \text{算价格}\end{matrix} \times \begin{matrix}\text{实际完成} \\ \text{的实物量}\end{matrix} + \begin{matrix}\text{已完工程的} \\ \text{基本工资}\end{matrix}\right. \\ &\left.\times \begin{matrix}\text{间接} \\ \text{费率}\end{matrix}\right] \times \left(1 + \begin{matrix}\text{计} \quad \text{划} \\ \text{利润率}\end{matrix}\right) \times (1 + \text{税率})\end{aligned}$$

单价法适用于单体机械设备（如机床、水泵、通风机、小型纺织机械等）安装的产值计算。

这里仍需说明，国家统计局规定的设备安装工程产值的计算公式，也是一个基本计算方法。采用单价法计算设备安装产值时，也要结合各地的实际情况，按各省（市、自治区）的建筑安装工程费用定额执行。例如，某省的安装工程费用（包工包料）的计算内容与方法如表 5-8 所示。

表 5-8

序　　号	项　　目	计　算　式
（一）	直接工程费	（1）＋（2）＋（3）
（1）	直　接　费	Σ（已完工程量×预算单价）
A	其中：人工费	——
（2）	其他直接费	预算包干费和冬、雨季施工增加费等
（3）	现场经费	A×38%
（二）	间　接　费	A×31%
（三）	劳动保险费	A×16%
（四）	计划利润	A×44%
（五）	其他费用	远地施工增加费等
（六）	上级管理费、工程造价管理费、劳动定额测定费	［（一）＋（二）＋（三）＋（四）＋（五）］×0.26%
（七）	税　　金	［（一）＋（二）＋（三）＋（四）＋（五）＋（六）］×3.41%
（八）	单位工程费用	（一）＋（二）＋（三）＋（四）＋（五）＋（六）＋（七）

假如，某设备安装企业报告期末完成某工厂的机床安装任务如下表 5-9 所示。

表 5-9

设备名称	计量单位	完成数量	预 算 单 价 （元）	
			安装单价	其中：人工费
车 床	台	26	250	80
铣 床	台	12	320	110
钻 床	台	4	150	60

另知，按施工合同规定应取其他直接费为 1500 元和其他费用 4000 元，那么，该单位工程的设备安装工程产值计算如表 5-10 所示。

表 5-10

序 号	费用项目	计 算 举 例	
		计 算 式	金 额 （元）
（一）	直接工程费	（1）＋（2）＋（3）	13823.2
（1）	直 接 费	——	10940
A	其中：人工费		3640
（2）	其他直接费		1500
（3）	现场经费	A×38%	1383.2
（二）	间 接 费	A×31%	1128.4
（三）	劳动保险费	A×16%	582.4
（四）	计划利润	A×44%	1601.6
（五）	其他费用		4000
（六）	上级管理费等	（一）至（五）之和×0.26%	54.95
（七）	税 金	（一）至（六）之和×3.41%	722.60
（八）	设备安装产值	（一）至（七）之和	21913.15

（2）比重法。在设备安装施工过程中，因受施工方法或施工条件的限制，各工序间有相当长的间隔时间，在施工方法上采用流水作业，或安装完毕之后，由于种种原因，不能继续调试，等等。为了及时反映施工进度，结算工程价款，可采用比重法计算设备安装工程产值。这种方法，又可根据不同施工情况分别采用以下方法。

1）按工序比重计算。假设，某安装企业报告期完成某建设单位的设备安装任务的情况如表 5-11 所示。

表 5-11

设备名称	计量单位	安装单价（元）（包括取费）	安装数量	工序比重（%）			完成情况说明
				安装	调整	试车	
车 床	台	320	16	60	30	10	完成全部工序
铣 床	台	420	14	55	35	10	完成安装、调整两工序
刨 床	台	450	5	55	35	10	完成安装的 4 台调整
钻 床	台	210	5	60	35	5	完成安装工序

根据表 5-11 资料，计算报告期完成设备安装产值为

车床：$320 \times 16 = 5120$（元）；

铣床：$420 \times 90\% \times 14 = 5292$（元）；

刨床：$450 \times 55\% \times 5 + 450 \times 35\% \times 4 = 1867.5$（元）；

钻床：$210 \times 60\% \times 5 = 630$（元）；

报告期完成
安装产值 $= 5120 + 5292 + 1867.5 + 630 = 12909.5$（元）。

2）按工序或组成部分分段计算。施工期限较短的联动设备和大型机械设备或部件，可按工序或组成部分分段，确定每段的比重和预算价值，然后，根据其工程进度，计算安装产值。例如，某火力发电站锅炉本体安装工程中，水冷灰斗安装的组成、比重及其完成情况如表 5-12 所示。

表 5-12

分部工程名称	分部工程单价（元）（包括取费）	分项工程	比重（%）	完成进度
水冷灰斗安装工程	4300	1. 灰斗墙皮安装	17	完成
		2. 下部立柱安装	14	完成
		3. 两侧墙皮安装	30	完成
		4. 框架安装	23	—
		5. 四角安装	16	—

根据表 5-12 计算水冷灰斗安装工程的安装产值为：$4300 \times 61\% = 2623$（元）。

3）按工序和组成部分双重分段计算。施工期限较长的联动大型机械设备或其部件，往往按工序分段之后，每个段落的施工期限仍然很长。因此，在按工序（或组成部分）分段之后，还要再按其组成部分分段之必要，所以叫做双重分段。

例如，某安装企业承建某钢厂轧钢机安装工程的资料如表 5-13 所示。

表 5-13

分部工程名称	安装价值（元）（包括取费）	按组成部分分段		工序比重（%）			完成进度
		分段工程	比重（%）	安装	清调	试运	
轧钢机安装	98500	1. 机速底座	58	60	30	10	安装、清调
		2. 轴及轴架	14	60	30	10	安装、清调
		3. 刹车架子	4	60	30	10	安装
		4. 试速机接连器	22	60	30	10	—
		5. 换轧钢装置	2	60	30	10	—

根据表 5-13 资料，计算轧钢机安装产值为：

报告期设备
安装产值 $= 98500 \times 72\% \times 90\% + 98500 \times 4\% \times 60\%$

$= 66192$（元）

（3）工日进度法。有的机械设备由于施工期长，同时确定工序比重又有困难，在这种情况下，可采用工日进度法计算安装产值。工日进度法，就是根据已完成的定额工日与每工产值来确定已完的安装产值。其方法，可分三个步骤：

第一步，根据安装费与定额用工来确定每工产值。用公式表示为：

$$每工产值 = \frac{安装费}{定额用工}$$

假设，安装蒸气量 4t 的 K 型锅炉，其安装费为 16，388 元，定额用工为 425 工日，则：

$$每工产值 = \frac{16388}{425} = 38.56（元）$$

第二步，根据施工进度，计算已完成的定额工日数。其公式为：

$$完成定额工日 = \sum \left(\begin{matrix} 已完的实 \\ 物工程量 \end{matrix} \times \begin{matrix} 单位工程 \\ 定额用工 \end{matrix} \right)$$

假设，安装 4t K 型锅炉已完工程量和定额用工如表 5-14 所示。

表 5-14

分步工程名称	单位	已完工程量	单位工程量定额用工（工日）		完成定额用工（工日）		
			水暖工	起重工	水暖工	起重工	合 计
（甲）	（乙）	(1)	(2)	(3)	(4)=(1)×(2)	(5)=(1)×(3)	(6)=(4)+(5)
钢 架	t	1.95	9.19	8.06	17.92	15.72	33.64
气包联箱	t	6.00	3.25	3.89	19.5	23.34	42.84
水冷壁	t	4.00	29.04	2.09	116.16	8.36	124.52
管 道	t	0.73	36.89	—	26.93	—	26.93
吹灰器	t	0.32	11.75	—	3.76	—	3.76
平台扶梯	t	0.97	15.92	—	15.44	—	15.44
合 计	t	—	—	—	199.71	47.42	247.13

第三步，根据完成的定额工日数计算安装产值。

$$报告期完成安装产值 = 38.56 \times 247.13 = 9529.33（元）$$

采用工日进度法计算安装产值，能正确反映施工进度，能把计算产值的工作与劳动定额的考核有机地联系起来，并且使计算产值的工作简便易行，节省人力，保证统计资料的及时性与正确性。

3. 建筑物修理产值的计算

建筑物修理产值，是指建筑工人对原有建筑物进行修缮所创造的价值总量。

建筑物修理产值的计算方法与前述建筑工程产值的计算方法相同，就是将实际完成的修理工程量乘以相应的预算单价，再按一定的取费率计算的费用之和。

建筑物修理工程，由于内容复杂，又没有统一规定的预算单价，可采用各地方规定的修理单价或参照建筑工程预算定额执行。

4. 现场非标准设备制作产值的计算

在建筑安装工程中，有些工程需要根据现场条件，制作一部分非标准设备。为了反映施工进度及其取得的成果，就需要计算工人从事非标准设备的生产而完成的产值。这部分产值，如果是制作时间较长的大型的非标准设备，可采用前面介绍的工日进度法进行计算；制作期短的小型非标准设备，可按完成的件数与制作费用直接计算。

（四）计算建筑业总产值应注意的几项具体规定

（1）"未完施工"不应计入建筑业总产值。"未完施工"是指已经投入人力、材料等但还没有完成预算定额规定的全部工序，不具备办理中间结算的分部分项工程价值。由于"未完施工"同样耗用了人力、材料，为了准确反映工程进度，正确核算工程成本，还应另外计算"未完施工"价值。

（2）计算房屋、构筑物修理产值时，不管是使用新料或旧料，都应该包括实际耗用的材料、工资、机械使用费以及一定数额的间接费用。

（3）在施工现场制作的预制构件和金属结构件制作完成后，即可计算构件制作部分的价值；待安装到建筑物上，构成了工程实体，再计算安装费用。由外单位购入的或内部核算单位购进的预制构件和金属结构件，必须吊装完毕并构成了工程实体时，才能计算构件本身价值和安装费用。

（4）非标准设备制造产值，应按实际完成程度计算，由附属辅助生产单位制造的非标准设备，应在使用到本企业承建的工程上去之后，再计算非标准设备本身的价值。

（5）使用国外进口材料、结构件完成的建筑安装工程，为了统一取费标准和统计数字的可比性，一般应套用国内相同材料的预算价格和费用来计算产值。

（6）凡属于生产、动力、起重、运输设备，非工业的医疗、科研、实验设备，专业性生产单位的设备（如冷藏库中的冷冻设备、电讯部门的通讯设备、供电单位的变电设备和专门用于生产科研的定型设备等），既用于生产同时也用于生活的设备（如锅炉、冷冻设备、变压设备等），以及正式批准的设计预算中作为生产设备的设备安装工程，只计算安装费，不计算设备本身价值。

随设备同时供应的管材、配件、零件，凡属原材料性质需经安装工人在现场进行下料、煨弯、配制、组装、焊接检验的，除计算安装费外，还要计算这部分材料、配件、零件本身的价值。

（7）建筑物有机组成部分的暖气通风等设备价值是否计入施工产值，原则上可按设计预算规定统计，即在编制设计预算时，如将这些设备视做材料处理的，其价值就应当计入建筑业总产值。

（8）凡属建设单位供应的成套仪表盘、柜、屏等设备，以及随主机设备配套的仪器、仪表；凡由外单位加工的非标准设备未完成全部制作工序，而分片装运至安装现场后，仍需施工单位进行坡口校正、修理、组装、焊接、校验等工序的；为控制温度、压力、流量、物位所安装的管、线路和自控管、线路系统同时组合安装的一些仪器仪表、配件、元件等。凡属上述三种情况的，设备本身价值一般应计入建筑业总产值。但是，由于此种情况比较复杂，不便统一规定，统计上可以按施工单位和建设单位实际结算价款的内容计算。也就是实际结算时，包括了设备价值，就应当把设备价值计入建筑业总产值，否则，只计算安装费。

（9）因施工造成的返工、其返工价值不应计算在实际完成施工产值内。由于建设单位或设计上的原因（如变更设计、图纸错误）造成的返工，其返工价值，应计算在建筑业总产值内。

（10）建筑安装单位采用合理化建议，改变了施工方法，在保证工程质量的前提下，经征得使用单位同意，减少了实物工程量并节约了投资，可按原预算计算产值。

（11）营业税、城市维护建设税和教育费附加都应该计入建筑业总产值。因为建筑业总产值是由工程成本加其他间接费再加计划利润、营业税、城市维护建设税和教育费附加构成。

建筑业营业税是指依据国家规定的行业税率（当前建筑业营业税率为3％）按营业收入计取的税款；城市维护建设税是为加强城市维护和建设而征收的一种地方税，是按营业税额的7％计取的；教育费附加是为了发展教育事业、补充教育资金的不足而设置的税种。

（12）总承包施工企业在计算产值时要注意区分"总包产值"与建筑业总产值。因为，建筑业总产值的计算口径就是自行完成的施工产值，即是指总包企业自己组织施工力量和机械设备进行施工而完成的建筑安装产值。而"总包产值"是指建筑安装企业与建设单位签订的承包合同中规定的工程内容实际完成的价值，它包括总包单位自行完成的产值，也包括分包单位完成的产值。

（13）建筑施工企业在报告期完成的以投标承包方式承接的工程产值，称投标承包的施工产值。投标承包的工程产值的计算方法是根据投标承包工程合同的施工图内的分部、分项工程预算单价计算的。

（14）在对外承包工程或出国援外的劳务收入中提取的一部分上交给企业的现金不计入建筑业总产值，而是以多种经营收入的形式计入建筑施工企业总收入。

二、建筑业增加值

（一）建筑业增加值的概念和作用

增加值，是西方统计中的一个重要指标，它成为企业纳税的依据之一。增加值是指一个单位在一定时期内的总产出减去中间投入后的余额，反映该单位在一定时期内生产的最终产品与提供的劳务（服务）价值的总和。近年来，我国在改革、开放的方针指导下，为与世界核算接轨，在统计核算中引进了这一指标。

建筑业增加值是建筑企业在报告期内以货币表现的建筑业生产经营活动的最终成果。

建筑业增加值的作用主要表现在：

第一，建筑业增加值能比较正确地反映建筑业的生产成果。这是由于该指标的数值中，只反映建筑企业在一定时期内新创造的价值和固定资产折旧，所有其他部门为建筑企业生产提供的产品和劳务价值均不包括在内，没有转移价值的影响，因而可以如实反映建筑业生产活动的成果，企业的经济效益和对国民经济的贡献。

第二，建筑业增加值为计算国民生产总值和国内生产总值提供资料。国民生产总值是一个国家在核算期内的国内生产总值与来自国外的劳动者报酬净额和来自国外的财政收入净额之和；而国内生产总值是一个国家在核算期内所有常住单位生产的最终产品与提供劳务的价值总和。建筑业是重要的物质生产部门，其增加值必然是构成国内生产总值和国民生产总值的重要组成部分。

（二）建筑业增加值的计算方法

建筑业增加值有两种计算方法：一是生产法，即建筑业总产出减去建筑业中间消耗后的余额；二是分配法，即从收入的角度出发，根据生产要素在生产过程中应得到的收入份额计算，具体构成项目有固定资产折旧、劳动者报酬、生产税净额和营业盈余。现分述如下：

1. 生产法

生产法是指从生产增加值的角度出发，从建筑业总产值中减去实际消耗的中间产品支出，即外购物质产品和劳务费用，求得增加值。其计算公式为：

$$建筑业增加值 ＝ 建筑业总产出 － 建筑业中间投入$$

建筑业总产出，是指建筑企业在一定时期内建筑业生产活动的总成果，其价值量等于建筑业总产值。

建筑业中间投入，是指建筑企业在建筑施工活动过程中消耗的外购物质产品和对外支付的服务费用。外购的物质产品主要指外购材料、结构件、机械配件、燃料（扣除烧油特别税）和动力的消耗价值；对外支付的服务费用包括支付给物质生产部门（工业、农业、商业、运输邮电业）的服务费用和支付给非物质生产部门（如保险、金融、文化教育、科学研究、医疗卫生、行政管理等）的服务费用，如运输费、邮电费、修理费、仓储费、利息支出、保险费、职工教育费等等。

建筑业中间投入的资料来源主要依据会计核算资料，可根据会计帐户资料归纳计算。主要有以下几个项目：

（1）材料费中的中间投入价值，包括施工过程中耗用的构成工程实体的原材料、结构件、机械配件、其他材料、半成品的费用和周转材料的摊销及租赁费用。它可从工程成本项目"材料费"中取得。

（2）机械使用费中的中间投入价值，包括施工过程中使用自有施工机械所发生的机械使用费、租用外单位施工机械的租赁费以及施工机械安装、拆卸和进出场费。

（3）其他直接费中的中间投入价值，包括施工过程中发生的临时设施摊销费、生产工具用具使用费、工程定位复测费、工程点交费、检验试验费和场地清理费等。

（4）间接成本中的中间投入价值，包括修理费、物料消耗、低值易耗品摊销、取暖费、水电费、办公费、检验试验费、工程保修费、差旅费、财产保险费及其他费用。

（5）管理费用中的中间投入价值，包括办公费、运输费、修理费、物料消耗、低值易耗品摊销、递延费用摊销、技术开发费、坏帐损失、差旅费、保险费、业务招待费、咨询费、诉讼费、绿化费、技术转让费、无形资产摊销、土地损失补偿费、排污费、工会经费、职工教育经费等。它可从"管理费用"帐户查找计算，或用"管理费用"本期发生额合计减去属于建筑业增加值的项目，如工资、职工福利费、劳动保险费、待业保险费、折旧、税金（房产税、车船使用税、土地使用税、印花税）等推算。

2. 分配法

分配法是从增加值的初次分配的角度出发，把构成增加值的各个要素直接相加，再加上固定资产折旧，求得建筑业增加值。其计算公式为：

$$建筑业增加值 ＝ 固定资产折旧 ＋ 劳动者报酬 ＋ 生产税净额 ＋ 营业盈余$$

固定资产折旧是指按规定比率提取的基本折旧，本项可从"财务状况变动表"中"固定资产折旧"项"金额"栏取得。

劳动者报酬有三种基本形式：一是货币工资及收入，包括企业支付给劳动者的工资、奖金、各种津贴和补贴；二是实物工资，包括由企业以免费或低于成本价提供给劳动者的各种物质产品和服务；三是由企业为劳动者个人支付的社会保险金。本项目可根据会计资料分析归纳取得。其中：（1）工资，从"应付工资"帐户中与"工程施工"、"机械作业"、"辅助生产"、"采购保管费"和"管理费用"帐户有关的贷方发生额归纳取得。（2）福利费，从"应付福利费"帐户中与"工程施工"、"机械作业"、"辅助生产"、"采购保管费"和"管理费用"科目有关的提取额归纳取得。（3）保险费，从"管理费用"帐户中的劳动保险费、待业保险费等项目归纳取得。

生产税净额，是指企业向政府缴纳的生产税与政府向企业支付的生产补贴相抵后的差额。由于目前建筑施工企业没有生产补贴，因此，建筑业增加值中的生产税净额就等于生产税。建筑企业的生产税主要包括：营业税、增值税、城市维护建设税、房产税、车船使用税、印花税、土地使用税、特别消费税等及缴纳的各种规费，如教育费附加、排污费等。本项目可从"损益表"中的"工程结算税金及附加"项和"管理费用"帐户中的房产税、车船使用税、土地使用税、印花税以及"应交税金"帐户中的特别消费税、固定资产投资方向调节税的本期应交数计算取得。

营业盈余，是指建筑业总产值扣除中间投入、固定资产折旧、劳动者报酬、生产税净额后的剩余部分。本项目可根据会计资料中的利润和有关项目调整计算取得。

三、竣工工程产值

竣工工程产值，简称竣工产值，它是指以货币表现的建筑业生产所形成的成品的价值。它是反映建筑企业施工成果的重要指标，也是考核建筑企业施工速度和经济效益的依据之一。

竣工产值的计算必须具备两个基本条件：第一，工程按照设计所规定的工程内容全部完成，达到了承包合同规定的交工条件；第二，按照国家规定，经过有关部门检查验收鉴定合格，并办理了交工验收手续。

竣工产值包括的范围，应该是报告期内竣工的单位工程从开工到竣工的全部自行完成的施工产值。也就是说，如果一个单位工程跨两个以上年度施工，其竣工价值应当包括以前年度完成的价值。有的大型单位工程，如大型厂房、高级宾馆、公路、铁路等，能够分跨、分层、分段施工并按合同规定，能够分开交付使用的，可以分开计算竣工产值。

利用竣工产值，可以加工计算出反映建筑企业经济效益的指标——竣工率。其计算公式为

$$竣工率 = \frac{报告期竣工产值}{报告期施工工程的全部价值} \times 100\%$$

第四节　建筑业产品质量统计

建筑产品的质量，主要是指建筑产品的结构坚固，性能良好，经久耐用，造型美观的程度。建筑工程质量好坏，对发挥建筑产品的社会效益，保证国民经济的发展和人民生活的改善，甚至对国家财产和人民生命的安全，关系极大。所以，在建筑施工中，必须强调"百年大计，质量第一"，把抓好建筑产品质量做为建筑企业管理的一项极为重要的工作，及

时反映产品质量好坏的情况，分析质量优劣的原因，研究改进和提高产品质量的措施，以保证建筑产品质量的不断提高。

一、评定建筑产品质量的几个问题

（一）评定建筑产品质量的对象

建筑产品的质量是以最终产品和中间产品为对象进行检验评定的。

（1）最终建筑产品质量，是指已完成合同或设计规定的全部内容，具备交付使用或投产条件，经上级验收评定的建设项目、单项工程和单位工程的质量等级。建设项目和单项工程的质量等级，根据总体设计要求，由国家或主管部门负责组织验收鉴定；单位工程质量等级，由建筑企业技术负责人组织检验评定后，提交当地质量监督站或主管部门核定。

（2）中间建筑产品质量，是指已完成的分部、分项工程的质量等级。分项工程质量等级，应在工人班组自检的基础上，由单位工程负责人组织评定，专职质量检查员核定；分部工程质量等级，由相当于施工队一级的技术负责人组织评定，专职质量检查员核定。

（二）评定建筑产品质量的主要依据

评定建筑产品质量的主要依据是：

（1）国家或主管部门规定的建筑安装工程施工及验收规范，施工操作规程和工程质量检验评定标准。

（2）设计图纸、施工说明书以及有关设计要求。

（3）原材料、成品、半成品、构配件及设备的合格证或试验报告。

（4）土壤试验、打（试）桩、结构吊装以及设备清洗、调试和试运转等各种记录。

（三）评定建筑产品质量的方法

评定建筑产品质量的程序是：先分项工程，再分部工程，最后是单位工程。分项工程是评定分部工程的基础，分部工程是评定单位工程的依据。

在建筑工程中，多层建筑和高层建筑的主体工程必须按楼层划分分项工程，单项建筑的主体工程必须按变形缝划分分项工程，其他分部工程的分项工程也可按楼层（段）进行划分。在机械设备安装工程中，各分部工程的分项工程可以按系统、区段划分。

一个单位工程如果由几个分包单位施工时，总包单位应对建筑产品质量全面负责；各分包单位负责检验本单位所承建的分项、分部工程质量等级，并将评定结果及资料送交总包单位。

（四）评定建筑产品质量的等级及具体标准

按照国家标准规定，建筑产品不论是分项工程、分部工程，还是单位工程，其质量都分为"合格"与"优良"两个等级。其具体等级标准是：

1. 分项工程质量的等级标准

（1）合格：是指保证项目必须符合相应质量检验评定标准规定；检验项目抽检的处（件）应符合相应质量检验评定标准的合格规定；实测项目抽检的点数中，建筑工程有70%及其以上、机械设备安装工程有80%及其以上的实测值在相应质量检验评定标准的允许偏差范围内，其余的实测值也应基本达到相应质量检验评定标准的规定。

（2）优良：指保证项目必须符合相应质量检验评定标准的规定；检验项目每项抽检的处（件）符合相应质量检验评定标准的合格规定，其中50%以上的处（件）符合优良规定；实测项目抽检的点数中，有90%及其以上的实测值在相应质量检验评定标准的允许偏差范围内，其余的实测值也应基本达到相应质量检验评定标准的规定。

2. 分部工程质量的等级标准

（1）合格：指所含分项工程的质量全部合格。

（2）优良：指所含分项工程的质量全部合格，其中有50％及其以上（机械设备安装工程含指定的主要分项工程）为优良。

3. 单位工程质量的等级标准

（1）合格：指所含分部工程的质量全部合格；质量保证资料符合规定；观感质量的评定得分率达到70％及其以上。

（2）优良：指所含分部工程的质量全部合格，其中有50％及其以上（含指定的主要分部工程）为优良；质量保证资料符合规定；观感质量的评定得分率达到85％及其以上。

二、建筑产品质量的统计指标

建筑产品质量统计按其施工进度又分为最终建筑产品质量统计与中间建筑产品质量统计。现行国家报表制度中只要求统计最终建筑产品质量。其统计指标包括优良单位工程个数、房屋建筑优良工程面积和优良品率三个指标。

（一）优良单位工程个数

优良单位工程个数，是指按现行国家质量等级标准，经政府质量监督部门验收鉴定，评为优良工程的单位工程个数。

（二）房屋建筑优良工程面积

房屋建筑优良工程面积，是指按现行国家质量等级标准，经政府质量监督部门鉴定，评为优良工程的房屋建筑竣工面积。

（三）优良品率

优良品率，是指一定时期评定为优良的单位工程个数（或竣工面积）占同期检验评定的单位工程个数（或竣工面积）的比例，用以综合反映最终建筑产品的质量。其计算公式为：

$$优良品率 = \frac{报告期评定为优良的单位工程个数（或竣工面积）}{报告期进行检验评定的单位工程个数（或竣工面积）} \times 100\%$$

第五节　建筑施工机械设备统计

建筑企业的施工机械设备，是企业从事生产活动的基本物质条件之一。在建筑施工生产过程中，广泛地用机械或成套的技术装备来代替人力和手工的操作劳动，是我国建筑业技术改造的基本方向，也是建筑业实现现代化的主要标志。

建筑施工广泛地使用机械设备，对于提高产品产量、质量；对于减轻工人的劳动强度，提高劳动生产率；对于加快施工进度和降低工程成本以及提高企业的经济效益，都有着重要的意义。

一、建筑施工机械设备统计的范围和分类

（一）建筑施工机械设备统计的范围

建筑施工机械设备统计的各项指标，都是按所有权统计的。现行报表制度是按照施工企业自有施工机械设备口径进行统计，即：凡是本企业所有属于固定资产的全部施工机械设备，不论是在用、在修、待修、在途、在库（包括封存）、不配套的机械设备，以及等待报废尚未批准的机械设备，还是出租或出借给外单位使用的机械设备，均应包括在内。但不包括租入或借入的机械设备。

（二）建筑施工机械设备统计的分类

建筑施工机械设备，种类繁多，用途各异，为了便于观察和分析各类设备的数量与能力首先应该对施工机械设备进行分类统计。根据企业管理工作的需要，建筑施工机械设备主要按其分布状况和技术状况以及用途等进行分类。

1. 按机械设备的分布状况分类

按分布状况可将机械设备分为施工机械设备、附属辅助生产机械设备、运输机械设备和其他机械设备四类。

（1）施工机械设备：是指在施工现场直接用于工程施工的各种机械设备，如挖掘机、起重机、搅拌机等。

（2）附属辅助生产机械设备：是指附属辅助生产单位使用的各种机械设备，如金属加工的各种机床等。

（3）运输机械设备：是指运输机构用于场外运输的各种机械设备，如各种载重汽车、平板拖车等（不包括现场施工和附属生产用的运输机械设备）。

（4）其他机械设备：是指上述三种机械设备以外的各种机械设备。

2. 按机械设备的技术状况分类

按技术状况可将机械设备分为完好机械设备、在修机械设备、待修机械设备、不配套机械设备和待报废的机械设备五类。

（1）完好机械设备：是指报告期末技术上完好的在用、在途、在库、封存、出租及外借的机械设备。完好机械设备一般技术性能良好、运转正常、燃料油料消耗正常的机械设备。

（2）在修机械设备：是指报告期末正在修理的机械设备。

（3）待修机械设备：是指报告期末由于缺乏材料、备件或其他原因而等待修理的机械设备。

（4）不配套机械设备：是指机械设备本身由于缺乏动力或其他部分不配套而不能投入使用的机械设备。

（5）待报废的机械设备：是指机械设备损坏严重已无法修复使用，达到报废条件，并经技术鉴定准备报废的机械设备。

机械设备按技术状况分类，可以考核设备的完好状态，以便对各种设备认真进行保养和维修，以保证安全生产和充分发挥设备效能。

3. 按机械设备的用途分类

按用途可将机械设备分为土石方机械、起重机械、运输机械、搅拌机械、生产设备和其他机械6类。

（1）土石方机械：如挖土机、铲运机、推土机、压路机等。

（2）起重机械：如履带式起重机、塔式起重机、轮胎式起重机、汽车式起重机、桅杆式起重机、门式起重机和卷扬机等。

（3）运输机械：如自卸汽车、载重汽车、拖车车组、机动翻斗车和散装水泥车等。

（4）搅拌机械：如混凝土搅拌机械和灰浆搅拌机等。

（5）生产设备：如各种金属切削机床等。

（6）其他机械：如拖拉机、打桩机、抽水机等。

建筑机械按用途分类，可以反映各类机械的数量与能力，分析满足施工任务需要的程度，以便平衡机械设备能力，适应施工的需要。

二、建筑施工机械设备的统计指标

在建筑企业生产中，搞好施工机械设备统计，及时正确地反映设备的数量、能力、利用程度和设备效率等，是建筑企业统计的重要任务。建筑施工机械设备统计的内容很广泛，主要机械设备数量统计，机械设备能力统计，机械设备利用统计，机械设备完好统计，机械设备装备统计和施工机械化水平统计。

（一）建筑施工机械设备数量统计

建筑企业施工机械设备的数量指标，是通过"实有台数"和"平均台数"两个指标来反映的。

1. 实有台数

实有台数，是报告期最后一天实有的机械设备台数，它是个时点数。国家统计制度规定建筑企业"自有机械设备年末总台数"指标，就是实有台数指标，它是指归本企业所有，属于本企业固定资产的生产性机械设备年末实有总台数。它包括施工机械、生产设备、运输设备以及其他设备。

例如，某建筑企业 1995 年初有各种施工机械设备 64 台，4 月 1 日购入 10 台，7 月 1 日购入 4 台，10 月 1 日销售、报废等减少 4 台，则：

$$\text{自有机械设备年末总台数} = 64 + 10 + 4 - 4 = 74（台）$$

2. 平均台数

平均台数，是指企业报告期每天平均拥有的机械台数。平均台数是根据在报告期内每天的机械台数相加，用日历日数去除而求得。仍如上例，计算 1995 年机械设备平均台数时，则可用间隔期作权数，加权平均计算即可。

$$\text{自有机械设备年平均台数} = \frac{64 + 74 + 78 + 74}{4} = 72.5（台）$$

（二）建筑施工机械设备能力统计

机械设备的数量指标，可以反映企业在一定时期（或时点）拥有机械设备的规模，但同样数量的设备由于技术状况不一样，其能力大小也不同。因此，还需要反映机械设备的能力。反映机械设备能力的指标，主要计算"机械设备总能力"和"机械设备年生产能力"两个指标。

1. 机械设备总能力

机械设备总能力，是指同类机械设备设计能力或查定能力之总和。其计算公式为：

$$\text{某类机械设备总能力} = \sum \left(\frac{\text{每台设备}}{\text{额定能力}} \times \frac{\text{每种设}}{\text{备数量}} \right)$$

例如,某建筑企业拥有下列几种起重机械:15t 的履带起重机 3 台,6t 塔式起重机 5 台,5t 汽车式起重机 10 台,2t 门式起重机 20 台。根据上述资料,该企业起重设备的总能力计算为:

$$\text{起重设备总能力} = 15 \times 3 + 6 \times 5 + 5 \times 10 + 2 \times 20 = 165(t)$$

机械设备总能力,是计算机械设备生产能力的基础,为编制设备计划提供依据。机械设备总能力的大小,一方面取决于机械设备的数量,另一方面取决于单位设备能力的大小。在每台机械设备能力为一定的条件下,设备数量越多,则其能力越大;反之,则小。在机械设备数量为一定的条件下,每台设备能力越大,则总能力就大;反之,则小。

2. 机械设备年生产能力

机械设备年生产能力,是指各类设备在充分利用的条件下,一年内可能完成工程量的能力。其计算公式为:

$$\frac{\text{某类机械设备}}{\text{年生产能力}} = \frac{\text{某类机械}}{\text{设备总能力}} \times \frac{\text{单位设备能力年}}{\text{平均完成工程量}}$$

式中,单位设备能力年平均完成工程量,是指单位设备能力在一定条件下实际达到的生产水平,它一般是根据实际资料来确定的。

根据前例某建筑企业起重机械设备数量与能力资料,再假设每吨起重能力年平均完成工程量为 700t,则

$$\text{起重设备年生产能力} = 165 \times 700 = 115500(t)$$

机械设备年生产能力的大小,取决于设备数量、设计能力和单位能力年平均完成工程量三个因素。正确地计算各类机械设备的年生产能力,可为平衡设备能力,编制生产计划和研究设备利用提供依据。

(三)建筑施工机械设备利用统计

充分、合理地利用企业现有的机械设备,最大限度地发挥每台设备的作用,是加速施工进度,提高效率,降低成本的重要环节。机械设备在数量、时间、能力利用方面是否充分,对于产量的变动有直接影响。为此,机械设备利用统计,就是从这三个方面反映其利用情况。

1. 机械设备数量利用统计

机械设备数量利用统计,就是考察企业全部设备(或完好设备)是否充分地使用了。这时,可以根据企业在报告期机械设备的实有台数、完好台数与实际使用的台数进行对比,计算实有机械设备利用率和完好设备利用率两个指标。

(1)实有机械设备利用率。实有机械设备利用率,就是根据报告期实际使用设备台数与实际拥有的全部设备台数进行对比,用以表明企业全部机械设备的利用程度。其计算公式为:

$$\frac{\text{实有机械设备利用率}}{} = \frac{\text{报告期实际使用的设备台数}}{\text{报告期实有设备台数}} \times 100\%$$

例如，某建筑企业有各种机械设备 64 台，在报告期参加作业的共有 42 台，则：

$$\text{实有机械设备利用率} = \frac{42}{64} \times 100\% = 65.63\%$$

实有机械设备利用率，不但受施工组织计划和设备管理的影响，还要受到在修、待修以及待报废机械设备数量的影响。要进一步分析原因，加速设备修理进度，以保证施工的需要。

（2）完好机械设备利用率。完好机械设备利用率，是指报告期实际使用的设备台数与完好设备台数的比率，它排除了需要修理和等待报废这些因素，用来表明完好机械设备的利用程度。其计算公式为：

$$\text{完好机械设备利用率} = \frac{\text{报告期实际使用的设备台数}}{\text{报告期完好设备台数}} \times 100\%$$

仍如上例，在全部设备中，有 7 台在修理，3 台待修理，2 台待报废，那么：

$$\text{完好机械设备利用率} = \frac{42}{64 - (7 + 3 + 2)} \times 100\% = 80.77\%$$

2. 机械设备时间利用统计

机械设备在一定时期制度规定的最大可能利用的时间内，实际作业时间越长，表明机械设备时间利用的越好。机械设备时间利用统计指标，一般用"台日利用率"和"台时利用率"。由于设备的时间单位是用"台日"和"台时"表示的，为了准确计算这两个指标，需要首先了解有关设备时间的几个概念。它们是：

（1）日历台日数：是指报告期每日实有机械设备台数之和，它等于全部机械设备台数乘日历日数之积。

（2）节假日台日数：是指报告期国家规定的节假日中，每天实有机械设备台数的总和。

（3）制度台日数：是指报告期内按制度规定应该从事作业的台日数。

（4）停工台日数：是指机械设备因故全天没有作业的台日数。

（5）加班台日数：是指机械设备在节假日中加班作业的台日数。

（6）实作台日数：是指机械设备在报告期内实际作业的台日数。

（7）实作台时数：是指机械设备在报告期内实际作业的台时数。

上述几个时间概念的关系，可用图 5-1 所示。

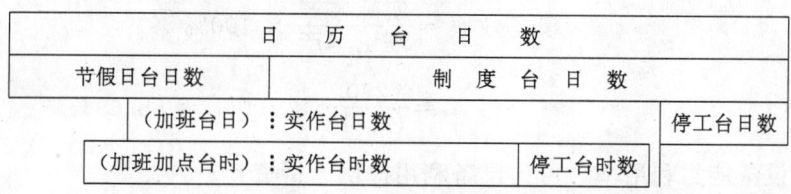

图 5-1　设备时间关系图

假设，某建筑企业 6 月份有混凝土搅拌机 12 台，该月节假日 8d，全日停工统计为 50 台日，加班 6d，加点 612 台时，班内停工 500 台时，那么：

$$日历台日数 =12 \times 30 = 360(台日)$$

$$节假日台日数 =12 \times 8 = 96(台日)$$

$$制度台日数 =360 - 96 = 264(台日)$$

$$停工台日数 =50(台日)$$

$$加班台日数 =6 \times 12 = 72(台日)$$

$$实作台日数 =264 - 50 + 72 = 286(台日)$$

$$实作台时数 =286 \times 8 + 612 - 500 = 2400(台时)$$

在正确计算上述资料基础上，就可以计算以下两个设备时间利用统计指标：

$$\frac{机械设备}{台日利用率} = \frac{实作台日数}{制度台日数 + 加班台日数} \times 100\%$$

$$= \frac{286}{264 + 72} \times 100\%$$

$$= 85.12\%$$

$$\frac{机械设备}{台时利用率} = \frac{实作台时数}{制度台时数 + 加班加点台时数} \times 100\%$$

$$= \frac{2400}{264 \times 8 + 72 \times 8 + 612} \times 100\%$$

$$= 72.73\%$$

3. 机械设备能力利用统计

机械设备能力是指完成工程量的能力，单位时间内完成的工程量多，其能力就大；反之，则小。在考察设备能力利用程度时，一般用实际能力与理论（设计）能力对比。例如，某建筑企业有 W-501 正铲挖土机一台，其斗容量为 0.42m^3，在挖掘深度为 1.5m 以上，每小时挖掘次数为 142 次。该挖土机某月实作 24 个台班，完成土方工程量为 6720m^3。这时，我们就可以计算其能力利用率了。

$$W\text{-}510 挖土机设计台班产量 =0.42 \times 142 \times 8 = 477.12(\text{m}^3)$$

$$W\text{-}510 挖土机实际台班产量 = \frac{6720}{24} = 280(\text{m}^3)$$

$$设备效率 = \frac{实际单产}{理论单产} \times 100\%$$

$$= \frac{280}{477.12} \times 100\% = 58.69\%$$

正确计算设备能力利用率，可为设备利用提供分析资料。

（四）建筑施工机械设备装备程度统计

不断提高建筑业企业的机械装备水平，是减轻工人劳动强度、节约劳动消耗和提高劳动生产率的重要措施。反映建筑企业机械装备程度的指标有机械设备总功率、机械设备净值及有关装备率指标。

152

1. 机械设备总功率

机械设备总功率是指列入建筑企业固定资产的机械设备的总功率。因为，建筑机械设备要在施工生产中发挥作用，需要有一定的动力来带动它运转。所以，通过对机械设备所使用的总动力数的计算，就可以反映建筑企业机械设备装备的总规模。国家统计局规定的机械设备总功率指标有自有机械设备年末总功率和自有施工机械设备年末总功率两个指标。

(1) 自有机械设备年末总功率。自有机械设备年末总功率，是指本企业自有施工机械、生产设备、运输设备及其他设备等列为在册固定资产的生产性机械设备年末总功率。要按设备的设计能力或查定能力计算，包括机械本身的动力和为该机械服务的单独动力设备，如电动机等。机械设备总功率是以"kW"表示的，动力换算可按 1 马力＝0.735kW 折合成千瓦数。电焊机、变压器、锅炉不计算总功率。

(2) 自有施工机械设备年末总功率。自有施工机械设备年末总功率，是指年末本企业自有的直接用于工程施工的各种机械设备的千瓦数。它不包括生产设备、运输设备以及生产试验设备的千瓦数。

2. 自有机械设备净值

由于各种不同性质、用途的机械设备的实物数量不能相加，在反映建筑企业全部机械设备数量指标，即装备总量指标时，还要用价值量指标来反映。现行统计制度规定，建筑企业要统计自有机械设备净值这一指标。该指标是指本企业自有机械设备经过使用、磨损后实际存在的价值，即原值减去折旧后的净值。

3. 技术装备率

技术装备率又称技术装备系数或技术装备程度，它是建筑企业报告期末自有机械设备净值与报告期末建安工人人数的比值。其公式为：

$$技术装备率(元／人) = \frac{年末自有机械设备净值}{年末建安工人人数}$$

上述公式表明：技术装备率指标是用平均每名工人所分摊的设备净值来表示的。平均每名工人分摊的机械设备价值越多，说明机械装备的程度越高；反之，则低。

4. 动力装备率

动力装备率又称动力装备系数或动力装备程度，它是建筑企业期末自有施工机械设备总功率与期末建安工人人数的比值。其公式为：

$$动力装备率(kW／人) = \frac{年末自有施工机械总功率}{年末建安工人人数}$$

5. 生产装备率

生产装备率又称生产装备系数或生产装备程度，它是建筑企业自有施工机械的平均价值与自行完成施工产值的比值。其计算公式为：

$$生产装备率 = \frac{报告期自有施工机械平均总值}{报告期自行完成施工产值}$$

生产装备率是用以综合反映建筑业企业的机械设备装备水平的指标。一般说来，它较之技术装备率和动力装备率更能说明问题。

现将国家统计局颁发的《建筑业企业生产情况》，C102 表附后（表 5-15）。

建筑业企业生产情况　　　　　　　　　　　　　　　　　　**表 5-15**

企业法人代码□□□□□□□□—□　　　　　　　　　　表号：C102 表
企业详细名称　　　　　　　　　199　年　　　　　　　　　制表机关：国家统计局
　　　　　　　　　　　　　　　　　　　　　　　　　　　　文号：国统字（1993）254 号

指　标　名　称	计量单位	指标代码	本年实际
甲	乙	丙	1
自行完成施工产值	千元	01	
1. 建筑工程	千元	02	
2. 安装工程	千元	03	
3. 房屋构筑物修理	千元	04	
4. 非标准设备制造	千元	05	
竣工产值	千元	06	
单位工程施工个数	个	07	
其中：本年新开工个数	个	08	
单位工程竣工个数	个	09	
其中：优良工程个数	个	10	
房屋建筑施工面积	m²	11	
其中：本年新开工面积	m²	12	
房屋建筑竣工面积	m²	13	
其中：优良工程面积	m²	14	
其中：住宅面积	m²	15	
自有机械设备年末总台数	台	16	
自有机械设备年末总功率	kW	17	
其中：施工机械功率	kW	18	
自有机械设备净值	千元	19	
计算建筑业全员劳动生产率的职工平均人数	人	20	

复 习 思 考 题

1. 建筑统计的对象和范围是什么？

2. 建筑业企业基本情况统计包括哪些内容？

3. 建筑业产品实物量统计的内容有哪些？

4. 什么是实物工程量指标？主要实物工程量指标有哪些？

5. 单位工程个数统计有哪几个指标？如何统计？

6. 什么是施工工期？如何表示？

7. 建筑面积统计有哪几个指标？如何统计？

8. 什么是建筑业总产值？包括的内容有哪些？

9. 什么是建筑业增加值？有几种计算方法？

10. 评定建筑产品质量的依据、方法、等级及具体标准是什么？

11. 建筑产品质量统计的指标有哪些？

12. 建筑施工机械设备如何分类？

13. 建筑施工机械设备的统计指标有哪些？如何计算？

14. 某建筑企业 1995 年末有如下统计资料：

单位工程	建筑面积 （m²）	开、竣工日期		质量评定等级
		开工日期	竣工日期	
A	25000	1993.12.1	—	—
B	20000	1994.5.1	1995.12.31	优 秀
C	18000	1994.10.1	—	—
D	15000	1994.10.1	1995.10.31	良 好
E	24000	1995.3.1	—	—
F	8000	1995.4.1	1995.10.1	良 好
G	12000	1995.5.1	1995.12.31	及 格

根据上表资料，计算该建筑企业 1995 年度的下列指标：

（1）单位工程施工个数；

（2）本年新开工单位工程个数；

（3）单位工程竣工个数；

（4）优良工程个数；

（5）房屋建筑施工面积；

（6）本年新开工面积；

（7）房屋建筑竣工面积；

（8）优良工程建筑面积；

（9）竣工单位工程平均日历工期。

15. 已知某单位建筑工程已完工，该工程按预算定额规定完成直接费 286 万元，按施工合同规定应取其他直接费 25 万元和其他费用 10 万元，按当地建筑工程费用定额规定计算建筑工程产值。

16. 已知某单位设备安装工程已完工，该工程按预算定额规定完成直接费 40 万元，其中人工费 12 万元，按施工合同规定应取其他直接费和其他费用各 1 万元，按当地设备安装工程费用定额计算设备安装工程产值。

17. 某建筑企业 1995 年末有如下资料：

机械设备名称	功　率	年末台数
推土机	80 马力	2
挖土机	60kW	2
起重机	68kW	5
载重汽车	90 马力	4
自卸汽车	200 马力	3
卷扬机	100kW	10
混凝土搅拌机	5.5kW	12
其他动力机械	20kW	8
生产设备	200kW	6

注：1 马力＝0.735kW。

又知，该企业年末自有设备净值为120万元，年末建安工人人数为500人，全年完成建筑业总产值1800万元。

计算：

（1）自有机械设备年末总台数；

（2）自有机械设备年末总功率；

（3）自有施工机械年末总功率；

（4）技术装备率；

（5）动力装备率；

（6）生产装备率。

第六章　建筑业企业劳动情况统计

物质资料的生产过程，也就是劳动的消耗过程；没有人的劳动，任何生产过程都不可能进行。人的劳动，是生产力的决定因素。劳动是劳动力的发挥，是人力资源的利用。因此，充分发挥劳动者在生产中的作用，在任何时候都是社会生产发展的根本动力。

建筑产品，是建筑业劳动者进行生产活动所创造的物质成果。换句话说，没有建筑业企业职工的劳动，任何建筑产品也是不可能形成的。因此，建筑产品这一物质资料的生产过程中，主要靠人的劳动在起作用。一个建筑企业劳动力的保证情况及其利用情况如何，都将对建筑产品的数量和质量产生直接的影响。

建筑业企业劳动情况统计，就是收集、整理、分析劳动者在生产过程中劳动消耗情况的各种资料，为改进劳动组织、合理安排和使用劳动力以及加强和改进企业管理工作，提供科学的依据。

建筑业企业劳动情况统计的任务是：正确核算劳动力的实有数量和人员构成情况，反映劳动力的利用情况，计算和分析劳动生产率水平，正确反映工资总额构成、企业工资水平以及安全生产等方面情况，为企业管理提供准确的数据。

第一节　建筑业企业职工人数统计

建筑企业要完成规定的生产任务，必须有相应数量的职工来保证。准确地统计建筑业职工人数，是保证准确统计全国职工人数的一个重要方面。而准确统计全国职工人数，是研究劳动力在各部门之间合理分配的重要依据。同时，建筑业企业职工人数的多少，职工人数的构成，对企业劳动生产率，工资福利以及工程成本，都有直接的影响。由此可见，搞好企业职工人数统计，无论是对整个国家，还是对每个企业，都是极为重要的。

一、建筑业企业从业人员的统计范围

建筑业企业从业人员，是指在建筑业企业中工作，并取得劳动报酬的全部人员。包括建筑业企业职工和其他从业人员两部分。建筑业企业从业人员指标，反映了企业实际参加生产或工作的全部劳动力情况。

（一）建筑业企业职工

建筑业企业职工，是指在国有经济、城镇集体经济、联营经济、股份制经济、外商和港、澳、台投资经济、其他经济类型的建筑企业及其附属机构工作，并由其支付工资的各类人员。

在建筑业企业职工总人数中，还要根据国家对职工人数分类统计的要求，分别就下列分类单独反映其人数。

1. 合同制职工与使用的农村劳动力

（1）合同制职工。合同制职工，是指企业根据国家的有关规定，通过签订有固定期限劳动合同，无固定期限劳动合同和以完成一项工作为期限劳动合同所使用的职工。包括实行全员劳动合同制企业的全部职工。

（2）使用的农村劳动力。使用的农村劳动力，是指在国有经济、城镇集体经济、联营经济、股份制经济、外商和港、澳、台投资经济、其他经济类型建筑企业的职工中，现仍保留农村户籍关系的人员。

2．长期职工与临时职工

（1）长期职工。长期职工是指用工期限在一年以上（含一年）的职工。包括原固定职工、合同制职工、长期临时工以及国有企业使用的城镇集体所有制单位的人员和其他使用期限在一年以上的原计划外用工。

（2）临时职工。临时职工是指用工期限不超过一年的职工。包括各企业根据国家有关规定招用的签订一年以内的劳动合同或使用期不超过一年的临时性、季节性用工。

3．按劳动岗位对职工进行分类统计

正确地进行职工按岗位分类统计，反映各类人员的数量及其变动，是职工人数统计中十分重要的问题，是进行科学的劳动管理必不可少的重要资料。

按照我国现行的劳动统计制度，按工作岗位不同，可把建筑业企业职工区分为以下六类：

（1）工人。工人，是指在建筑业企业内直接从事物质资料生产的全部工人。包括建筑安装工人、附属辅助生产工人、多种经营与运输工作的工人。

1）建筑安装工人：是指在施工现场从事建筑安装工作和直接服务于施工过程的工人。如参加现场建筑安装施工的瓦工、木工、混凝土工、机械工、抹灰工等。

2）附属辅助生产工人：是指为施工活动服务而设置的混凝土搅拌站、预制构件厂、木材加工厂等单位的生产工人。

3）多种经营与运输工作工人：是指专门从事除施工活动以外的其他经营业务的工人以及从事场外运输和装卸工作的运输工人。

（2）学徒。学徒，是指在熟练工人指导下，在生产劳动中学习生产技术，领取学徒工待遇的人员。有的学徒经过一段时间生产劳动的实际锻炼，可以离开师傅独立操作，但尚未转为正式工人的，仍按学徒统计。

（3）工程技术人员。工程技术人员，是指担负工程技术和工程技术管理工作，并具有工程技术工作能力的人员。包括：

1）取得工程技术职务资格，已被聘或任命工程技术职务，并担任工程技术工作的人员。

2）无工程技术职务，但取得工程技术职务资格或从大、中专理工科系毕业，并担任工程技术工作的人员。

3）未取得工程技术职务资格或无学历，但实际担任工程技术工作的人员。

4）已取得工程技术职务资格或大学、中专理工科系毕业，在企业中担任工程技术管理工作的人员。包括：总工程师、车间主任、以及在计划、生产、检查、设计、工艺、动力、基建、安全技术、劳动定额和环境保护等科室从事工程技术管理工作的人员。

工程技术人员中，不包括已取得工程技术职务资格或大学、中专理工科系毕业，但未担任任何工程技术和工程技术管理工作的人员。

（4）管理人员。管理人员，是指企业的厂长、经理以及在各职能机构、各级建筑施工组织或附属辅助生产单位中从事行政、生产、经营管理和政治工作人员。包括长期（连续6个月以上）脱离生产岗位，从事管理工作的工人在内。

（5）服务人员。服务人员，是指服务于职工生活或间接服务于生产的人员。包括：食堂工作人员；哺乳室、托儿所、幼儿园工作人员；文化教育（如职工文化技术教育站、图书馆、俱乐部）工作人员；卫生保健（如医务室、保健站）工作人员；保安警卫和消防人员；住宅管理和维修人员；勤杂人员（与生产有关的勤杂工算工人，不算服务人员），以及其他生活福利工作人员和社会性服务机构人员。

社会性服务机构人员，是指某些与本企业生产无直接关系，但由企业举办的社会性服务机构的工作人员。如企业办的大中专院校、技工学校、中小学、医院、商店、粮店、邮局、派出所等的工作人员。

（6）其他人员。其他人员，是指由本企业开支工资，但所从事的工作与本企业生产基本无关的人员。包括：农副业生产人员；出国援外和出国劳务人员；长期（连续6个月以上，下同）学习人员；长期病伤产假人员；长期派出外单位工作人员；厂内待业人员等。

（二）其他从业人员

其他从业人员，是指劳动统计制度规定不作职工统计，但实际参加企业劳动并取得劳动报酬的人员。

建筑业企业的其他从业人员，是指建筑企业中除职工以外的全部参加本企业生产或工作，并取得劳动报酬的人员。包括：再就业的离退休人员；民办教师；在企业中工作的外方人员；在企业中工作的港、澳、台方人员。

二、建筑业企业从业人数的统计指标

建筑业企业从业人数的统计，既要按企业的全部从业人员计算，又要按各分类人员计算。从业人员数量，有两种表示方法，一种是时点人数，一种是时期人数。

（一）时点人数

建筑业企业的从业人数，在一定时期内是经常增减变动的。为了准确反映企业从业人员的总数量，需要把计算其人数的"时点"固定在期末，即报告期的最后一天，通常称为"期末人数"。

国家统计局规定的指标是"从业人员年末人数"。从业人员年末人数，是报告年度最后一天（即12月31日）企业从业人员的实有总数。同时，还要分别统计职工年末人数和其他从业人员年末人数。在职工年末人数中，还要分别就女性年末人数、合同制职工年末人数、使用的农村劳动力年末人数、长期职工年末人数、临时职工年末人数以及按岗位分类的工人和学徒、工程技术人员、管理人员、服务人员（其中：社会性服务机构人员单列）和其他人员的年末人数。

期末人数，是企业编制下期从业人员计划，考核企业定员执行情况和劳动力配备情况的根据。也是统计全国从业人数总量的重要资料来源之一。

（二）时期人数

时点人数，只是说明企业报告期最后一天拥有的实际人数，并不能表明企业在报告期内平均拥有的从业人员数量。因此，还需要计算报告期内的平均拥有的从业人员数量，来表示报告期内的实有人数。

国家统计局规定的指标是"从业人员年平均人数"。从业人员年平均人数，是报告年度

（1月1日至12月31日）平均每天拥有从业人员的数量。同时，还要分别统计职工年平均人数的其他从业人员年平均人数。在职工年平均人数中，要单独反映长期职工年平均人数和临时职工年平均人数。

平均人数的计算方法，就是用时期的日历日数去除该时期内每天实有人数的总和。其计算公式为：

$$月平均人数 = \frac{月每日实有人数之和}{本月日历日数}$$

$$季平均人数 = \frac{季每日实有人数之和}{本季日历日数}$$

$$年平均人数 = \frac{年每日实有人数之和}{本年日历日数}$$

这里需要说明，从业人员增减变动很小的单位，其月平均人数，也可以月初人数与月末人数相加之和被二除求得；季平均人数，也可以报告季中各月平均人数相加之和被三除求得；年平均人数，也可以12个月的平均人数相加之和被12除或以4个季度的平均人数相加之和被4除求得。

计算平均人数时，还应注意两个问题：

第一，节假日和公休日人数，按前一天计算；同时，不论职工是否出勤，都应计算在内。

第二，无论企业在报告期开工天数是多少，一律用日历日数作分母。这是因为，平均人数是反映一个时期所拥有的人数，如果用开工日数计算，则不能反映整个报告期内平均每天劳动力的拥有量，容易造成企业间劳动力数量上的重复计算。

例如，某建筑企业决定从1995年4月1日开始将其第一分公司从1600人中分出500人成立设备安装分公司，其职工平均人数各为：

$$第一分公司1995年平均人数 = \frac{1600 + （1600-500）\times 3}{4} = \frac{4900}{4} = 1225 （人）$$

$$设备安装分公司1995年平均人数 = \frac{500 \times 3}{4} = 375 （人）$$

两个单位年平均人数之和还是1600人，因为从业人员数量并没有增加或减少。如果按开工后日历日数计算，就不真实了。

建筑业企业职工平均人数指标，不但能反映企业在一定时期内拥有从业人员的数量，而且是分析劳动时间利用情况，计算某些技术经济指标（如劳动生产率等）的根据。因此，平均从业人数指标在企业经济管理工作中，也极为重要。

三、建筑业企业职工人数变动统计

建筑业企业的职工人数，由于种种原因，是会经常发生变动的。从企业来看，一方面由于发展生产的需要，不断地增加人员；另一方面，由于工作调动、离、退休等原因，减少人员。为了反映职工变动的规模、程度，要从增加、减少人数及其原因进行统计，用以研究企业职工的变化情况。

（一）职工增加情况统计

职工增加人数，是指在报告期内，本企业招收、录用和调入的全部人员。其中包括：

（1）从农村招收的人员：是指从农村劳动力中招收参加工作的人员。包括来自农村的补充自然减员的人数。

（2）从城镇招收的人员：是指城镇社会青年、待业人员中招收参加工作的人员。包括来自城镇的补充自然减员的人数，不包括来自城镇的其他人员。

（3）录用的复员转业军人：是指从部队复员和转业后，直接由企业录用的人员。包括参军前是职工或已办理了招工手续、服兵役期满后又回原单位复工复职的人员。不包括复员回农村参加生产后，又被企业、事业单位及机关招收录用的人员，这一部分人员应计入"从农村招收的人员"人数中。

（4）录用的大、中专、技工学校毕业生：是指在大、中专院校、研究生院（部）以及技工学校毕业后，直接由企业录用的人员。包括由学校推荐或本人自行联系工作单位的各类毕业生。

（5）调入人数：是指在报告期由外单位调入的人员。

其中，由外省、自治区、直辖市调入的人数，是指在报告期内，由外省、自治区、直辖市各类单位调入的职工（中央各部的汇总数是指在报告期内，由本系统以外的单位调入的职工数）。

（6）其他：是指除以上几类人员外，本企业增加的职工人数。

（二）职工减少情况统计

职工减少人数，是指在报告期内，离开本企业并不再由本企业支付工资的全部人员。其中包括：

1. 离休、退休、退职

（1）离休：是指达到国家规定的年龄和条件，离开生产或工作岗位，办理离休手续享受离休待遇的人员。

（2）退休：是指达到国家规定的年龄和条件，退出生产或工作岗位，办理退休手续享受退休待遇的人员。

（3）退职：是指职工本人自愿，或因丧失工作能力，又不具备退休条件而办理离职手续享受相应待遇的人员。

2. 开除、除名、辞退

（1）开除：是指职工严重违反劳动纪律或犯有其他严重错误，受到开除公职的行政处分，并由企业办理开除手续的职工。

（2）除名：是指根据《企业职工奖惩条例》的规定，对无正当理由经常旷工经批评教育无效，由企业办理除名手续的职工。

（3）辞退：是指按照《国营企业辞退违纪职工的暂行规定》，对犯有违纪行为，由企业办理辞退手续的职工，以及因其他原因按照有关规定办理辞退手续的职工。

3. 调出人数

是指在报告期内由本企业调到外单位工作的职工人数。

其中，调到外省、自治区、直辖市人数，是指在报告期内，调到外省、自治区、直辖市各类单位工作的职工（中央各部的汇总数是指在报告期内，调往本系统以外的单位工作的职工）。

4. 其他

是指除以上几类人员外，本企业减少的职工人数。如参军，死亡，转入集体所有制等。

在实际统计工作中，为了说明职工人数的变动程度，需要计算下列指标：

$$职工人数增减程度＝\frac{增加人数－减少人数}{期初人数}×100\%$$

根据上列职工人数增加和减少的数量统计和指标计算，可以说明建筑企业职工人数增加或减少的原因，来源和去向，说明职工人数增减幅度，并可分别计算它们在增减人数中的比重，以深刻说明职工人数变动的实际情况。

第二节　劳动时间使用情况统计

劳动情况统计的任务，不仅在于说明劳动力的数量、构成及其变动，而且还要研究劳动力的使用情况。在一定数量的劳动力条件下，合理配备劳动力，充分利用劳动时间，就能提高生产效率。这是企业管理的重要课题，也是降低工程成本，提高企业效益的重要条件之一。

劳动时间利用的好坏，首先决定于人的政治思想觉悟，自觉地遵守劳动纪律和合理地安排施工活动；其次决定于企业管理工作的组织与安排。

劳动时间使用情况统计的任务，在于反映劳动时间使用情况，结合实际，总结先进经验，查明劳动时间没被充分利用的原因，为挖掘劳动潜力，安排施工计划，计算工程成本以及修改工时定额提供资料。

工人的劳动在建筑安装施工中起主要作用。因此，分析劳动时间利用情况，是以工人为重点。对工人的劳动时间利用情况进行统计，对加强企业管理，完成生产任务都具有重要意义。

一、工人劳动时间构成指标

要搞好劳动时间利用情况的统计，首先要准确统计各种劳动时间，然后才能计算反映劳动时间利用程度的各种指标。

工人的劳动时间是用一定的时间单位来衡量的，它可以按"工日"计算，也可以按"工时"计算。施工企业的劳动时间一般是以工日为基本单位进行统计的。一个工人作业一天（8h）的时间算作一个工日，作业一小时算作一个工时。

为了分析劳动时间的使用情况，需要划分劳动时间的构成，并明确各构成指标之间的关系。

劳动时间构成指标说明如下：

1. 日历工日数

日历工日数，是指一定时期内每日（包括公休日）工人人数的总和。这是企业在全部日历时间内的劳动资源总量。

2. 制度公休工日数

制度公休工日数，是指国家规定的例假和节假日的工人人数的总和。它等于报告期内每个法定公休日企业实有工人人数之和。在制度公休工日数中，工人实际休息的天数之和，称为实际公休工日数；工人在公休日照常工作的天数之和，称为公休加班工日数，所以：

制度公休工日数＝实际公休工日数＋公休日加班工日数

3. 制度工日数

制度工日数，是指按照国家规定工人应参加作业的每日实有工人数之总和。制度工日数是企业最大可能利用的法定劳动时间总数，它是考核企业劳动时间利用好坏的标准。其计算公式为：

制度工日数＝制度工作日数×工人平均人数

或，制度工日数＝日历工日数－制度公休工日数

4. 缺勤工日数

缺勤工日数，是指工人按制度规定应该出勤作业，但由于各种原因（如病假、产假、事假、探亲假、工伤假、旷工等）未能出勤的工日数之和。如果缺勤不满一个轮班的，称为非全日缺勤，均按工时统计。

5. 出勤工日数

是指每日出勤的工人人数之总和。一个工人到班后，因公（如公假、停工等）未能参加生产作业，也算出勤。其计算公式为：

出勤工日数＝制度工日数－缺勤工日数

6. 公假工日数

公假工日数，是指工人虽已出勤，但由于执行国家义务或从事企业内外的其他非生产活动，如开会、学习、支农等未参加作业的工日数。如果公假不满一个轮班的，称为非全日公假，均按工时统计。

7. 停工工日数

停工工日数，是指在制度规定的作业工日内，由于各种原因（如待电待料，等待图纸，设计变更，气候影响等）全日未能生产的工日之和。停工工日仅包括停工后完全无工作可做或从事非施工活动的工日，凡被利用从事施工活动的工日，都不算停工工日。如果停工不满一个轮班的，称为非全日停工，也按工时统计。

8. 制度内作业工日数

制度内作业工日数，是指在制度规定工人应参加生产的时间内，工人实际作业的工日数。它不包括公休日加班工日数。其计算公式为：

$$\begin{aligned}\text{制度内作业工日数} &= \text{日历工日数} - \text{制度公休工日数} - \text{缺勤工日数} - \text{公假工日数} - \text{停工工日数}\\ \text{或} &= \text{出勤工日数} - \text{公假工日数} - \text{停工工日数}\end{aligned}$$

9. 实际作业工日数

实际作业工日数，是指工人实际作业的天数之和，因而它包括公休日加班工日数。其计算公式为：

实际作业工日数＝制度内作业工日数＋公休日加班工日数

10. 实际作业工时数

实际作业工时数，是指工人实际参加作业的工时数之总和。它是把实际作业工日数，按制度工作日长度（8h）换算成工时数，加上由于延长工作时间的加点工时数，再减去非全日缺勤、公假、停工工时数。

为了便于理解上述各种劳动时间构成指标之间的关系，用图 6-1 表示如下：

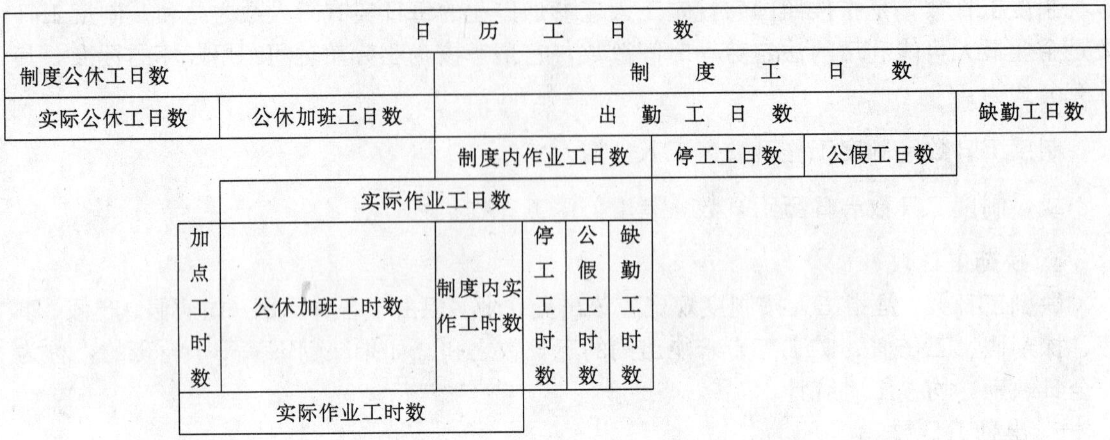

日 历 工 日 数					
制度公休工日数		制 度 工 日 数			
实际公休工日数	公休加班工日数	出 勤 工 日 数			缺勤工日数
		制度内作业工日数	停工工日数	公假工日数	
	实际作业工日数				
加点工时数	公休加班工时数	制度内实作工时数	停工工时数	公假工时数	缺勤工时数
	实际作业工时数				

图 6-1　劳动时间构成示意图

假设，某建筑企业 1996 年 6 月份生产工人平均人数为 1600 人，该月有 10 个公休日，该月考勤汇总的有关资料如下：

公休日加班 12800 工日，加点 89600 工时；

全日缺勤 2000 工日，非全日缺勤 1500 工时；

全日公假 2500 工日，非全日公假 1600 工时；

全日停工 3000 工日，非全日停工 1800 工时。

根据上列资料，各劳动时间指标计算为：

日历工日数＝1600×30＝48000（工日）

制度公休工日数＝1600×10＝16000（工日）

制度工日数＝48000－16000＝32000（工日）

出勤工日数＝32000－2000＝30000（工日）

制度内作业工日数＝30000－2500－3000＝24500（工日）

实际作业工日数＝24500＋12800＝37300（工日）

实际作业工时数＝37300×8＋89600－（1500＋1600＋1800）＝383100（工时）

二、工人劳动时间利用指标

根据以上劳动时间构成指标的计算和有关资料，可以用来计算下列几种分析劳动时间利用情况的指标。

（一）出勤率

出勤率，是反映工人在制度工日内的出勤情况。其计算公式为：

$$出勤率＝\frac{出勤工日数}{制度工日数}×100\%$$

用上述资料计算为：

$$出勤率＝\frac{30000}{32000}×100\%＝93.75\%$$

出勤率是企业研究施工任务和劳动力平衡关系的重要数据。提高出勤率，就是提高劳动时间的利用。因此，加强劳动纪律教育，提高工人出勤率，是企业的经常任务。在企业的实际统计工作中，每月都计算出勤率指标，以考核劳动时间的利用情况。

（二）缺勤率

缺勤率，是反映工人在制度工日内由于缺勤而未被利用工日的程度。其计算公式为：

$$缺勤率 = \frac{缺勤工日数}{制度工日数} \times 100\%$$

用上述资料计算为：

$$缺勤率 = \frac{2000}{32000} \times 100\% = 6.25\%$$

出勤率与缺勤率之和等于100%。因此，缺勤率可以用100%减去出勤率求得，反之亦然。

（三）制度工日利用率

制度工日利用率，是反映制度工日的利用程度。它受缺勤工日、公假工日和停工工日的影响。其计算公式为：

$$制度工日利用率 = \frac{制度内作业工日数}{制度工日数} \times 100\%$$

用上述资料计算为：

$$制度工日利用率 = \frac{24500}{32000} \times 100\% = 76.56\%$$

（四）出勤工日利用率

出勤工日利用率，是反映出勤工日的利用程度。它只受公假工日和停工工日的影响。其计算公式为：

$$出勤工日利用率 = \frac{制度内作业工日数}{出勤工日数} \times 100\%$$

用上述资料计算为：

$$出勤工日利用率 = \frac{24500}{30000} \times 100\% = 81.67\%$$

出勤率、制度工日利用率与出勤工日利用率三个指标是密切联系的。其关系是：

$$制度工日利用率 = 出勤率 \times 出勤工日利用率$$

用上述资料表示为：

$$76.56\% = 93.75\% \times 81.67\%$$

（五）制度工时利用率

制度工时利用率，是按工时计算的制度劳动时间的利用程度。其计算公式为：

$$制度工时利用率 = \frac{制度内实作工时数}{制度工时数} \times 100\%$$

用上述资料计算为：

$$制度工时利用率 = \frac{24500 \times 8 - (1500 + 1600 + 1800)}{32000 \times 8} \times 100\%$$

$$= \frac{191100}{256000} \times 100\% = 74.65\%$$

按工时计算的劳动时间利用率指标，不仅反映全日缺勤、公假和停工对制度劳动时间利用的影响，而且还包括了非全日缺勤、公假和停工的影响。

上述劳动时间利用指标，是企业劳动时间统计的主要指标。在实际工作中，为了进一步分析和说明劳动时间的利用情况，往往还要计算停工率、公假率、加班率和每工人平均实际工作天数等指标。其计算公式与计算方法如下：

$$停工率 = \frac{停工工时数}{制度工时数} \times 100\%$$

$$= \frac{3000 \times 8 + 1800}{32000 \times 8} = \frac{25800}{256000} \times 100\% = 10.08\%$$

$$公假率 = \frac{公假工时数}{制度工时数} \times 100\%$$

$$= \frac{2500 \times 8 + 1600}{32000 \times 8} = \frac{21600}{256000} \times 100\% = 8.44\%$$

$$加班率 = \frac{加班加点工时数}{制度工时数} \times 100\%$$

$$= \frac{12800 \times 8 + 89600}{32000 \times 8} = \frac{111000}{256000} \times 100\% = 43.36\%$$

$$每名工人平均实际工作天数 = \frac{实际作业工日数}{工人平均人数}$$

$$= \frac{37300}{1600} = 23.3125 （d/人）$$

三、劳动时间平衡表的编制

各种劳动时间构成指标和利用指标，虽然可以反映劳动时间的利用程度，但不能详细说明劳动时间未被充分利用的各种原因。为了全面反映劳动时间的使用情况，充分说明劳动时间未被充分利用的各种因素及其作用，就需要编制劳动时间平衡表，以便查明原因，挖掘劳动潜力，提高劳动时间利用率。表式如下（表6-1）。

劳动时间平衡表 1996 年 6 月份　　　　　　　　　　　　表 6-1

劳动资源		劳动时间耗用		占制度工时%
一、日历工时数	384000	一、制度内作业工时数	191100	74.65
二、公休工时数	128000	二、正当理由未利用工时数	38.940	15.21
		其中：产假	5100	1.99
		病假	2600	1.02
		公假	8400	3.28
		事假	15000	5.86
		公伤	1200	0.47
		气候影响	6640	2.59
		三、其他原因未利用工时数	25960	10.14
		其中：停工待料	6840	2.67
		停工待电	1250	0.49
		设计变更	16000	6.25
		旷工	1870	0.73
制度工时数	256000	耗用劳动时间合计	256000	100
——		加班加点工时数	111000	36

通过上表，可以进一步分析劳动时间的组成情况、加班加点比重以及详细分析未被利用工时的原因和造成的减产额。

比如，分析劳动时间未能充分利用的原因，可以计算各种未利用工时占制度工时的比重。一般地说，比重大的就是主要原因。上表中未被利用的工时占 25.35％，其中，事假占 5.86％，设计变更占 6.25％，这就需要进一步分析事假的原因和建设单位变更设计的合理性。

又如，分析加班加点指标。该资料中加班加点工时数为 111000 工时，占制度工时数的 43.36％，这就需要进一步分析加班加点的情况。在建筑企业中，由于施工的季节性较强，抢工期，抢进度，安排一定的加班加点在所难免。但在正常情况下，应严格控制。

第三节　劳动生产率统计

劳动生产率，是反映生产效率提高和劳动力节约情况的一项重要指标。建筑企业的劳动生产率，是指建筑企业劳动消耗量与所生产的产品数量的比值，是以每一名职工在单位时间内平均生产的实物数量或价值数量来表示的。

劳动生产率是衡量企业经营管理水平的一个重要指标，提高劳动生产率，就可以降低产品成本，增加企业盈利。因此，不断提高劳动生产率水平，就成为企业经营管理工作的一个重要任务。建筑企业劳动生产率统计，就是要定期地及时地反映企业劳动生产率水平，分析劳动生产率的变动及其原因，并为不断提高劳动生产率提出积极的建议。

一、劳动生产率的表示方法

劳动生产率，是劳动消耗量与所创造产品的比值。因此，劳动生产率水平的高低，可以从不同的角度得到反映，即：单位时间生产的产品数量和生产单位产品平均耗用的劳动量。

（一）用单位劳动时间平均生产的合格品的数量表示

其计算方法是：

$$劳动生产率 = \frac{产品产量}{劳动时间}$$

假设某木工组用了 100 个工日，完成门窗扇 500m²，其劳动生产率为 $\frac{500m²}{100 工日} = 5m²/工日$。这样的表示方法，通常称为劳动生产率的"正指标"。因为，这个指标的数值越大，则说明劳动生产率水平越高；反之，说明劳动生产率低，劳动生产率的高低与单位时间的产量成正比。

（二）用单位产品平均所消耗的劳动时间表示

其计算方法是

$$劳动生产率 = \frac{劳动时间}{产品产量}$$

如上例，其劳动生产率为 $\frac{100 工日}{500m²} = 0.2 工日/m²$。这种计算方法，通常称为劳动生产率的"逆指标"。因为，这个指标的数值越大，则说明劳动生产率水平越低；反之，则越高。劳动生产率高低与单位产品所消耗的劳动时间成反比。

上述两个指标互为倒数，二者相乘之积等于 1。即：

$$\frac{0.2 \text{工日}}{\text{m}^2} \times \frac{5\text{m}^2}{2 \text{日}} = 1$$

据此，1 比其中任何一个指标，均可推算出第二个指标。例如，我们已知上例中的逆指标，就可用 $\frac{1}{0.2 \text{工日}/\text{m}^2} = 5\text{m}^2/\text{工日}$，即为正指标。

在实际工作中，由于正指标能更明显地反映劳动生产率水平的高低，因而得到广泛的应用。但劳动生产率的逆指标，一般用于企业的劳动定额管理，生产组织和计划管理工作。两个指标，均有独立的经济意义。

二、建筑业企业劳动生产率计算的一般问题

如前所述，劳动生产率是劳动成果与劳动消耗的比值。因此，在计算劳动生产率时，必须注意劳动成果与劳动消耗的口径要相适应。只有这样，才能正确反映劳动生产率的水平。

根据劳动生产率指标的性质，计算建筑业企业劳动生产率时，还应进一步解决以下三个方面的问题。

（一）劳动成果用什么衡量的问题

建筑业企业的劳动成果，既可以用实物量表示，也可以用价值量表示。

用实物工程量计算劳动生产率，它可以准确地反映同一个工种工人在不同时间和不同地区劳动生产率实际达到的水平。例如，甲木工组每工平均完成木作 5m^2，而乙木工组却是 4m^2，这说明甲组比乙组劳动生产率高 25％。它可以正确地反映两个木工组劳动生产率的差别，为分析研究劳动生产率的提高，提供依据。但是，由于各种实物工程量的性质不同，计量单位各异，因而不能把各种实物工程量相加，来综合反映企业劳动生产率水平，而只能说明一个班组或分部分项工程的劳动生产率水平。

用价值量计算劳动生产率时，因为价值量是可以相加的，就能综合说明企业甚至整个部门的劳动生产率水平。因此，在企业中比较普遍采用。但是，按价值量计算劳动生产率，也是有局限性的。因为，价值量指标，其数值大小，不仅取决于劳动者效率的高低，还受工程结构的影响。例如，有的工程材料费用所占比重很大，只要投入少量劳动，就能完成较多的价值量；而有的工程材料费用所占比重比前者少，投入同量劳动所完成的价值量就不如前者多。因此，用价值量计算劳动生产率指标时，还要注意产品转移价值比重的影响。

用实物工程量计算劳动生产率，通常称为劳动生产率的实物指标；用价值量计算劳动生产率，通常称之为劳动生产率的价值指标。

（二）劳动时间用什么表示的问题

劳动生产率说明在一定时期内生产能力的水平。因此，劳动生产率指标包含着时间概念。计算劳动生产率时的劳动时间的表示方法，可以是时、日、月、季、年，以计算相应劳动时间的生产效率。其中：

1. 时劳动生产率

时劳动生产率，是说明生产工人每一小时每人生产效率所达到的水平。其计算公式为：

$$\text{时劳动生产率} = \frac{\text{产品产量}}{\text{实际作业工时数}}$$

2. 日劳动生产率

日劳动生产率，是反映生产工人平均每一天每人的生产效率。其计算公式为：

$$日劳动生产率 = \frac{产品产量}{实际作业工日数}$$

时劳动生产率可以准确地说明工人生产力水平的高低；而日劳动生产率，不但受时劳动生产率的影响，还反映了平均每日中实际工作小时长短的影响。时劳动生产率与日劳动生产率，存在着下述关系：

$$日劳动生产率 = 时劳动生产率 \times 平均实际工作日长度$$

3. 月劳动生产率

月劳动生产率，是反映生产工人平均每人每月的生产效率。由于一个工人一个月的作业时间，一般不称为"工月"，而直接就是人身本身，所以它的计算公式为：

$$月劳动生产率 = \frac{产品产量}{月平均人数}$$

月劳动生产率，除了受时、日劳动生产率水平影响外，还反映了平均工作月长短的影响。二者关系是：

$$月劳动生产率 = 日劳动生产率 \times 平均工作月长度$$
$$= 时劳动生产率 \times 平均工作日长度 \times 平均工作月长度$$

4. 季劳动生产率

季劳动生产率，反映每人平均每季度的生产效率。其计算公式为：

$$季劳动生产率 = \frac{产品产量}{季平均人数}$$

5. 年劳动生产率

年劳动生产率，是说明每人全年的生产效率。其计算公式为：

$$年劳动生产率 = \frac{产品产量}{年平均人数}$$

季、年劳动生产率可以综合反映各种因素的变动对劳动生产率产生的影响。

采用什么时间单位计算劳动生产率，这要从研究的目的出发。但应指出：时、日劳动生产率，应用于考核生产工人劳动生产率水平；而月、季、年劳动生产率，则适用于考核全员劳动生产率水平。

（三）根据哪些劳动者计算的问题

根据研究目的的不同，就必须明确根据哪些劳动者来计算劳动生产率的问题。由于建筑产品产量主要是由直接从事物质资料生产的工人创造的，但企业管理水平的高低也会对产品产量产生重要影响。为此，就要分别就全部职工或工人等不同范围来计算劳动生产率指标。

1. 按建筑安装工人计算劳动生产率

按建筑安装工人计算劳动生产率，是直接考核创造建筑产品的劳动力在一定时期内平均完成的产品数量。由于这部分人是建筑安装施工中的主力军，对整个企业劳动生产率有着极为重要的影响。所以，需要对这一部分人员的劳动生产率水平及其变动情况进行单独的观察，以便为进一步提高劳动生产率采取相应措施。

2. 按全部职工计算劳动生产率

按全部职工计算劳动生产率，主要用来综合说明整个企业在一定时期内平均完成的产品数量。这个指标，不仅可以反映建安工人劳动效率的高低，也可以反映企业人员构成、劳动组织好坏等企业管理水平的高低。因此，全员劳动生产率是国家考核企业劳动生产率水平的重要依据。

三、建筑业企业劳动生产率指标的计算

（一）实物劳动生产率指标的计算

劳动生产率水平的直接指标就是单位时间生产产品的实物数量，通常叫做劳动生产率的实物指标。它可以从以下两个方面进行计算。

1. 每一生产工人实物劳动生产率

这是按各主要工种计算的劳动生产率，分别说明各工种（如瓦工、木工、混凝土工等）的工人在一定时期内所达到的劳动生产率水平。它为检查劳动定额完成情况，编制施工作业计划和制订、修改劳动定额提供依据。

这种劳动生产率的计算方法是：

$$\frac{\text{每一生产工人}}{\text{实物劳动生产率}} = \frac{\text{工种工程实际完成工程量}}{\text{完成该工种工程工人平均人数}}$$

例如，某抹灰队某月工人平均人数为 42 人，全月共完成 134673m²。那么，抹灰实物劳动生产率为：

$$\text{平均每人完成抹灰} = \frac{134673}{42} = 3206.5 \ （\text{m}^2/\text{人}）$$

说明平均每个工人一个月完成抹灰工程量为 3206.5m²。

2. 每人平均竣工面积

建筑企业在一定时期（通常是一年）完成房屋竣工面积有多少，可以表明建筑企业在该时期内为社会提供了多少生产、工作和居住面积，这也是一项重要的实物劳动生产率指标。平均竣工面积数，可就企业全员人数计算，也可就建筑安装工人计算。

例如，某建筑企业年平均人数为 1648 人（其中，建安工人 1400 人），全年完成竣工面积 8.24 万 m²。那么：

$$\text{每名职工平均竣工面积} = \frac{\text{房屋建筑竣工面积}}{\text{全部职工平均人数}} = \frac{82400\text{m}^2}{1648 \ \text{人}} = 50\text{m}^2/\text{人}$$

$$\text{每名工人平均竣工面积} = \frac{\text{房屋建筑竣工面积}}{\text{建安工人平均人数}} = \frac{82400\text{m}^2}{1400 \ \text{人}} = 58.86\text{m}^2/\text{人}$$

（二）价值劳动生产率指标的计算

劳动生产率的价值指标，就是用建筑业总产值与职工人数对比。它可以按全部职工计算，也可按建安工人计算。

例如，上例中建筑企业年完成建筑业总产值为 5356 万元，则：

$$\text{全员劳动生产率} = \frac{\text{建筑业总产值}}{\text{全部职工平均人数}} = \frac{53560000 \ \text{元}}{1648 \ \text{人}} = 32500 \ \text{元}/\text{人}$$

$$\text{建安工人劳动生产率} = \frac{\text{建筑业总产值}}{\text{建安工人平均人数}} = \frac{53560000 \ \text{元}}{1400 \ \text{人}} = 38257.14 \ \text{元}/\text{人}$$

第四节　建筑业企业从业人员劳动报酬统计

建筑业企业从业人员的劳动报酬，是国家按照劳动者的劳动数量和质量以及有关制度的规定，支付给劳动者的工资、奖金、津贴、补贴等。劳动报酬，是社会主义分配关系中的最重要内容，它关系到国家、集体和个人三方面的利益。因此，建筑企业应加强从业人员劳动报酬的统计。

建筑业企业从业人员的劳动报酬，是指建筑业企业在一定时期内直接支付给本企业全部从业人员的劳动报酬总额。包括职工工资总额和本企业其他从业人员劳动报酬两部分。下面分别进行说明。

一、职工工资总额

职工工资总额，是指企业在一定时期内直接支付给本企业全部职工的劳动报酬总额。包括：计时工资、计件工资、奖金、津贴、补贴、加班加点工资和其他工资。

职工工资总额是计算国内生产总值的基础性指标，也是研究分配政策、居民个人收入和居民购买力的主要依据。

（一）计时工资和计件标准工资

1. 计时工资

计时工资，是指按计时工资标准（包括地区生活费补贴）和工作时间支付给个人的劳动报酬。包括：

（1）对已做工作按计时工资标准支付的工资；

（2）实行结构工资制的企业支付给职工的基础工资和职务（岗位）工资；

（3）新参加工作职工的见习工资（学徒的生活费）；

（4）运动员体育津贴；

（5）根据国家法律、法规和政策规定，因病、工伤、产假、计划生育假、婚丧假、事假、探亲假、定期休假、停工学习、执行国家或社会义务等原因按计时工资标准或计时工资标准的一定比例支付的工资；

（6）合同制职工按规定缴纳的不超过本人标准3%的退休养老基金、职工受处分期间的工资等。

2. 计件标准工资

计件标准工资，是指实行计件工资制的企业按照批准的计件单价和规定的劳动定额或工作量支付给计件工人的劳动报酬。

（二）奖金和计件超额工资

1. 奖金

奖金，是指支付给职工的超额劳动报酬和增收节支的劳动报酬。包括：

（1）生产（业务）奖：包括超产奖、质量奖、安全（无事故）奖、考核各项经济指标的综合奖、提前竣工奖、年终奖（劳动分红）等；

（2）节约奖：包括各种动力、燃料、原材料等节约奖；

（3）劳动竞赛奖：包括发给劳动模范、先进个人的各种奖金和实物奖励；

（4）机关、事业单位的奖励工资；

（5）其他奖金：包括从兼课酬金和业余医疗卫生服务收入提成中支付的奖金，运输系统的堵漏保收奖，学校教师的教学工作量超额酬金，运动员、教练员的年度训练奖，从各项收入中以提成的名义发给职工的奖金等。

2. 计件超额工资

计件超额工资，是指计件工人超额完成定额任务后所得的工资。即计件工人实得的全部计件工资减去应得的计件标准工资后的数额。某些企业的工人由于从事生产的工作物等级高于本人工资等级，因而其计件标准工资高于本人标准工资，其计件超额工资也应是全部工资减去应得的计件标准工资后的数额。

（三）津贴和补贴

津贴和补贴，是指为了补偿职工特殊或额外的劳动消耗和因其他特殊原因支付给职工的津贴，以及为了保证职工工资水平不受物价影响支付给职工的物价补贴等。其中：

（1）年功性津贴：包括工龄津贴，教龄津贴和护士工龄津贴。

（2）物价补贴：是指为保证职工工资水平不受物价上涨或变动影响而支付的各种补贴，如副食品价格补贴（含肉类等价格补贴）、粮价补贴、煤价补贴、房贴、水电贴以及提高煤炭价格后，部分地区实行的民用燃料和照明电价格补贴等。

（四）加班工资和其他工资

加班工资，是指在法定节假日和公休假日工作的职工的劳动报酬，以及由于延长法定工作时间而支付的劳动报酬；其他工资，是指其他根据国家规定支付的工资，如保留工资、落实政策补发工资，等等。

二、其他从业人员劳动报酬

其他从业人员劳动报酬，是指企业在一定时期内直接支付给本企业再就业的离退休人员、民办教师以及在企业中工作的外方人员和港、澳、台方人员的全部劳动报酬。

由于这部分劳动报酬构成内容与职工工资总额构成内容相同，这里不再一一复述。

现将国家统计局颁发的《劳动情况》统计报表附后（表6-2）。

<table>
<tr><td colspan="3"></td><td colspan="2">劳 动 情 况</td><td colspan="3"></td><td>表 6-2</td></tr>
<tr><td colspan="4">企业法人代码□□□□□□□□-□</td><td colspan="4">表号：C104表</td></tr>
<tr><td colspan="4">企业详细名称</td><td colspan="2">199　年</td><td colspan="2">制表机关：国家统计局</td></tr>
<tr><td colspan="8"></td><td>文　号：国统字（1993）254号</td></tr>
</table>

指 标 名 称	计量单位	代码	本年实际	指 标 名 称	计量单位	代码	本年实际
甲	乙	丙	1	甲	乙	丙	1
一、从业人员年末人数	人	02		按劳动岗位分组			
其中：女性	人	03		工人和学徒	人	10	
1. 职工	人	04		工程技术人员	人	11	
合计中：女性	人	05		管理人员	人	12	
合同制职工	人	06		服务人员	人	13	
使用的农村劳动力	人	07		其中：社会性服务机构人员	人	14	
按用工期限分组				其他人员	人	15	
长期职工	人	08		2. 其他从业人员	人	16	
临时职工	人	09					

指 标 名 称	计量单位	代码	本年实际	指 标 名 称	计量单位	代码	本年实际
甲	乙	丙	1	甲	乙	丙	1
二、从业人员年平均数	人	17		（二）减少人数	人		
1. 职工	人	18		1. 离休、退休、退职	人		
长期职工	人	19		2. 开除、除名、辞退	人		
临时职工	人	20		3. 终止、解除合同	人		
2. 其他从业人员	人	21		4. 调出人数	人		
三、职工人数变动				5. 其他	人		
（一）增加人数	人			四、从业人员劳动报酬			
1. 从农村招收	人			1. 职工工资总额	元		
2. 从城镇招收	人			其中：计时、计件标准工资	元		
3. 录用的复员转业军人	人			奖金、计件超额工资	元		
4. 录用的大、中专、技工学校毕业生	人			津贴和补贴	元		
5. 调入人数	人			其中：物价补贴	元		
其中：由外省、自治区、直辖市调入	人			2. 其他从业人员劳动报酬	元		
6. 其他	人						

单位负责人：　　　　统计负责人：　　　　填表人：　　　　报出日期：199　年　月　日

复 习 思 考 题

1. 什么是建筑业企业从业人员？

2. 什么是建筑企业职工？如何分类统计？

3. 建筑业企业从业人数统计的指标是什么？

4. 工人劳动时间构成指标有哪些？

5. 工人劳动时间利用指标有哪些？如何计算？

6. 编制劳动时间平衡表有什么用？

7. 什么是劳动生产率？劳动生产率有几种表示方法？

8. 什么是劳动报酬？包括哪些内容？

9. 什么是职工工资总额？包括哪些内容？

10. 某施工企业 1996 年 8 月份工人平均人数为 2000 人，该月有 9 个公休日，根据考勤记录汇总的有关资料如下：缺勤工日 300 工日；非全日缺勤 2000 工时；停工工日 60 工日；非全日停工 4000 工时；公假工日 200 工日；非全日公假 2500 工时；加班工日 10000 工日；加点工时 90000 工时。

根据以上资料计算：

(1) 各项劳动时间构成指标；

(2) 各项劳动时间利用指标；

(3) 计算停工率、公假率、加班率；

(4) 计算每工人平均实际作业天数。

11. 某瓦工组 12 名砌筑工人工作 28d，共完成砌筑工程量 1512m³，计算其劳动生产率正、反指标。

12. 某建筑企业 1996 年 8 月份完成建筑业总产值 272 万元，该企业全部职工平均人数为 800 人，建安工人占全员比重为 75%，计算该企业 8 月份全员劳动生产率以及建安工人劳动生产率。

13. 某建筑企业有如下资料：

施工队别	1995 年		1996 年	
	全员劳动生产率	全员平均人数	全员劳动生产率	全员平均人数
第一施工队	35400	120	40000	180
第二施工队	42000	250	38500	260
第三施工队	29000	300	32000	200
第四施工队	31600	130	34500	150

要求：

（1）计算该企业总产值指数、劳动生产率指数和平均人数指数；

（2）计算总产值变化的绝对数是多少？其影响因素及影响绝对数值是多少？

第七章 建筑业企业原材料、能源统计

建筑业企业的经济活动，是社会物质财富的生产过程，同时也是物质资料的消费过程。建筑业企业为了保证生产过程周而复始地不断进行，就必须及时地组织供应原材料、能源等物质资料。

建筑材料，是建筑企业生产活动的劳动对象，而材料费用在建筑产品造价中占很大的比重，因此，搞好原材料、能源统计工作的各项任务，具有重要意义。从企业管理的角度看，做好材料、能源统计，才能正确编制备料计划，并及时组织材料供应，以保证工程需要，同时反映消耗的情况，为财务成本核算提供依据；从国民经济角度看，原材料、能源统计，是研究一定时期内物质资料消费规模、水平与生产规模之间的关系，研究物质资料的使用效益等所必不可缺少的资料，也是反映国情国力的重要数据之一。

建筑业企业原材料、能源统计的任务是：观察本企业原材料、能源消费和库存情况，反映其数量关系及构成，分析其对生产的保证程度，为合理安排生产和组织物质资料的供应，提供必要的数据。

第一节 原材料、能源收入统计

为了确保建筑产品生产的正常进行，就必须及时而齐备地将原材料和能源供应到施工现场，否则，必将影响到建筑施工的正常进行。为了反映原材料、能源的供应情况，需要进行原材料、能源收入情况的统计。

一、原材料、能源收入量指标

原材料、能源收入量指标，是反映建筑企业在一定时期内购入原材料、能源的规模和水平，它一般是指企业在报告期收到的各种原材料、能源的总数量。

建筑企业购进原材料、能源的目的，就是为了保证建筑安装工程的需要。因此，原材料、能源收入量，是指到达施工现场或仓库，而随时能保证施工需要的数量。原材料、能源收入量，应以经过验收合格并办理入库验收手续为准。虽已支付货款，但还未到达仓库或施工现场的在途物资，不能列入收入量；材料虽已到达本企业，但尚未入库，亦不能列入收入量；虽经验收但发现物资亏损或不合质量规格要求，同样也不能计入收入量。所以，原材料、能源收入量是根据验收凭证确定的数量。

此外，原材料、能源收入量只应包括属于本企业和供本企业使用的材料，企业收到的外单位寄存物资不应作为本企业收入量统计，因为这部分物资不属于本企业所有。

在原材料、能源收入量的统计上，除了正确地计算各种原材料、能源收入总量外，还必须按物资的来源，分别研究不同来源的数量。从建筑企业来观察，原材料、能源的来源，大致有下列几个方面：

（1）物资部门供应的材料：是指直接从物资供应系统取得的原材料和能源数量。包括国家合同到货和企业自行采购物资。

（2）建设单位来料：是指建设单位拨入作为工程备料款的物资。

（3）上级机关调入：是指由主管单位物资管理部门供应的物资。

（4）其他：是指除上述来源以外的从其他单位调剂、调换等物资的收入。

二、原材料、能源收入计划执行情况检查

建筑企业原材料、能源收入计划，是组织材料物资供应的依据。因此，建筑企业按质、按量、按品种及时地收入各种原材料和能源物资，是保证施工正常进行的基本条件之一。所以，原材料、能源收入量统计的一个重要任务，就是要检查原材料、能源收入计划的执行情况，反映材料物资对施工生产的保证程度。

原材料、能源收入计划的执行情况，就是将报告期实际收入量与计划收入量进行对比，并从以下三方面进行分析和研究。

（一）检查收入数量是否充分

检查收入数量是否充分，就是反映各种原材料、能源物资的收入总量是否完成了计划，从收入数量上是否满足了施工的需要，是否按材料物资需用量计划实现了进料数量。

材料物资需用量计划，是组织材料物资供应的依据。它是根据施工进度计划和材料物资消耗定额编制的。施工进度计划确定了在一定时期内应完成的工程量，材料物资消耗定额是单位工程量应消耗的材料物资数量。因此，工程量乘材料物资消耗定额即为材料物资需用量。用公式表示为：

$$材料物资需用量＝材料物资消耗定额×计划完成工程量$$

例如，某工区某月计划砌砖 5000m³。根据定额规定，每 10m³ 砌砖 5.232 千块，水泥 304kg，沙子 2.2m³，石灰膏 0.319m³，那么，该工程材料需用量为：

红砖需用量＝5.232 千块/10m³×5000m³＝2616 千块

水泥需用量＝304 公斤/10m³×5000m³＝152t

沙子需用量＝2.2m³/10m³×5000m³＝1100m³

石灰膏需用量＝0.319m³/10m³×5000m³＝159.5m³

材料物资需用量计划是保证生产任务完成所必须的材料物资数量，按照计划要求组织材料供应，是保证生产顺利进行的重要条件，不然的话，材料物资收入量不充分，就会造成施工中断，影响施工进度，拖延工程的竣工时间。因此，保证充足地供应建筑材料物资，是完成施工任务的重要条件。

（二）检查材料物资收入品种是否齐备

建筑产品是由各种材料物资构成的，而材料物资计划中所规定的各种材料物资的需用量，是根据客观需要来制定的。因此，如果收入材料物资的品种规格不全，有的多有的少，即便从总量上看已经很充分，由于品种规格不齐备，仍然会造成停工待料，妨碍施工的正常进行。为此，对材料物资收入情况进行考查的，还要从施工需要的整体着眼，把各种材料物资，特别是主要材料的收入情况进行齐备性考查，以保证施工的顺利进行。

例如，某施工单位二季度"三材"收入情况如表 7-1 所示。

根据表 7-1 的资料可以看出，该工区二季度"三材"收入总量是这样的：钢材收入总量恰好是按要求进货的，水泥收入总量还超额 7％完成进货计划，木材没按计划进料。同时，钢材和水泥虽然从总量上达到了计划供应量，但规格不完全符合要求，$\phi8$ 和 $\phi12$ 钢材以及 425 号水泥都没有按计划需用量供应，这必然会影响施工任务的顺利进行。

表 7-1

材料名称	规　格	单　位	计划供应	实际供应	计划完成（%）
甲	乙	丙	1	2	3＝2/1
钢材	$\phi6$	t	20	26	130.0
	$\phi8$	t	30	28	93.3
	$\phi12$	t	8	4	50.0
木材	红松	m³	80	65	81.3
水泥	325#	t	100	120	120.0
	425#	t	140	130	92.9

（三）检查材料物资收入是否及时

检查材料物资收入计划执行情况时，还要分析材料物资收入的时间是否及时。也就是说，即使总量充分，品种齐备，但供应时间不及时，也同样会影响施工的正常进行。

在分析材料物资供应的及时性问题时，需要把进料时间、数量、平均每天需用量和期初库存等资料联系起来检查。

例如，某工程处 5 月份的 325 号水泥收入完成情况如表 7-2 所示。

表 7-2

材　料 名　称	计量 单位	计划需要量		月初 结存	计划收入		实际收入		计划完成 （%）	对需要保证程度	
		本月	每日		日期	数量	日期	数量		按日	按量
325 号水泥	吨	90	3	12	—	—	—	—	—	4	12
					4	30	4	21		7	21
					12	30	15	30		10	30
					20	30	28	39		3	9
合计	—	—	—	—	—	90	—	90	100	24	72

根据表 7-2 325 号水泥供货情况统计可以看出，计划需要进料 90t，实际收入 90t，从总量上看 100％地完成进货任务。但从进料时间上看，很不及时，包括期初库存水泥在内只能保证施工用水泥 24 天，有 7 天停工待料，28 日进料 39t，本月只能使用 9t，其余 30t 本月用不上，只能结转下月使用了。

针对这种情况，企业的材料物资统计工作，要对各类各种原材料和能源物资供应的及时性问题，经常进行分析和研究，保证及时供料，以促进生产任务的顺利完成。

第二节　原材料、能源消费统计

原材料、能源消费，是指独立核算的建筑业企业在报告期内实际使用的原材料、能源的数量。包括主营活动和附营活动实际使用的原材料、能源的数量。原材料、能源消费数量分别用实物量和价值量来表示。

原材料、能源消费，按"谁消费谁统计"的核算原则进行。即原材料、能源在哪个企业使用，就由哪个企业统计消费。按"谁消费谁统计"的原则，一则可以避免在单位间发生重复统计或漏而不计现象，再则可以避免发生虚增消费量减少库存量的现象。

一、原材料、能源消费量的核算方法

原材料、能源进入第一道生产工序，改变了原来的形态或性能，或者已经实际投入使用，即作为消费量统计。具体地说：

第一，原材料、能源进入第一道生产工序即作消费统计，不包括车间、工地已经领取但尚未使用的原材料、能源。

第二，原材料、能源改变了原来的形态或性能即作消费量统计。如钢材已按图纸切割下料，就作消费统计。

第三，某些已实际投入使用，但未改变其形态或性能的原材料、能源，也应作消费量统计。如已装入机器设备的润滑油等。

第四，可以多次周转使用的材料，为避免重复统计，只将新料的第一次投入使用作消费量统计，以后继续周转使用不再统计消费量。如脚手架，钢模板等。

建筑业企业原材料、能源消费量统计包括两部分，即分主营活动用和附营活动用，需分别进行统计。

（一）主营活动用

主营活动用是指建筑业企业为进行建筑安装活动所使用的原材料、能源的数量和价值量。主要包括：

（1）为完成各项工程而进行的建筑安装活动所使用的原材料、能源；

（2）自行制作预制品所使用的原材料、能源，如水泥预制构件，钢、木门窗等；

（3）施工现场制造非标准设备使用的原材料、能源；

（4）临时工棚、活动房屋、临时仓库、水管线路等各种暂设工程所使用的原材料、能源；

（5）施工机械、运输设备、施工单位房屋、仓库维修所使用的原材料、能源。

主营活动用不包括：

（1）建筑业企业不从事建筑安装活动的非独立核算单位所使用的原材料、能源；

（2）委托外单位加工的材料；

（3）调拨给外单位或借出的原材料、能源。

（二）附营活动用

附营活动用是指建筑业企业不从事建筑安装活动的非独立核算单位所使用的原材料、能源的数量和价值。如本企业附属农场、车队、商店、学校、工厂、科学研究单位、医院、托儿所等单位所使用的原材料、能源的数量和价值。

二、原材料、能源消费量的核算范围

按国家统计局规定，建筑业企业原材料、能源的核算范围，主要包括能源类和原材料类两部分。

（一）能源类

能源是指石油、煤炭、电力等热能和电能的物质资源。建筑业企业能源类统计的范围包括以下四部分：

（1）煤、石油和天然气：包括原煤，煤炭低热值产品，洗煤，筛选块煤，筛选混煤及混末煤，原油，天然气，油田页岩等。

（2）电力、蒸气供应量、煤气和水。

（3）石油制品：包括炼厂气体，汽油，煤油，柴油，燃料油，工业燃料，溶剂油，润滑油，石蜡，地蜡，专用蜡，凡士林，洗涤剂原料，石油脂类，石油沥青，标准油，白色油，软麻油，原料油，润滑脂，石油酸，石油酸皂等。

（4）焦炭及煤制品：包括焦炭，沥青焦，石油焦，半焦，煤制品等。

（二）原材料类

原材料是指构成工程实体的原料和材料的总称。建筑业企业原材料类统计的范围包括以下七类：

（1）黑色金属材料类：包括黑色金属矿采选产品（指铁矿石原矿、成品矿等）和黑色金属冶炼及其压延产品（指钢、铁、铁合金、钢材、轧制钢球等）两部分。

（2）有色金属材料类：包括有色金属矿采选产品（指重有色金属、轻有色金属、贵金属、稀有金属和稀土金属的矿采选产品等）和有色金属冶炼及其压延产品（指各有色金属冶炼产品，各类合金及其加工材等）两部分。

（3）化工类：包括化工矿采选品，化工产品，医药，橡胶制品和塑料制品。

（4）建材类：包括非金属矿采选产品（如原盐、石棉、石膏等）和建筑材料及其他非金属矿物制品（如水泥、水泥预制构件、砖、瓦、玻璃等）两部分。

（5）木材类：包括木、竹采伐产品和木材、竹、藤、棕、草制品等。

（6）一次转移价值的机电产品类：包括单机配套使用的机电产品和低值易耗品。

（7）其他类：指除以上各类以外的其他原材料（如食品类，纺织品类，纸制品类等）。

第三节　原材料消耗定额执行情况的检查

在建筑业企业施工活动中，需要消耗大量的原材料才能形成建筑产品。而在建筑产品成本中，材料费所占比重相当大。因此，建筑材料的消耗，应注意合理使用，防止大材小用，优材劣用，整材零用，尽量降低材料消耗量，以降低工程成本，增加企业利润收入。

检查原材料消耗情况，主要是用材料的实际消耗量与定额消耗量进行对比，来反映材料节约或浪费的程度。

材料消耗定额，是从现有技术水平和企业管理水平出发，根据先进合理的原则，在广泛调查研究的基础上，综合先进经验制订的。先进合理的材料消耗定额，对于降低材料消耗和降低工程成本，都有着重要意义。同时，材料消耗定额是编制工程预算和材料供应计划以及材料消耗情况的依据。

由于各种材料使用情况不同，考核材料消耗的方法也不一样。现就几种情况分别说明如下。

一、检查某项工程某种材料消耗定额执行情况

检查某项工程消耗某种材料的定额执行情况，需要用实际单位消耗量与定额单位消耗

量对比,计算定额指数。其计算公式为:

$$定额指数 = \frac{单位工程量平均实际材料消耗量}{单位工程量定额消耗量}$$

例如,某住宅砌砖工程,每立方米定额耗砖514块,实际已完成砌砖425m³,用砖215900块,那么:

$$每\ m^3\ 砌砖实际耗砖量 = \frac{215900}{425} = 508\ (块/m^3)$$

则,定额指数 $= \frac{508}{514} \times 100\% = 98.83\%$

这一指数,说明平均每立方米砌砖的消耗量降低了1.17%。同时,由于单耗降低而节约的材料数量可用下列公式计算:

$$材料节约(-)或超支(+)数量 = \left(\begin{matrix}实际\\单耗\end{matrix} - \begin{matrix}定额\\单耗\end{matrix}\right) \times \begin{matrix}已完\\工程量\end{matrix}$$

如上例,由于单耗降低而节约的红砖为:

$$(508 - 514) \times 425 = -2550\ (块)$$

即节约红砖2550块。

二、检查多项工程某种材料消耗定额的执行情况

这里,需要综合计算其定额指数,公式为:

$$定额指数 = \frac{某种材料实际消耗量}{某种材料定额应耗量}$$

式中,某种材料定额应耗量,即按定额要求完成一定数量建筑安装工程所需要消耗的材料数量。其计算公式为:

$$\begin{matrix}某种材料\\定额应耗量\end{matrix} = \sum \left(\begin{matrix}材料消\\耗定额\end{matrix} \times \begin{matrix}实际完成\\的工程量\end{matrix}\right)$$

上述定额指数,说明一种材料用于多种工程的材料节约或浪费的程度;同时,利用上式中分子减分母的差额,说明节约或浪费的绝对数量。

例如,某工程砌砖基础、砖外墙和暖气沟墙三个分项工程资料如表7-3所示。

表 7-3

分项工程名称	单位	完成工程量	定额单耗(块)	实耗量(块)
砖基础	m³	250	514	123000
外墙	m³	900	523	462600
暖气沟墙	m³	350	539	190400

根据上述资料,需计算:

红砖定额应耗量 $= 514 \times 250 + 523 \times 900 + 539 \times 350$

$\qquad = 787850\ (块)$

红砖实际消耗量 $= 123000 + 462600 + 190400$

$\qquad = 776000\ (块)$

这样,三项工程红砖消耗定额指数为:

$$\frac{776000}{787850} \times 100\% = 98.5\%$$

节约的绝对数＝776000－787850＝－11850（块）

这样可以知道，三项工程本期共节约红砖 11850 块，比定额降耗 1.5％。

在实际工作中，除根据工程进度考核分项工程材料消耗定额的执行情况外，还可以单位工程为单位，综合考核某种材料消耗定额的执行情况。

三、检查一项工程使用多种材料消耗定额的执行情况

在这种情况下，由于各种材料使用价值不同，计量单位各异，不能直接相加进行考核。因此，需要利用预算价格作为同度量因素，用消耗量乘预算价格，然后加总对比。其计算公式为：

$$定额指数 = \frac{\Sigma（材料的预算单价 \times 材料实耗量）}{\Sigma（材料的预算单价 \times 材料的应耗量）}$$

现以表 7-4 资料来说明其计算方法。

表 7-4

材料名称	计量单位	消耗数量		预算价格（元）	消耗金额		定额指数（％）	节约或浪费金额（元）
		应耗	实耗		应耗	实耗		
甲	乙	1	2	3	4＝1×3	5＝2×3	6＝5÷4	7＝5－4
红　砖	块	520000	510000	0.082	42640	41820	98.08	－820
425 号水泥	kg	255500	253000	0.125	31937.5	31625	99.02	－312.5
粗　砂	m³	300	280	56.24	16872	15747.2	93.33	－1124.8
合计					91449.5	89192.2	97.53	－2257.3

从表 7-4 中可以看出，由于三种材料消耗水平综合降低了 2.47％，而节约资金 2257.3 元。

四、检查多项工程使用多种材料消耗定额的执行情况

在这种情况下，可以采用下列公式计算定额指数：

$$定额指数 = \frac{\Sigma PM_1 Q}{\Sigma PM_2 Q}$$

式中：P——预算单价；

Q——已完工程量；

M_1——实际单耗；

M_2——定额单耗。

现以表 7-5 资料说明其定额指数的计算方法。

根据表 7-5 的资料，可以计算二项工程消耗三种材料的定额指数和节约额为：

$$定额指数 = \frac{51216.15}{52324.78} \times 100\% = 97.88\%$$

$$节约额 = 51216.15 - 52324.78 = -1108.63（元）$$

计算结果表明：本期二项工程消耗三种材料的实际比定额下降了 2.12％，共节约资金 1108.63 元。

表 7-5

工程名称	工程量		材料		材料单耗		预算单价	材料费用	
	单位	数量	名称	单位	实际	定额	（元）	按定额计	按实际计
甲	乙	Q	丙	丁	M_1	M_2	P	PM_2Q	PM_1Q
砌外墙	m³	815	红砖	块	510	523	0.082	34952.09	34083.3
			水泥	kg	28	30	0.125	3056.25	2852.5
			白灰	m³	0.04	0.03	45.25	1106.26	1475.15
砌烟囱	m³	240	红砖	块	600	616	0.082	12122.88	11808
			水泥	kg	26	29	0.125	870	780
			白灰	m³	0.02	0.02	45.25	217.2	217.2
合计	—				—	—	—	52324.78	51216.15

第四节　原材料、能源库存统计

建筑业企业原材料、能源的收入是分期分批进行的，由于建筑产品的生产过程不间断地进行，所收入的材料也就不间断地被消耗掉。为了保证施工的持续进行，建筑企业不但要积极地按计划组织进料，在施工生产过程中严格材料定额消耗，而且还必须保证有一定数量的原材料、能源的库存储备量，这是保证生产正常进行的重要条件之一。

原材料、能源库存储备量必须保持一个合理水平。没有足够数量的材料储备，就有可能因材料供应不足而停工待料；但是，过多的材料储备，又会造成物资积压和过多地占用流动资金，影响企业的资金周转，并造成财力和物力的不必要的浪费。因此，建筑业企业各种库存的原材料、能源物资，都应有储备定额，并严格执行定额储备的要求，这也是材料管理工作中一项极为重要的问题。

一、原材料、能源库存量指标统计

建筑业企业原材料、能源库存量，是指独立核算的建筑业企业在报告期初（或期末）实际结存的原材料、能源的数量。原材料、能源库存量指标，分别用实物量和价值量来表示。

建筑业企业原材料、能源库存量，按照"谁支配谁统计"的核算原则。也就是说，在一定时点上，凡是本企业有权支配动用的原材料、能源，不论存放在何处，都要作为本企业库存统计；反之，本企业无权支配动用的原材料、能源，即使存放在本企业仓库，也不能作为本企业库存统计。

（一）原材料、能源库存量统计范围

原材料、能源库存统计的范围，是指凡是本企业有权支配动用的某一时点实际结存的原材料、能源，都要作为本企业库存统计。包括：

（1）企业各材料库原材料、能源，包括总库、分库、车间或工地仓库及露天场地保存的原材料、能源；

（2）工地、车间领料后尚未进入第一道生产工序的原材料、能源；

（3）外单位加工来料尚未消费的原材料；

（4）自外单位借入并已办理入库手续，但尚未消费的原材料、能源；

（5）已决定外调或上交，但尚未办理出库手续的原材料、能源；

（6）委托外单位为本企业保管的原材料、能源；

（7）不属于正常周转库存的超储积压及特种储备的原材料、能源；

（8）清点盘库查出的帐外原材料、能源；

（9）已经申请报废、但尚未批准的原材料、能源。

建筑业企业原材料、能源库存量指标不包括以下内容：

（1）已拨到外单位委托加工的原材料；

（2）已办理出库手续借给外单位的原材料、能源；

（3）供货单位错发到本企业的原材料、能源；

（4）代外单位保管的原材料、能源（包括已办理出库手续的外调原材料、能源，对方尚未提走或未全部提走部分）；

（5）已查实确属亏损或丢失的原材料、能源；

（6）已付货款但尚在运输途中的原材料、能源；

（7）已投入使用的工具性材料及可以回收复用的旧料；

（8）已运到本企业但尚未办理（或尚未办完）验收入库手续的原材料、能源。

为了正确统计原材料、能源库存量指标，还应注意以下四点：

第一，要严格执行"假退料"制度。在报告期末领而未用或尚未用完的原材料、能源，要切实办理"假退料"手续，将这部分原材料、能源计入库存量。只有这样，才能正确统计库存和核算成本。

第二，要坚持上级主管机关规定的定期盘点制度。如发现帐（材料保管帐）、卡（材料卡片）、物（实物数量）三个数字不一致的，应及时更正，统计库存量以最后的盘点数量为准。

第三，凡是拨出加工、调出或借给外单位的原材料、能源，只要办理了出库手续，不论原材料、能源是否已经离库，本企业都不应计入库存量指标。

第四，库存量指标，是反映某一时点上客观存在的原材料、能源实体的数量指标，不应该，也不会出现赤字库存量（负数）。如果库存原材料、能源全部用完，则库存量指标为零。

（二）原材料、能源库存量指标的计算

原材料、能源库存量指标就是期末（或期初）库存量。期末（或期初）库存量指标，一般是通过实际盘点来确定的。

对于入库材料、能源，一般是根据帐簿资料，用下列平衡推算公式为：

期末库存量＝期初库存量＋本期收入量－本期支出量（消费＋调出）

采用平衡推算法确定库存量，其资料正确性受收入量和支出量的影响。因此，只有在认真核算收入量与支出量的条件下，而又无法及时组织实际盘点时才能采用；同时，隔一定时期也还必须进行实际盘点，以保证实际库存的真实性。在盘点时如果发现帐实不符，则均以实际盘点数为准。

对于现场大堆材料，也可采用实地盘点的方法来准确确定期末实有量。

二、原材料、能源储备量统计

原材料、能源库存量一般是期末统计的，表明每报告期末企业库存原材料、能源的价值总量以及各类、各种材料的实物数量。原材料、能源储备量则是表明一定时期的库存数量，以保证施工生产对于各种原材料、能源数量的需要。也就是说，企业为保证常年施工的正常进行，对各类各种材料、能源应保持一段时期的一定数量的库存量，这就是实际工作上的材料、能源储备定额。

（一）原材料、能源储备定额

原材料、能源储备，一般分为正常储备、保险储备和季节储备。原材料、能源储备定额，通常是以每种原材料、能源对施工生产需要的保证天数为标准来确定的。

正常储备，是指保证施工生产进行的正常需要而必须保持的原材料、能源储备水平。正常储备定额是根据储备天数和平均每天消耗量来确定的。其公式为：

　　原材料、能源正常储备定额＝平均每天材料、能源需要量×储备天数

储备天数是根据两次供货的间隔天数来确定的，平均每天某种材料、能源需要量是根据一定时期的需要总量除以该时期天数来确定的。

例如，某施工企业全年红砖需要量为 450 万块，该企业红砖每次供货间隔为 20 天，那么，

$$红砖正常储备定额＝\frac{450}{360}×20＝25（万块）$$

保险储备是指在材料供应中发生了意外的情况下而能供应施工需要的储备数量。因此，一般情况下是不动用的。保险储备定额，一般是根据各种原材料、能源供应超出正常供应期的实际记录来确定的。假如，上例中红砖供应一般超出正常时间为 7 天，那么，

$$红砖保险储备定额＝\frac{450}{360}×7＝8.75（万块）$$

保险储备，又称最低储备。保险储备加正常储备等于最高储备。如上例中红砖的最高储备定额＝25＋8.75＝33.75 万块。原材料、能源最高储备量，是该物资积压开始的信号，低于保险储备（最低储备）量，是该物资供应即将中断的信号。

季节储备，是保证某些施工生产有季节性的原材料、能源能正常供应施工生产需要的储备数量。季节储备量，要根据季节的长短与每天的平均需要量来确定。

各种原材料、能源的供应期限和需要数量都是各不相同的，因而，其各项储备定额也是不一样的。应该对施工生产需要的主要原材料、能源确定其定额储备量，既能保证施工的正常需要，又能合理利用企业有限的资金，充分发挥资金效果。

（二）原材料、能源储备定额执行情况的检查

为了防止原材料、能源的积压或不足，保证施工生产的需要，加速资金的周转，企业必须经常检查原材料、能源储备定额的执行情况，分析是否有超储积压或储备不足的现象。

检查储备定额的执行情况，就是将实际储备量（库存量）与储备定额对比。当实际库存量超过最高储备定额时，说明原材料、能源有积压；当实际库存量低于最低储备定额时，说明企业原材料、能源储备不足，也就是需要动用保险储备。

原材料、能源储备定额执行情况的检查，一般是对比对生产的保证天数指标。保证天数指标，是用原材料、能源库存量与每日材料消耗量对比。其计算公式为：

$$保证天数＝\frac{期末某种材料库存量（或储备量）}{该种材料平均每日消耗量}$$

现以表 7-6 为例，说明原材料、能源储备定额的执行情况。

表 7-6

材料名称	单位	每日消耗量	储备定额		实际库存		储备定额执行情况（%）
			数量	天数	数量	对生产保证天数	
甲	乙	1	2	3＝2÷1	4	5＝4÷1	6＝5÷3
钢材	t	0.4	36	90	48	120	133.33
木材	m³	2	140	70	100	50	71.43
水泥	t	5	75	15	100	20	133.33
红砖	千块	10	300	30	300	30	100.00
白灰	t	0.2	6	30	1	5	16.67

从表 7-6 可以看出：钢材、水泥、红砖的储备量是基本符合要求的，而木材和白灰不符合定额储备要求，应积极组织进料，否则就会造成生产的中断。

应当指出，这种检查方法一般只能揭露一些比较突出的情况，而要比较准确地反映各种原材料、能源的实际储备是否合理，还必须联系下次进货时间进行具体分析。此外，对材料储备定额执行情况进行检查，还必须联系施工生产和物资供应的实际情况，对储备定额加以修订，以适应施工生产的需要。

现将国家统计局关于《原材料、能源消费与库存》统计报表附后（表 7-7）。

原材料、能源消费与库存　　　　　　　　　　　　　表 7-7

企业法人代码□□□□□□□□-□　　　　　　　　　表　号：C105 表
企业详细名称　　　　　　　　199　年　　　　　　　制表机关：国家统计局
　　　　　　　　　　　　　　　　　　　　　　　文　号：国统字（1993）254 号

项　目	计量单位	代码	年初库存	本　年　消　费			年末库存
				合计	主营活动用	附营活动用	
甲	乙	丙	01	11	12	15	05
总　值	千元	01					
（一）能源类	千元	02					
（二）原材料类	千元	03					
1. 黑色金属材料类	千元	04					
2. 有色金属材料类	千元	05					
3. 化工类	千元	06					
4. 建材类	千元	07					
5. 木材类	千元	08					
6. 一次转移价值的机电产品类	千元	09					
7. 其他类（以下按实物量目录填报）	千元	10					

单位负责人：　　　统计负责人：　　　填表人：　　　报出日期　年　月　日

复 习 思 考 题

1. 建筑业企业原材料、能源统计的意义和任务是什么？

2. 原材料、能源收入量指标的内容如何？

3. 怎样分析原材料、能源收入量计划的完成情况？

4. 什么是原材料、能源消费？其统计原则是什么？

5. 建筑业企业原材料、能源消费量统计包括哪些内容？

6. 如何检查原材料、能源的消耗定额执行情况？

7. 什么是原材料、能源库存？其统计原则是什么？

8. 建筑业企业原材料、能源库存量统计的范围是什么？

9. 什么是原材料、能源储备量？如何检查储备定额的执行情况？

10. 已知下列资料：

材料名称	计量单位	本月计划需要	期初库存	实 际 收 入	
				日 期	数 量
钢 材	t	6	0.4	2日、10日、20日	1、3、3
木 材	m³	12	1.2	10日、20日、29日	4、6、4
水 泥	t	45	6	5日、6日、20日	15、15、15

注：本月日历日数为30天，无休息日。

要求：（1）计算各种材料收入量计划完成程度指标；

（2）分析材料收入量存在的问题。

11. 某企业全年需用水泥1800t，水泥每批供应间隔期为20d，根据实际记录，水泥供应一般超过正常期限的时间为5d。计算该企业水泥的正常储备量、保险储备量和最高储备量。

12. 某施工单位，报告期完成钢筋混凝土平板和钢筋混凝土圈梁二个分部分项工程，完成工程量以及材料消耗等资料如下表：

分部分项工程名称	完成工程量		主要材料		每10m³消耗		预算单价
	单位	数量	名称	单位	定额	实际	（元）
钢筋混凝土平板	m³	200	钢筋	t	1.036	1.1	1100
			水泥	t	2.884	3	140
			卵石	m³	8.53	8.5	46
钢筋混凝土圈梁	m³	300	钢筋	t	1.216	1.3	1100
			水泥	t	2.884	3.1	140
			卵石	m³	8.53	8.8	46

要求：分析该企业混凝土工程的材料消耗定额执行情况。

第八章　建筑业企业财务状况统计

我国建筑业企业经济是社会主义的商品经济。因此，就需要以价值来考核建筑业企业的经营活动过程及其取得的财务成果。

建筑业企业从事施工生产经营活动的过程既是物质运动的过程，也是资金运动的过程，是物质运动和资金运动的统一。物质是基础，只有管好用好各项物资，才能管好用好资金。如果物资管理混乱，必然造成资金的积压、浪费和损失。然而，管好用好资金对管好用好物资又有积极的促进作用。通过合理地组织资金运动和加强资金管理，可以促进企业合理而又有效地使用各项物资，促进企业的施工生产经营活动取得更好的经济效益。

建筑业企业是对资金运动过程进行独立核算的基本单位。财务状况统计指标群，体现了《企业会计准则》所规定的六大会计要素（资产、负债、所有者权益、收入、费用、利润），概括了会计核算的基本内容。建筑业企业的资金运动，从资金的形态变化来看，必然表现为货币资金、储备资金、生产资金、成品资金等的循环和周转；从资金的价值量变化来看，又必然表现为企业资金的耗费与回收。企业统计工作也应就其企业资金的取得、资产负债状况、损益及分配情况等进行反映，以说明企业的综合财务状况。

建筑业企业财务状况统计，可以反映建筑业企业一定时期的生产经营活动情况及其成果；可以反映一定时点上资产、负债和所有者权益的状况；可以反映企业资本金的规模和构成；可以分析企业的经济效益、经济实力和偿债能力；可以为分析研究建筑业行业的经济情况、计算增加值和国民经济其他指标提供资料。

建筑业企业财务状况统计，按国家统计局《财务状况》统计报表要求，分别就建筑业企业资本金、年末资产负债、损益和分配以及其他财务指标进行填报。下面，分别进行说明。

第一节　企业资本金、资产负债统计

一、企业资本金统计

资本金，是指企业在工商行政管理部门登记的注册资金。企业资本金，是企业资金筹集来源的基本渠道，是投资人权益的基本部分。

资本金按其投资主体不同分为国家资本金、法人资本金、个人资本金和外商资本金四部分。

（一）国家资本金

国家资本金，是指有权代表国家投资的政府部门或者机构以国有资产投入企业形成的资本金。在实际填报时，不需要区分企业的资本金是哪个政府部门或机构投入的，何时投入的，只要是以国家资金进行投资的，均作为国家资本金统计。

（二）法人资本金

法人资本金，是指其他法人单位以其依法可以支配的资产投入企业形成的资本金。包括通过横向经济联合吸收的外单位投入资本和施工企业内部独立核算单位纵向投入资本两部分。其他法人单位，包括企业法人和社团法人。

（三）个人资本金

个人资本金，是指社会个人或者企业内部职工以个人合法财产投入企业形成的资本金。

（四）外商资本金

外商资本金，是指外国投资者以及我国香港，澳门和台湾地区投资者投入企业形成的资本金。

资本金的本年实际数，要根据企业在工商行政管理部门的注册资金登记数统计，或者根据会计师事务所出具的验资报告中的数据统计。如果企业当年增加或减少注册资本金时，要按企业资本金变更登记后的数字统计。

二、企业资产统计

资产是企业拥有或控制的能以货币计量的经济资源，包括各种财产、债权和其他权利。建筑业企业的资产按其流动性分为：流动资产、长期投资、固定资产、专项工程、无形资产、递延资产和其他资产。

（一）流动资产统计

流动资产，是指企业中可以在一年或者超过一年的一个营业周期内变现或者耗用的资产，包括现金及各种存款、短期投资、应收及预付款项、存货等。流动资产年末合计数，要根据"资产负债表"中的"流动资产合计"项目的期末数统计。

货币资金年末数，是指企业年末的各种现金、银行存款和其他货币资金的总和数，也要根据"资产负债表"中"货币资金"项目的期末数统计。

存货的年末数，是指企业年末库存的主要材料、结构件、机械配件、其他材料、低值易耗品、周转材料、在建工程、工业在产品、半成品、产成品等的合计数，根据"资产负债表"中"存货"项目的期末数统计即可。其中："在建工程"，也根据"资产负债表"中"在建工程"项目的期末数填列即可。

（二）长期投资统计

长期投资，是指企业不可能或者不准备在一年内变现的投资，它包括长期股票投资、购买长期债券以及对其他单位的货币资金或实物投资等形式。本项数额根据"资产负债表"中"长期投资"项目的期末数统计。

（三）固定资产统计

固定资产是指使用期限超过一年的房屋及建筑物、机器、机械、运输工具以及其他与生产经营有关的设备、器具、工具等。不属于生产经营的主要设备，单位价值在 2000 元以上，并且使用期限超过两年的，也包括在内。

"固定资产合计"数，是指固定资产净值、固定资产清理、待处理固定资产损失所占用的资金。本项可根据"资产负债表"中"固定资产合计"项目的期末数统计。其中：

（1）固定资产原价：是指企业在建造、购置、安装、改扩建、技术改造某项固定资产时所支出的全部货币总额。它一般包括买价、包装费、运杂费和安装费等。本指标可根据"资产负债表"中"固定资产原价"项目的期末数统计。

（2）生产经营用固定资产：是指参加企业生产经营过程或直接服务于企业生产经营过

程的各种固定资产总值。如生产和行政管理用的房屋及建筑物、施工机械、运输设备、生产设备、仪器及试验设备和其他生产用固定资产。本指标可根据施工企业会计"固定资产"帐户分类归纳统计。

（3）累计折旧：是指企业计提的固定资产折旧数额，即从固定资产投入使用月份的次月起，按月计提的固定资产折旧的累计数额。本指标，可根据"资产负债表"中"累计折旧"项目的期末数统计。其中：

本年提取折旧：是指企业在本年度内累计提取的折旧数额。本指标可根据"财务状况变动表"中"固定资产折旧"项目的"金额"栏统计。

（4）固定资产净值：是指企业固定资产原价减累计折旧后的净额，即：

$$固定资产净值＝固定资产原价－累计折旧$$

（四）专项工程统计

专项工程，是指企业尚未竣工投入使用的各种专项工程支出的实际成本。例如，企业自行建造固定资产、固定资产改建扩建、购入需要安装设备的安装工程以及建造临时设施等各种专项工程所发生的实际成本。本指标可根据"资产负债表"中"专项工程"的期末数统计。

（五）无形及递延资产统计

无形及递延资产，是指企业无形资产和递延资产的合计数额。无形资产是指企业长期使用但没有实物形态的资产，包括土地使用权、工业产权（专利权、商标权等）和非专利技术；递延资产是指不能全部计入当年损益、应当在以后各年度内分期摊销的各项费用，包括企业开办费、融资租入固定资产的改良支出和摊销期限在一年以上的固定资产修理支出等。本指标可根据"资产负债表"中"无形资产与递延资产合计"项目的期末数统计。

（六）其他资产统计

其他资产，是指除以上资产以外的其他资产，包括临时设施、特准储备物资、银行冻结存款、冻结物资、涉及诉讼中的财产等。本指标可根据"资产负债表"中"其他资产"项目的期末数统计。

三、企业负债统计

企业负债，是指企业所承担的能以货币计量，需以资产或劳务偿付的债务。负债属债权人权益。企业负债一般按其偿还期长短分为流动负债和长期负债两部分。

（一）流动负债统计

流动负债，是指企业将在一年或者超过一年的一个营业周期内偿还的债务，包括短期借款、应付票据、应付帐款、预收帐款、应付工资、应付福利费、应交税金，其他应交款、应付利润、其他应付款和预提费用等。本指标可根据"资产负债表"中"流动负债合计"项目的期末数统计。

（二）长期负债统计

长期负债，是指企业偿还期在一年或者超过一年的一个营业周期以上的债务，包括长期借款、应付债券和长期应付款等。本指标可根据"资产负债表"中"长期负债合计"项目的期末数统计。

四、所有者权益统计

所有者权益，是企业投资人对企业净资产的所有权。企业净资产等于企业资产总额减去负债总额后的余额。其中包括实收资本、资本公积、盈余公积和未分配利润四部分。

所有者权益年末合计数指标，可根据"资产负债表"中"所有者权益合计"项目的期末数统计。

第二节　企业损益及分配统计

建筑业企业在生产经营过程中，为完成施工任务和其他业务活动，必然要发生费用的消耗，经过工程结算或销售实现，又会取得工程价款收入或其他销售收入。消耗与收入对比，就可以形成企业的损益数额，即企业经济效益。同时，对企业收入大于耗费的收益数额，应按规定向国家上交税金、向投资者分派利润以及提存企业公积金等，这就是对企业损益的分配。因此，建筑业企业财务状况统计，还应就企业收入、费用、利润及其分配情况进行统计。

一、企业损益情况统计

建筑业企业损益情况统计，主要是计算企业报告期的盈利（或亏损）情况以及相应的收入与费用的发生数额。

施工企业的利润总额，是由营业利润、投资净收益和营业外收支净额三部分构成。其中，营业利润是由主营业务利润（工程结算利润）和附营业务利润（其他业务利润）两部分构成；投资净收益等于投资收入减投资损失的差额；营业外收支净额等于营业外收入减营业外支出。

为了比较全面反映企业损益的情况，国家统计局规定需要统计以下指标。

（一）工程结算收入

工程结算收入，是施工企业的主营业务收入。它是指本企业承包工程实现的工程价款结算收入以及向发包单位收取的除工程价款以外按规定列作营业收入的各种款项，如临时设施费、劳动保险费、施工机构调迁费以及向发包单位收取的各项索赔款。本指标可根据"损益表"中"工程结算收入"项目的本年累计数统计。

（二）工程结算成本

工程结算成本，是指在报告期内与发包单位办理工程价款结算的已完工程实际成本。本指标可根据"损益表"中"工程结算成本"项目的本年累计数统计。

（三）工程结算税金及附加

工程结算税金及附加，是指因从事建筑业生产活动，取得工程价款结算收入而按规定应该交纳的营业税、城市维护建设税等以及按营业税额一定比例计算交纳的教育费附加等。本指标可根据"损益表"中"工程结算税金及附加"项目的本年累计数统计。

（四）工程结算利润

工程结算利润，是指已结算工程所实现的利润。其计算公式为：

$$工程结算利润 = 工程结算收入 - 工程结算成本 - 工程结算税金及附加$$

本指标可根据"损益表"中"工程结算利润"项目的本年累计数统计。如果亏损，以"—"号表示。

（五）其他业务收入

其他业务收入，是指企业除工程结算收入以外的其他业务收入，如产品销售收入、机械作业收入，材料销售收入、无形资产转让收入、固定资产出租收入等。本指标可根据"其他业务收入"帐户的本年货方发生额归纳统计。

（六）企业总收入

企业总收入，是指与企业生产经营直接有关的各项收入，包括工程结算收入与其他业务收入。即：

$$企业总收入＝工程结算收入＋其他业务收入$$

（七）其他业务利润

其他业务利润，是指企业除结算收入以外的其他业务收入相抵其他业务支出（包括其他业务成本及应负担的费用、税金）后的净收益（如为净支出则以"—"号表示）。本指标可根据"损益表"中"其他业务利润"项目的本年累计数统计。

（八）管理费用

管理费用，是指企业行政管理部门为组织和管理生产经营活动而发生的各项费用。包括公司经费、工会经费、职工教育经费、劳动保险费、待业保险费、董事会费、咨询费、审计费、诉讼费、排污费、绿化费、税金、土地使用费、土地损失补偿费、技术转让费、技术开发费、无形资产摊销、开办费摊销、业务招待费、坏帐损失、存货盘亏、毁损和报废（减盘盈）损失，以及其他管理费用。本指标可根据"损益表"中"管理费用"项目的本年累计数统计。其中：

（1）管理费用中的税金，是指企业按照规定支付的房产税、车船使用税、土地使用税、印花税等。本指标可根据"管理费用明细表"或"管理费用"帐户中有关项目归纳统计。

（2）管理费用中的劳动、待业保险费，是指企业支付的劳动保险费和交纳的待业保险费。劳动保险费是指企业支付离、退休职工的退休金（包括提取的离休统筹基金）、价格补贴、医药费、易地安家补助费、职工退职金、6个月以上病、伤、产假人员工资、职工死亡丧葬补助费、抚恤费以及按规定支付给离退休人员的各项经费；待业保险费是指企业按照国家规定交纳的待业保险基金。本指标也可根据"管理费用明细表"或"管理费用"帐户中有关项目归纳统计。

（九）财务费用

财务费用，是指企业为筹集生产经营所需资金所发生的费用，包括利息支出、汇兑净损失（已减汇兑收益）、调剂外汇手续费、金融机构手续费以及企业筹资发生的其他费用。本指标可根据"损益表"中"财务费用"项目的本年累计数统计。其中：

利息支出，是指企业生产经营期间发生的利息净支出（已减利息收入）。本指标可根据"财务费用"帐户的发生额分析计算。

（十）营业利润

营业利润，是指企业生产经营活动所实现的利润，包括主营业务利润和其他业务利润。

营业利润是企业营业收入减去营业成本、营业费用（管理费用、财务费用），再减去营业收入应负担的营业税金后的余额。如亏损，则以"－"号表示。其计算方法为：

$$营业利润＝工程结算利润＋其他业务利润－营业费用$$

本指标可根据"损益表"中"营业利润"项目的本年累计数统计。

（十一）投资收益

投资收益，是反映企业以各种方式对外投资所取得的净收益。如为投资损失，可用"－"号表示。本指标可根据"损益表"中"投资收益"项目的本年累计数统计。

（十二）营业外收入

营业外收入，是指与企业生产经营无直接关系的各项收入。本指标可根据"损益表"中"营业外收入"项目的本年累计数统计。

（十三）营业外支出

营业外支出，是指与企业生产经营无直接关系的各项支出。本指标可根据"损益表"中"营业外支出"项目的本年累计数统计。

（十四）利润总额

利润总额是指企业全年实现的利润。如为亏损，以"－"号表示。本指标是反映企业经营财务成果的一个综合指标，它可以根据"损益表"或"利润分配表"中"利润总额"项目的本年累计数统计。

二、企业利润分配情况统计

企业的利润分配，是指企业按照财务通则对企业利润分配的规定，对当年实现的利润和以前年度未分配利润所进行的分配，包括对亏损的弥补。

国家统计局规定在利润分配内容中，要求统计下列指标。

（一）应交所得税

应交所得税，是指企业按照国家的税法规定应计算交纳的所得税。它是按照企业当年应税利润额（利润总额按规定进行税前调正后的数额）的规定税率计算的。本指标可根据"损益表"附表"利润分配表"中"应交所得税"项目的本年实际数统计。

（二）应交特种基金

应交特种基金，是指企业年度内应上交国家财政的能源交通重点建设基金和国家预算调节基金等。本指标可根据"利润分配表"中"应交特种基金"项目的本年实际数统计。

（三）转作奖金的利润

转作奖金的利润，是指奖金暂未列入费用的企业，按规定从利润中提取转作奖金的部分。这种企业在提取时，要作为应付工资的组成部分。

（四）利税总额

利税总额，是指企业实现的利润与利润分配前上缴的税金之和，它包括企业利润总额、工程结算税金及附加和管理费用中的税金。即：

$$利税总额＝利润总额＋工程结算税金及附加＋管理费用中的税金$$

（五）应付利润

应付利润，是指企业应付给投资者的利润。本指标可根据"利润分配表"中"应付利润"项目的本年实际数统计。

（六）已分配股利

已分配股利，是指股份制企业根据股东所拥有的本公司股份（或股票）已分配给股东的股息和红利。

第三节　企业其他财务指标统计

一、工资及福利费指标统计

国家统计报表中规定的工资及福利费统计主要有以下两部分。

（一）本年应付工资

本年应付工资，是指企业报告期应付给职工的工资总额。本指标可根据"应付工资"帐户的本期贷方发生额合计数统计。其中：

主营业务应付工资，是指报告期内企业应付给与工程施工直接有关的职工的工资。本指标可根据"工程施工"、"机械作业"、"辅助生产"、"采购保管费"和"管理费用"帐户中与"应付工资"帐户对应的发生额归结计算。

（二）本年应付福利费

本年应付福利费，是指企业报告期内提取的全部职工福利费。本指标可根据"应付福利费"帐户的贷方发生额合计数统计。其中：

主营业务应付福利费，是指企业与工程施工有关的人员工资，即主营业务应付工资总额提取的福利费。本指标可按主营业务应付工资额和规定提取比例直接计算即可。

二、三资企业补充统计的财务指标

三资企业，是指中外合资经营企业、中外合作经营企业、外资企业、港澳台与大陆合作经营企业和港澳台独资经营企业。现行制度中规定《财务状况》统计报表的补充资料中的财务指标，由以上三资企业统计填报。这些指标是：

（一）本期实收外商资本

本期实收外商资本，是指按照合同、协议或企业申请书中所规定的注册资本及其所占比例，外商实际缴付的出资额。包括外商以现金、实物、工业产权、专有技术、场地使用权计价的实缴资本投资以及外商投资收益的再投资。

（二）协议内本年从境外借款

协议内本年从境外借款，是指批准的企业投资总额内，以企业法人或中外各方的名义从境外（或境内外资金融机构）借入的资金。

（三）本年已分配给外方股利

本年已分配给外方股利，是指经企业董事会决定分配给合营、合作双方的利润股息中按比例属于外商的那部分。

（四）本年未分配利润中应分给外方股利

本年未分配利润中应分给外方股利，是指企业的年末未分配利润股息中按比例属于外商的那部分。

现将国家统计局颁发的企业《财务状况》表附后（表8-1）。

财 务 状 况

表 8-1

企业法人代码□□□□□□□□-□

企业详细名称 _____

199 年

表号：C103 表
制表机关：国家统计局
文号：国统字（1993）254 号
计量单位：千元

指标名称	代码	金额	指标名称	代码	金额	指标名称	代码	金额
甲	乙	1	甲	乙	1	甲	乙	1
一、企业资本金			长期负债合计	19		应交所得税	39	
资本金合计	01		所有者权益合计	20		应交特种基金	40	
1. 国家资本金	02		其中：股本	21		转作奖金利润	41	
2. 法人资本金	03					应付利润	42	
3. 个人资本金	04					其中：已分股利	43	
4. 外商资本金	05		三、损益及分配			四、其他		
			工程结算收入	22		本年应付工资	44	
二、年末资产负债			工程结算成本	23		其中：主营业务		
流动资产合计	06		工程结算税金及	25		应付工资	45	
其中：货币资金	07		附加			本年应付福利费	46	
存货	08		工程结算利润	26		其中：主营业务		
其中：在建	60		其他业务收入	69		应付福利	47	
工程			其他业务利润	27		费		
长期投资合计	09		管理费用	28				
固定资产合计	10		其中：税金	29		说明：		
固定资产原价	11		劳动待业			1. 股本由股份制企业		
其中：生产经营	12		保险费	30		填报		
用			财务费用	31		2. 已分股利由股份制		
累计折旧	13		其中：利息支出	32		企业和三资企业填		
其中：本年提取	14		营业利润	33		报		
专项工程	63		补贴收入	34				
无形及递延资产	15		投资收益	35				
合计			营业外收入	36				
其他资产合计	16		营业外支出	37				
流动负债合计	17		利润总额	38				
其中：未交税金	18							

补充资料：（由三资企业填报）

1. 本年实收外商资本（48）_____千元；

2. 协议内本年从境外借款（49）_____千元；

3. 本年已分配给外方股利（50）_____千元；

4. 本年未分配利润中应分给外方股利（51）_____千元；

5. 外商投资国别（地区）名称（52）_____，国别（地区）代码：□□□

单位负责人： _____ 统计负责人： _____ 填表人： _____ 报出日期：199 年 月 日

复 习 思 考 题

1. 建筑业企业财务状况统计的意义和任务是什么？
2. 什么是资本金？其内容包括哪些？
3. 什么是资产？其内容包括哪些？
4. 企业资产统计的指标有哪些？根据什么计算？
5. 什么是负债？流动负债和长期负债如何统计？
6. 企业损益情况的统计指标有哪些？如何计算？
7. 企业利润分配的统计指标有哪些？如何计算？
8. 如何统计企业的应付工资和应付福利费？

第九章 建筑业企业附营业务活动统计

建筑业企业作为社会再生产活动的一个基本单位，其所从事的生产经营活动是多种多样的。而且，随着社会主义市场经济的逐步发展，企业主营业务以外的多种经营的比重还将日益增加。从整个国民经济的角度看，这些附营业务同主营业务一样，同属于全社会产业活动的组成部分，因而都是国家统计调查的对象。

根据国家统计局的规定，建筑业企业附营业务活动分四个方面进行统计，即附营工业、附营交通运输业、附营商业以及除此之外的其他附营活动。下面，分节进行说明。

第一节 附营工业统计

建筑业企业附属的工业单位，其生产的工业产品也是社会总产品的一部分。附营工业统计，就是对附营工业产品的生产、销售、库存三方面进行统计，反映附营工业产品生产、销售和库存的数量及构成，为分析企业、部门、地区的生产经营情况提供依据。

一、附营工业产品生产统计

（一）附营工业产品产量统计

工业产品产量，是指工业单位在一定时期内生产的，并符合产品质量要求的实物数量。它反映附营工业生产的发展水平，是制定和检查产量计划完成情况，分析各种工业产品之间比例关系，进行产品平衡分配，计算实物量生产指数以及计算工业总产值、实物劳动生产率的指标的重要依据。因此，准确、及时地统计产品产量具有重要意义。

工业产品产量，是以符合产品理化性能或外部特征，并能体现产品使用价值量的实物单位来计算的产品产量。如，钢材按"t"，建筑机械按"台"，钢门窗按"t"和"m²"，发电设备按"台/kW"，等等。通常所说的产品产量，就是指按实物单位计算的产品数量。

附营工业产品产量，是反映工业单位在一定时期内所生产的符合质量要求的、随时可以提供给社会使用的产品数量。因此，在进行工业产品产量统计时，必须遵循以下二个基本原则：

（1）一切产品必须符合规定的质量标准或订货合同规定的技术条件，方可统计产量。

工业产品的质量标准，一律按国家标准或部颁标准执行。没有国家标准或部颁标准的产品，应按照企业主管机关规定的标准，或订货合同规定的技术条件执行。各部门、各地区、各单位不得擅自更改标准，或降低标准。

（2）报告期产品产量，应是截止到报告期最后一天的经检验合格并办理入库手续的产品产量。

产品办完入库手续，表明产品正结束生产过程，经检验合格，随时可以提供社会使用。同时，规定要求包装的产品，必须包装好，才能计算产品产量。两班制或三班制生产的企业，报告期最后一天以哪一个班次作为截止计算产量的班次，则由主管机关规定，并应与会计核算的结算时间一致。结算时间一经确定后，就必须严格执行，不得随意提前或错后，更不准跨期虚报或瞒报。

关于实物产量的计量方法，在实际工作中是多种多样的。一般应按实际过磅或者计量后的数量计算，就是使用磅秤或各种仪器、仪表进行实际度量，有的以手工盘点或目测的方法进行直接计量，这是计量产品产量最普遍、最可靠的方法。如果某些产品必须进行估算时，也必须采取认真负责的态度，并采取科学的方法，尽量使估算数接近实际，力求真实可靠。

（二）附营工业总产值统计

随营工业总产值，是指以货币表现的附营工业生产单位在报告期内生产的工业产品总量。附营工业总产值，是反映一定时期内工业生产规模和水平的重要指标，是计算工业生产发展速度和主要比例关系，计算工业产品销售率和其他经济指标的重要依据。

1. 附营工业总产值的计算原则

附营工业总产值是按"工厂法"计算的。用"工厂法"计算工业总产值，就是以附营工业生产单位作为一个整体，按该工业生产单位进行生产活动的最终成果来计算，单位内部不允许重复计算，也就是不能把单位内部各个车间的生产成果相加。换句话说，根据工厂法的要求，已包括在成品价值中的自制自用半成品价值就不允许另行重复计算了。

例如，附营机械制造厂用自制零件装配成机械，机械的产值已将零部件的产值包括在内，这部分零部件的产值就不能再重复计算。再如，棉纺织印染联合厂，既生产棉纱、棉布，又生产印染布，这个厂的总产值只能计算棉纱、棉布的商品量和印染布生产量的价值，本单位自用纱和自用布的价值，均不重复计算产值。

例如，某附营机械制造厂所属三个车间，报告期产品价值如表 9-1 所示。

单位：万元 **表 9-1**

车间	产品名称	期初未完成品价值	本期生产产品价值	厂内进一步加工的产品价值	期末未完成品价值	企业最终成品价值
铸造	铸件	2	20	18	4	2
机加工	零件	6	70	65	11	5
装配	整机	—	80	—	—	80
全厂	—	8	170	83	15	87

根据表 9-1 资料，可以看出按"工厂法"计算，本期三个车间的生产产品价值为 170 万元，扣除厂内进一步加工而重复计算的产品价值 83 万元，该期完成工业总产值为 87 万元。

2. 附营工业总产值的统计范围

附营工业总产值统计的范围，包括成品价值、工业性作业价值和自制半成品、在产品期末期初差额价值。

（1）成品价值

成品价值，是指本单位在报告期内已完成全部生产过程，经检验、包装入库的产品价值。具体包括：附营单位自备原材料生产的已经销售和准备销售的成品价值；附营单位生产的提供本单位基本建设部门、其他非工业部门和生活福利部门等单位使用的成品价值；附营单位自制设备的价值；用订货者来料加工生产的成品价值（包括定货者来料的价值）和已经销售或准备销售的半成品价值。

（2）工业性作业价值

工业性作业价值，是指附营工业单位在报告期内生产的以生产性劳务形式表现的产品价值。具体包括：对外承做的工业品修理（如机械设备或交通运输工具的修理）的价值；对本单位专项工程、生活福利部门提供加工修理或设备安装的价值；对外来材料、零件及未完制品所做的个别工序的加工（如研磨、钻孔、电镀等）价值；对外来的产品所做的分包或分装工作的价值和对外来的零件、配件进行简单装配工作的价值。

由于工业性作业只恢复或增加原来产品的使用价值，因此，工业性作业按加工费计算工业总产值。即不包括被修理、加工产品的价值，但应包括在工业性作业过程中所耗用的材料和零件的价值。

（3）自制半成品、在产品期末期初差额价值

自制半成品、在产品期末期初差额价值，是指附营工业单位在报告期内已经过一定生产过程，但尚未完成生产过程仍需继续加工的中间产品的价值。用报告期末自制半成品、在产品的价值减去报告期初自制半成品、在产品价值后的差额价值，计入工业总产值。

在生产周期不长（6个月以内）的企业，期末期初半成品、在产品结存量比较稳定，变动不大，加减数额大致相等，为了减化计算，可以略而不计。

3. 附营工业总产值的计算方法

（1）报告期现价工业总产值的计算

报告期现价工业总产值，是指在计算工业总产值时，是采用的报告期内的产品实际销售价格。如果报告期内的产品销售价格前后有变动，或同一种产品在同一时期有几种销售价格的，应分别按不同的价格计算总产值。如果生产完成时还不能确定按哪一种价格销售，可按报告期实际平均销售价格计算。实际销售价格就是产品销售时的实际出厂价格。

现价工业总产值可按下列方法计算。

第一，产品品种较少的单位，可先分别求出各种产品的报告期平均销售价格，再乘以报告期该产品的产量，得到各种产品的成品价值，再加上工业性作业价值和自制半成品、在产品期末期初差额价值，即得出报告期的现价工业总产值。其计算公式为：

$$\text{报告期现价工业总产值} = \text{报告期全部产品的成品价值} + \text{报告期工业性作业价值} + \text{报告期末期初自制半成品、在产品差额价值}$$

$$\text{式中：报告期全部产品的成品价值} = \sum \left(\text{某类产品生产产量} \times \text{该类产品平均销售单价} \right)$$

$$\text{式中：某类产品平均销售单价} = \frac{\text{该类产品销售总额}}{\text{该类产品销售量}}$$

第二，产品品种很多，难以分产品计算成品价值的单位，可用报告期全部产品销售收入加上发出商品和库存产成品期末期初差额价值，再加上不计算产品销售收入的产品价值（如自制设备、对专项工程和生活福利部门提供产品的修理作业等），即为报告期现价工业总产值。这一种计算方法的准确性较差，只能在无法采用第一种方法的情况下使用。

（2）报告期不变价工业总产值的计算

报告期不变价工业总产值，是指在计算不同时期的工业总产值时，采用不变价格或称固定价格。它是某一时期或某一时点的工业产品出厂价格。采用不变价格计算工业总产值，

主要是用以消除不同时期价格变动的影响，以保证计算工业发展速度时的可比性。

建国以来，我国已编制过五次工业产品不变价格：1952年不变价格；1957年不变价格；1970年不变价格；1980年不变价格和1990年不变价格。目前采用的是1990年不变价格计算工业总产值。1990年工业产品不变价格，原则上是用1989年第四季度的综合平均出厂价格确定的，各工业单位在计算不变价工业总产值时，要按照1990年工业产品不变价格的《全国目录》和《省级补充目录》的规定执行。

（三）附营工业其他生产价值量指标

1．成品生产价值

成品本年生产价值，是指附营工业单位本年生产，并在报告期内不再进行加工，经检验、包装入库的已经销售和准备销售的全部工业成品和半成品的价值合计。成品生产价值中，包括附营工业单位生产的自制设备及提供给本单位在建工程、其他非工业部门和生活福利部门等单位使用的成品价值。

成品生产价值按成品实物量乘以基期产品实际销售平均单价计算。

2．对外加工费收入

对外加工费收入，是指附营工业单位在报告期内完成的对外承做的工业品加工的加工费收入和对外工业品修理作业所收取的加工费收入。对外加工费收入，可根据企业会计"产品销售收入"明细帐户贷方资料汇总取得。

3．自制半成品、在产品期末期初差额价值

自制半成品、在产品期末期初差额价值，是指附营工业单位在报告期已经过一定生产过程，但尚未完成生产仍需继续加工的中间产品的价值。本指标可根据附营工业单位内部的"产品生产成本表"资料计算取得。

二、附营工业产品销售与库存统计

（一）附营工业产品销售统计

附营工业产品销售统计，主要是对附营工业单位报告期销售工业产品的数量和销售额进行统计。国家统计局规定计算的指标有产品销售量、成品销售价值和消费品零售额等指标。下面分别进行说明。

1．产品销售量

附营工业产品销售量，是指报告期内工业单位实际销售的由本单位生产（包括上期生产和本期生产）的工业产品的实物数量，但不包括用订货者来料加工生产的成品或半成品实物数量。产品销售量反映工业单位生产成果已经实现销售的数量。

产品销售量包括：

（1）按合同向需用单位的供货量；

（2）在国家合同外按照市场需求，单位自行销售的产品数量；

（3）售予物资部门和商业部门等经营部门的产品数量；

（4）售予外贸部门供出口或单位自行出口的产品数量；

（5）供给国家储备的产品数量。

产品销售量统计，应以产品销售实现为原则。即：在产品已发出，货款已经收到或者得到了收取货款的凭据，就作为销售实现。如果发生售出产品退货，属报告期内的，应从销售量中扣除，如属报告期前售出的不合格产品，不再调整销售量。

2. 成品销售价值

成品销售价值，是指附营工业单位在报告期内实际销售（包括本期生产和上期生产）全部成品、半成品的总金额。其计算公式为：

$$\text{成品销售价值} = \sum \left(\text{报告期某种产品销售量} \times \text{该产品的实际销售单价} \right)$$

3. 消费品零售额

消费品零售额，是指附营工业单位销售给城乡居民、社会集团的用于直接消费的消费品。不论是本单位生产的产品，还是转售的商品均应包括在内，但不包括企业附营批发零售贸易单位的消费品零售额。

（二）附营工业产品库存统计

附营工业产品的库存统计，需分别反映"期初库存"和"期末库存"两方面内容，其统计指标主要是产品库存量和成品库存价值。

1. 产品库存量

产品库存量，是指报告期初或期末尚存在单位产成品仓库中而暂未售出的产品实物数量。其中包括：

（1）本单位生产的、报告期内经检验合格入库的产品数量；

（2）库存产品虽有销售对象，但尚未发货的数量；

（3）订货者来料加工产品尚未拨出的产品数量；

（4）产品入库后发现有质量问题，但未办理退库手续的产品数量；

（5）盘点中帐外产品数量。

但是，下列情况不统计在本单位库存量中：

（1）属于提货制销售的产品，已办理货款结算和开出提货单，但用户尚未提走的产品数量；

（2）代外单位保管的产品数量；

（3）已结束生产过程但尚未办理入库手续的产品数量。

统计产品库存量必须严格以下三点要求：

第一，产品库存量，必须是处于"实际库存"状态的产品数量。如上所说，有的产品虽然已结束了生产过程，但还没有验收合格，还没有办理入库手续，就不能作为产品库存量统计。有的产品虽然已经售出，但还没有办妥货款结算手续，仍应视为本单位产品而统计在库存量中。

第二，计入产品库存量中的产品，必须是本单位有权销售的。对于已经销售并已办妥各项手续，但尚未提货的产品，本单位已无权支配，这种产品虽然仍存放在本单位仓库中，但不应统计在产品库存量中。而凡本单位有权销售的产品，不论存放在什么地方，均应统计在产品库存量中。

第三，产品库存量不能出现负数。如果产品还没来得及入库就已售出，应将售出的这部分产品补办入库和出库凭证，并相应计入产品库存量和产品销售量中。

2. 成品库存价值

成品库存价值，是指附营工业单位在报告期初或期末尚未实现销售的全部成品和预定销售的半成品库存的价值总量，按报告期初或期末实有库存量乘报告期该产品的实际销售平均单价计算。

现将"附营工业产品生产、销售、库存"统计报表附后（表9-2）。

附营工业产品生产、销售、库存　　　　　　　　　　　**表 9-2**

附营工业单位代码□□□□□□□□-□B□□

原工业企业代码□□□□□□□□□□□□-□□□

附营工业单位详细名称　　　　　　　199　年

表　　　号：C108表
制表机关：国家统计局
文　　　号：国统字(1993)254号

甲	计量单位	代码	年初库存	本年生产	本年销售		年末库存	计算机检验用平衡项(201＋202＋203＋204＋205)
					数量	金额		
甲	乙	丙	201	202	203	204	205	206
成品价值合计 （按主要工业产品目录填报）	千元							

指标名称	代码	本年实际（元）					指标名称	代码	本年实际（元）					指标名称	代码	本年实际（元）				
		千万	百万	十万	万	千			千万	百万	十万	万	千			千万	百万	十万	万	千
在产品自制半成品期末期初差额	207						工业总产值（现行价格）	210						年末从业人数（人）	402					
对外加工费收入	208						工业总产值（1990年不变价）	211						从业人员报酬	437					
消费品零售额	209																			

单位负责人：　　　　统计负责人：　　　　填表人：　　　　报出日期：199　年　月　日

第二节　附营交通运输业统计

一、附营交通运输业统计的内容

根据国家统计局规定，施工企业附营交通运输单位的统计内容，主要是公路运输统计和水上运输统计两方面。

（一）公路运输统计的内容

附营公路运输单位，主要是对其营运汽车（载客和载货汽车）的数量及其报告期完成的客、货运量和营业收入等指标进行统计。

营运汽车，是指领有公安交通监理部门核发的车辆牌照，并经当地工商行政管理机关核准，领取营业执照，参加营业性运输的载客汽车和载货汽车。包括使用权属于公路运输企业的在用营运汽车和租入、借入、代管的营运汽车。

载客汽车，是指有专门的客运设备，用于旅客运输的汽车。对于临时作为"代客车"使用的载货汽车，不能作为载客汽车统计。

载货汽车，是指用于货物运输的汽车。它包括普通载货汽车和专用载货汽车两类。前者是指只有一般构造的栏板式货运汽车和平板式货运汽车，包括自卸车和牵引车等；后者是指具有货厢式、罐式、起重举升式、仓栅式等特殊构造和专门用途的货运汽车，如冷藏车、罐车、活畜运输车等。

（二）水上运输统计的内容

附营水上运输单位，主要是对其机动和非机动的营运船只数量及其报告期完成的客、货运量和营业收入等指标进行统计。

机动船，是指装有各种发动机，以机械动力行驶的船舶。机动船是指营运用机动船。营运机动船，是指有由船检部门批准的运输许可证，并经当地工商行政管理机关核准，领取营业执照，参加营业运输的船舶。

驳船，是指非机动船舶，它本身没有动力设备，需要依靠机动船的牵引行驶的船舶。

二、附营交通运输业统计的指标

（一）附营公路运输的统计指标

附营公路运输的统计指标很多，包括营运汽车的总辆数，并分类计算载客汽车、普通载货汽车、专用载货汽车和其他机动车的辆数；载客汽车的载容量（指经交通监理部门核发的车辆行驶证上登记的座位数）、客运量（实际运送旅客人数）和旅客周转量（旅客人数与其乘车里程的乘积之和）以及客车总行程（车公里总数）；载货汽车的载重量（普通或专用载货汽车车辆行驶证上的吨位数）、货物周转量（实际运送货物重量与运送里程的乘积之和）以及载货汽车总行程；营运收入、年末从业人数以及从业人员报酬；等等。

（二）附营水上运输的统计指标

附营水上运输的统计指标也很多，包括机动船（客船、货船）和驳船的艘数；客船载客量（客位）、客运量以及旅客周转量；货船载重量、货运量以及货物周转量；客、货船功率；营业收入、年末从业人员人数以及从业人员报酬；等等。

现将国家统计局颁发的《附营交通运输业运营情况》报表附后（表9-3）。

表 9-3

附营交通运输业运营情况

附营单位代码□□□□□□□□-□D□□

附营单位名称

199　年

表　　号：C110表
制表机关：国家统计局
文　　号：国统字（1993）254号

指标名称	计量单位	代码	本年实际	指标名称	计量单位	代码	本年实际
甲	乙	丙	1	甲	乙	丙	1
一、公路运输营运汽				二、水上运输			
车总计	辆	2001		机动船总计	艘	2041	
在总计中：				载客量	客位	2042	
载客汽车	辆	2002		净载重量	吨位	2043	
载客量	客位	2003		总功率	千瓦	2044	
普通载货汽车	辆	2006		在总计中：			
载重量	吨位	2007		客船	艘	2045	
专用载货汽车	辆	2010		载客量	客位	2046	
载重量	吨位	2011		功率	千瓦	2047	
其他机动车	辆	2020		货船	艘	2052	
客运量	千人	2022		载重量	吨位	2053	
旅客周转量	千人公里	2023		功率	千瓦	2054	
货运量	千吨	2024		驳船总计	艘	2057	
货物周转量	千吨公里	2027		载客量	客位	2058	
客车总行程	车公里	2028		净载重量	吨位	2059	
其中：重车行程	车公里	2029		客运量	千人	2062	
货车总行程	车公里	2032		旅客周转量	千人公里	2063	
其中：重车行程	车公里	2033		货运量	千里	2064	
营运收入	千元	322		货物周转量	千吨公里	2067	
年末从业人数	人	402		营业收入	千元	322	
从业人员报酬	千元	437		年末从业人数	人	402	
				从业人员报酬	千元	437	

单位负责人：　　　　　统计负责人：　　　　　填表人：　　　　　报出日期：199　年　　月　　日

第三节　附营批发零售贸易业统计

附营批发零售贸易业，是建筑企业附属经营的商业商品流转的经营活动。商品流转活动，是社会再生产过程的重要环节。商品流转统计的中心是商品销售（批发、零售），围绕商品销售形成的商品购进、商品库存指标，反映社会产品通过商品流通领域，从生产到消费过程，是研究批发零售贸易市场发展变化趋势、特点和规律性，为指导市场发展，制定商品流通领域的政策，编制计划，合理组织商品流通，提供依据。

一、商品购进总额统计

商品购进总额，是指附营商业单位从本单位以外的单位和个人购进（包括从国外进口）作为转卖或加工后转卖的商品价值总额。

商品购进总额包括以下各项内容：

（一）从生产者购进额

从生产者购进额，是指直接从工农业生产者购进的各种工矿产品和农副产品的价值数额。包括：

（1）从工农业生产单位购进的其生产的产品数额；

（2）从出版社、报社等出版发行部门购进的图书、杂志和报纸。

（二）农副产品购进额

农副产品购进额，是指从农业（包括农、林、牧、渔业，下同）生产单位和个人以各种方式购进的全部农副产品总额。包括：

（1）从农民购进的农副产品；

（2）从集体农业购进的农副产品；

（3）从国有农场、机关、团体、部队、学校、企业、事业等单位办的农场、林场、牧场、渔业捕劳和养殖场等购进的农副产品。

（三）从批发零售贸易业购进额

从批发零售贸易业购进额，是指从各种经济类型的批发零售贸易企业单位购进的商品总额。包括国产商品和国外产品。

（四）进口

进口，是指直接从国外进口的商品和委托外贸部门代理进口的商品总额。

（五）其他

其他，是指从生产者、批发零售贸易业以外的其他单位购进的商品。如从机关、团体、企业购进的剩余物资，从餐饮业、服务业购进的商品，从海关、市场管理部门购进的缉私和没收的商品，从企业、事业单位和居民购进的废旧商品等。

商品购进总额中不包括以下各项：

（1）为了本单位自身经营用，不是作为转卖而购进的商品。如材料物资、包装物、低值易耗品、办公用品等；

（2）未通过买卖行为而收入的商品。如接收其他部门移交的商品、借入的商品、收入代其他单位保管的商品、其他单位赠送的样品、加工收回的成品等；

（3）经本单位介绍，则买卖双方直接结算，本单位只收取手续费的业务；

（4）销货退回和买方拒付货款的商品；

（5）商品溢余。

二、商品销售总额统计

商品销售总额，是指对本单位以外的单位和个人出售（包括对国外、境外出口）的商品（包括售给本单位消费用的商品）价值总额。

商品销售总额包括以下各项内容：

（一）对生产经营单位批发

对生产经营单位批发额，是指售给国民经济和社会各部门作为生产或经营使用的商品总额。包括：

（1）售给工业、农业、交通运输业、邮电业、建筑业等行业为生产使用的各种机器设备、工具、原料、材料、燃料、建筑材料以及售给农民的农业生产资料；

（2）售给地质勘察业、水利业、公共服务业、综合技术服务等行业业务、经营使用的商品；

（3）售给批发零售贸易业、餐饮业使用的各种设备、工具、原材料、燃料和仓储运输用的商品；

（4）售给居民服务业各种营业用品，如售给旅馆业的家具、床上用品、日用品，摄影业的照像器材，理发业、浴池业的理发工具、毛巾、肥皂，日用品修理业的设备、工具、修理用的原材料、零配件等；

（5）售给自然科学研究机构的各种科研用品。

（二）对农民的农业生产资料销售额

对农民的农业生产资料销售额，是指售给农民作为农业生产用的生产资料。包括：

（1）售给农村集体、农业生产组织和农民农业生产用的各种农业机械、中小农具、农药、肥料、种子、饲料、种畜、种禽用的药品和医疗器材、塑料薄膜等农业生产资料以及农业生产用的燃料、圆钉、铁丝、工具、建筑材料、运输工具和电料、器材等；

（2）售给农村兽医站的各种药品和医疗器械；

（3）由国家财政购买无偿供应农民的各种农业生产资料。

（三）对批发零售贸易业批发额

对批发零售贸易业批发额，是指售给各种经济类型的批发零售贸易企业用作转卖或加工后转卖的商品数额。

（四）出口额

出口额，是指直接向国（境）外出口商品和委托外贸部门代理出口的商品数额。不包括售给外贸部门出口或加工后出口的商品以及在国内市场以外币销售的商品数额。

（五）对居民和社会集团的商品零售额

对居民和社会集团的商品零售额，是指售给城乡居民直接用于生活消费的商品和社会集团直接用于公用消费的商品数额。包括：

（1）售给城乡居民生活用的消费品；

（2）售给机关、团体、学校、部队、企业、事业单位的职工食堂和旅店（招待所）附设的专供本店旅客食用，不对外营业的食堂的各种食品、燃料；

（3）售给来华外国人、华侨、港、澳、台同胞的消费品；

（4）售给部队干部、战士生活用的粮食、副食品、衣着品、日用品、燃料；

（5）售给社会集团的办公用品、纸张、帐册、文印用品、计算工具、书报杂志和奖品；公共用品的纺织品、针织；学校用的教学用品；文体用品；非专用的劳动保护用品；日用百货和杂品；等等。

商品销售总额中不包括下列各项：

（1）出售本单位自用的废旧的包装用品和其他废旧物资；

（2）未通过买卖行为付出的商品，如随机构移交而交给其他单位的商品，借出的商品，交付代其他单位保管的商品和赠送给其他单位的样品等；

（3）经本单位介绍，由买卖双方直接结算，本单位只收取手续费的业务；

（4）购货退出的商品；

（5）商品损耗和损失。

三、商品库存总额统计

商品库存总额，是指附营商业单位报告期末已取得所有权的全部商品价值总量。包括：

（1）存放在本单位（如门市部、批发站、采购站、经营处）的仓库、货场、货柜和货架中的商品；

附营批发零售贸易业商品销售、库存

表 9-4

表　　号：C111 表
制表机关：国家统计局
文　　号：国统字（1993）254 号

附营单位代码□□□□□□□□-□E□□
附营单位名称：

商品购进总额（211）　千元					商品销售总额　　千元					年末库存额（231）
从生产者购进额	农副产品购进	从批发零售贸易业购进额	进口额	其它	对生产经营单位批发额	对农民生产资料销售额	对批发零售贸易业批发额	出口额	对居民和社会集团商品零售额	
（212）	（213）	（214）	（215）	（216）	（223）	（224）	（225）	（226）	（227）	千元

项　　目	计量单位	代码	批发	零售	年末库存
甲	乙	丙	241	245	246
食品类	千元	01			
饮料、烟酒类	千元	02			
服装、鞋帽类	千元	03			
纺织品类	千元	04			
中西药品类	千元	05			
化妆品类	千元	06			
书、报、杂志类	千元	07			
文化体育用品类	千元	08			
日用品类	千元	09			
家用电器类	千元	10			
首饰类	千元	11			
石油及制品类	千元	12			
煤炭及制品类	千元	13			
黑色金属材料类	千元	14			
有色金属材料类	千元	15			
建筑材料类	千元	16			
化工材料及制品类	千元	17			
木材类	千元	18			
机电设备类	千元	19			

补充资料：1. 本单位的批发贸易网点数（251）＿＿＿个，从业人员（252）＿＿＿人，劳动报酬（261）＿＿＿＿元。

2. 本单位的零售贸易网点数（253）＿＿＿个，从业人员（254）＿＿＿人，劳动报酬（262）＿＿＿元。
（1）零售网点的营业面积在 100m² 以下（255）＿＿＿个；
（2）零售网点的营业面积在 100～500m²（256）＿＿＿个；
（3）零售网点的营业面积在 500m² 以上（257）＿＿＿个。

单位负责人：　　统计负责人：　　填表人：　　报出日期：199　年　月　日

（2）挑选、整理、包装中的商品；

（3）已记入购进而尚未运到本单位的商品，即发货单或银行承兑凭证已到而货未到的商品；

（4）已发出但未办妥银行收款手续，或采取送货制、尚未取得运输凭证的商品；

（5）寄放他处的商品，如因购货方拒绝付款而暂时存放在购货方的商品和已办完加工成品收回手续而未提回的商品；

（6）委托其他单位代销（未作销售或调出）尚未售出的商品；

（7）代其他单位购进尚未交付的商品；

（8）外贸企业作出口和内销用的库存商品。

商品库存总额中不包括：

（1）所有权不属于本单位的商品，如商品已作销售但买方尚未取走的商品，代替他人保管、运输、加工的商品，代其他单位销售而未售出的商品；

（2）委托外单位加工的商品，包括本单位所属独立核算加工厂和其他生产单位加工生产尚未收回成品的商品。

现将国家统计局颁发的《附营批发零售贸易业商品销售、库存》统计表附前（表9-4）。

第四节　其他附营业务活动统计

建筑企业附营业务，除本章前述的附营工业、附营商业和附营交通运输业以外，还有其他的附营业务活动，比如，餐饮业、居民服务业、娱乐服务业、信息咨询服务业、卫生、教育和科学研究等，也要对其业务活动情况进行统计。对建筑企业其他附营业务活动统计，国家统计局设定的指标有单位数、从业人数、从业人员报酬和收入四项指标，由法人单位综合统计。

一、附营业务单位数

其他附营业务单位数，是指附属于建筑业企业的从事非建筑业生产活动的附营活动单位个数。

列入附营经济活动统计范围的单位，必须同时具备以下三个条件：

（1）具有一个场所，从事一种或主要从事一种活动；

（2）单独组织生产、经营或业务活动；

（3）单独核算收入与支出。

凡不同时具备以上三个条件的单位，不能作为附营单位个数统计。另外，国家统计局颁发的《其他附营活动主要情况》报表中未列出行业的附营活动单位，也暂不统计附营单位个数。

二、年末从业人数

年末从业人数，是指附营业务单位报告期末在附营活动单位中从事生产劳动并由附营活动单位支付劳动报酬的全部人员。即包括报告期末在册的正式职工和返聘人员，也包括长期职工和临时工。

三、从业人员报酬

从业人员报酬，是指报告期内附营活动单位以各种形式支付给从业人员的劳动报酬。既包括工资、奖金、各种津贴和补贴以及返聘人员的劳动报酬，也包括各种实物工资。

四、收入

收入，是指附营活动单位通过生产经营活动所取得的全部收入。这里的收入一般是指毛收入，即未扣除成本费用的总收入。有经营收入的单位，如餐饮业填写营业额，宾馆饭店填写营业收入。无经营收入的单位，如学校等填写经常性的支出，即为维持学校教学活动的正常进行，每年的经常性业务支出，包括从业人员的工资、劳动报酬以及教学业务活动的正常支出。

现将国家统计局颁发的《其他附营活动主要情况》报表附后（表9-5）。

其他附营活动主要情况

表 9-5

企业法人代码□□□□□□□□-□

企业详细名称　　　　　　　　　　199　年

表　号：C112 表
制表机关：国家统计局
文　号：国统字（1993）254 号

甲	代码 乙	单位数（个） 401	年末从业人数（人） 402	从业人员报酬（千元） 437	收入（千元） 322
合　　计	01				
餐饮	02				
居民服务	03				
娱乐服务	04				
信息咨询服务	05				
卫　生	06				
教　育	07				
科学研究	08				

单位负责人：　　　　统计负责人：　　　填表人：　　　　报出日期：199　年　月　日

复 习 思 考 题

1. 建筑业企业附营业务活动的内容有哪些？

2. 什么是工业产品产量？如何统计？

3. 什么是工业总产值？计算原则是什么？

4. 工业总产值的统计范围包括哪些？如何计算？

5. 什么是成品生产价值？什么是对外加工费收入？如何统计？

6. 什么是产品销售量？什么是成品销售价值？什么是消费品零售额？如何计算？

7. 什么是产品库存量？什么是成品库存价值？如何计算？

8. 附营交通运输业的统计内容包括哪些？

9. 什么是商品购进总额？包括哪些内容？

10. 什么是商品销售总额？包括哪些内容？

11. 什么是商品库存总额？包括哪些内容？

12. 建筑业企业其他附营业务活动的统计指标有哪些？如何统计？

第十章　建筑业经济效益统计与分析

建筑业经济效益统计，就是对建筑业企业的经营成果进行数量反映；建筑业经济效益分析，就是对建筑业企业的经营过程及其结果进行数量分析。通过统计与分析，总结企业经营管理经验，找出存在的问题与差距，从而制定相应的措施，来改进企业的经营管理工作。

所谓经济效益，是指对投入与产出比较后的实际有效成果的一种评价。在经济生活中，人们为了充分地满足社会的各种需要，就要生产出数量尽可能多的具有各种使用价值的产品。但是，社会所能投入生产的劳动是有限的，因此，人们就要通过对生产经营过程中采用的生产要素、生产技术以及劳动组合方式等等进行比较和分析，以期选择最佳方案，达到用最少的劳动消耗，取得最多的使用价值的目的，这就是人们进行企业经济效益统计与分析的目的所在。

第一节　建筑业企业经济效益统计

建筑业企业经济效益统计，就是用建筑企业的经营成果与所消耗的或占用的劳动量来对比，反映建筑业企业进行建筑安装生产活动所取得的实际有效成果。通过建筑业企业经济效益统计，将建筑业企业的经济效果反映出来，从而逐步做到以最低的工程造价生产出最高质量的工程，同时以最快的资金周转速度，创造最大的经营利润，这是建筑业企业追求的最终目标。

建筑业企业经济效益统计，主要是通过计算经济效益指标来完成的。为了全面反映建筑业企业的经济效益情况，国家统计局规定了对建筑企业经济效益的考核指标、反映企业经济效益的其他指标以及总结、考核和评价企业经营成果的财务指标三方面内容。下面分别进行说明。

一、建筑业企业经济效益考核指标

目前，我们国家还没有出台一套既能满足国家宏观管理需要，又能确切反映建筑业企业实际情况的建筑业经济效益的考核指标。从目前情况来看，在新的经济效益考核指标出台之前，1985 年由国家计委、国家统计局共同颁发的《建筑业经济效益考核制度》(试行办法) 中确定的六项经济效益考核指标仍继续使用，即：

(1) 工程质量优良品率；

(2) 工程成本降低率；

(3) 产值利润率；

(4) 资金利润率；

(5) 全员劳动生产率；

(6) 工期完成率。

当然，以上六项经济效益考核指标，在反映建筑业企业经济效益、考核企业经营成果方面起到了一定的作用。但是，近年来随着改革开放的不断深化，特别是新的会计制度的正式实施，有些指标的计算方法也将随之改变。因此，制定一套新的衡量建筑业企业经济效益情况的指标，将是摆在统计工作者面前的已经提到议事日程上来的新课题。

下面，将目前仍在继续使用的经济效益考核指标，列示如下。

（一）工程质量优良品率

工程质量优良品率，是以竣工的单位工程和房屋建筑面积作为观察对象，来衡量经过验收的已竣工工程达到优良标准的比率。这个指标越接近于100%，说明企业竣工工程的质量状况越好。其计算公式为：

$$工程质量优良品率=\frac{验收鉴定评为优良品的单位工程或房屋建筑面积（个或平方米）}{全部验收鉴定的单位工程或房屋建筑面积（个或平方米）}\times100\%$$

例如，某建筑企业1995年交工工程质量评定结果如表10-1所示。

表 10-1

工程名称	建筑面积（m²）	工程质量评定标准	工程名称	建筑面积（m²）	工程质量评定标准
A工程	10000	优良	D工程	8000	合格
B工程	12000	优良	E工程	5000	优良
C工程	5000	合格			

根据表10-1资料计算：

$$工程质量优良品率\left(\begin{matrix}按工程\\个数计\end{matrix}\right)=\frac{3}{5}\times100\%=60\%$$

$$工程质量优良品率\left(\begin{matrix}按竣工\\面积计\end{matrix}\right)=\frac{27000}{40000}\times100\%=67.5\%$$

（二）产值利润率

产值利润率，是报告期内企业实现的利润总额占同期建筑业总产值的百分比。它表明企业的财务成果和生产成果的对比关系。该指标既反映企业营业利润、投资收益和营业外收支状况的好坏，又反映施工生产中节约工程成本工作的好坏。其指标数值越大，企业经济效益越好。其计算公式为：

$$产值利润率=\frac{报告期实现利润总额}{报告期完成建筑业总产值}\times100\%$$

例如，某建筑企业1995年完成建筑业总产值为4800万元，实现利润总额为362.4万元，则：

$$产值利润率=\frac{362.4}{4800}\times100\%=7.55\%$$

这说明，该企业1995年平均每完成100元产值，实现利润7.55元。经常考核该指标，可以促使企业从单一的生产型向生产经营型转化，从偏重产值指标，转移到既重产值又重经济效益的轨道上来。

（三）资金利润率

资金利润率，这是以报告期内固定资产净值和流动资金之和去除利润总额而计算的比率。该指标既反映了企业资金的利用情况，也反映了企业生产耗费的节约情况。其数值越高，反映企业资金运用情况越好。计算公式为：

$$资金利润率 = \frac{报告期实现的利润总额}{固定资产净值 + 流动资金占用额} \times 100\%$$

例如，某建筑企业 1995 年固定资产平均净值为 3000 万元，流动资金平均占用额为 2000 万元，该年实现利润总额为 362.4 万元，则：

$$资金利润率 = \frac{362.4}{3000 + 2000} \times 100\% = 7.25\%$$

这说明，该企业 1995 年每使用 100 元资金，实现利润 7.25 元。经常考核该指标，可以全面考核企业资金利用效果情况，促使企业节约资金，减少资金使用上的积压和浪费，并保证投资人的投资效益。

（四）全员劳动生产率

全员劳动生产率，是劳动者在报告期内生产社会产品的效率。建筑业企业全员劳动生产率，是以建筑产品产量或产值与其相适应的劳动消耗量来对比计算的。在投入相同劳动消耗的情况下，企业创造的产量或产值越多，劳动生产率则越高；反之，则越低。全员劳动生产率可按产值计算，也可按产量计算，但国家考核指标要求的是按产值计算。其计算公式为：

$$全员劳动生产率（元/人） = \frac{建筑业总产值（万元）}{全部职工平均人数（人）}$$

例如，某建筑企业 1995 年完成建筑业总产值为 4800 万元，年职工平均人数为 1920 人，则：

$$全员劳动生产率 = \frac{4800 万元}{1920 人} = 25000（元/人）$$

这说明，该企业 1995 年平均每个职工完成建筑业总产值（施工产值）为 25000 元。经常考核这一指标，可以促使企业不断提高劳动生产率水平，这是降低工程成本，增加企业经济效益的重要途径之一。

（五）工期完成率

工期完成率，是企业承包的按定额或合同工期竣工工程与全部竣工工程进行对比，以综合反映企业工期完成的程度和水平。该项指标一般是按单位工程计算，其指标数值越高，则反映企业按工期要求执行合同情况越好。其计算公式为：

$$工期完成率 = \frac{按定额（合同）工期竣工的单位工程（个数）}{全部竣工的单位工程（个数）} \times 100\%$$

例如，表 10-1 中五个工程中，A、B、D、E 四项工程均按合同工期交工，则：

$$工期完成率 = \frac{4}{5} \times 100\% = 80\%$$

（六）工程成本降低率

工程成本降低率，是工程成本降低额与工程预算成本对比计算，并反映工程成本升降程度的指标。该指标综合反映企业的经济效益水平，降低程度越高，企业经济效益越好。其计算公式为：

$$工程成本降低率 = \frac{工程成本降低额}{工程预算成本} \times 100\%$$

$$或 = \frac{工程预算成本 - 工程实际成本}{工程预算成本} \times 100\%$$

$$或 = \left(1 - \frac{工程实际成本}{工程预算成本}\right) \times 100\%$$

例如，某建筑企业 1995 年已完工程预算成本 3200 万元，实际工程成本为 3055.36 万元，则：

$$工程成本降低率 = \left(1 - \frac{3055.36}{3200}\right) \times 100\% = 4.52\%$$

这说明，该企业工程成本降低了 4.52%，使实际成本比预算成本降低了（3200×4.52%）＝144.64 万元，这是企业经济效益水平高低的重要因素。

二、建筑业企业经济效益的其他指标

对建筑业企业经济效益的评价，除了国家规定的上述六大考核指标以外，还可以计算其他一些反映企业经济效益的指标。主要有：

（一）竣工率

竣工率，是用企业竣工的工程产值与全部完成的建筑业总产值相对比，来反映企业实际提供产品的情况。其计算公式为：

$$竣工率 = \frac{竣工产值}{建筑业总产值} \times 100\%$$

例如，某建筑企业 1995 年完成建筑业总产值为 4800 万元，其中，竣工工程产值 4296 万元。则：

$$竣工率 = \frac{4296}{4800} \times 100\% = 89.5\%$$

竣工率指标，反映了企业报告期的最终产品成果的完成程度。通过这一指标，还可以看出企业已完施工和未完施工的比重，可以促进建筑企业抓紧工程收尾，缩短施工战线，使建设项目尽早形成生产能力，以发挥投资效果。

（二）承包合同履约率

承包合同履约率，是用以考核建筑业企业在一定时期内对签订的工程承包合同的实际执行情况。即：是否按合同规定的工期、质量、造价等全部完成。如果履约率高，则说明企业施工实力强，经营状况好。其计算公式为：

$$承包合同履约率 = \frac{报告期已履行的承包合同数}{报告期应履行的承包合同数} \times 100\%$$

假如某建筑企业 1995 年与建设单位签订工程承包合同 25 项，报告期内检查合同履约情况，发现有 4 项没有或不能按合同执行。则：

$$承包合同履约率 = \frac{25 - 4}{25} \times 100\% = 84\%$$

按合同履行是保证正常经济秩序，减少经济纠纷，保证企业经济效益的重要因素。因此，建筑企业应该提高承包合同履约率，检查合同不能执行或不能完全执行的原因，以改进企业的合同管理工作。

（三）工资利润率

工资利润率，是利润总额与工资总额的比率，用以观察工资和利润的比例关系，分析企业收益分配的情况。如果工资增长速度过快，而利润增长缓慢，甚至下降，则反映出企业所得中的的发配不合理状况，是经济效益低的表现。一般来说，利润增长的速度应高于工资的增长速度，企业才能正常发展；否则，企业就会倒退。该指标的计算公式为：

$$工资利润率 = \frac{利润总额}{工资总额} \times 100\%$$

例如，某建筑企业 1995 年实现利润总额为 362.4 万元，发生工资总额 873.6 万元，则：

$$工资利润率 = \frac{362.4}{973.6} \times 100\% = 41.48\%$$

即：每支付 100 元工资，获得企业利润达 41.48 元。该指标数值越大，说明劳动消耗所取得的经济效益越大；反之，越小。

（四）产值工资率

产值工资率，是企业发生的工资总额与实际完成的施工产值对比计算的，反映每百元产值中含工资额的比重。该指标数值越小，说明单位产品中的工资含量下降（或节约），说明活劳动消耗所取得的经济效益好。其计算公式为：

$$产值工资率 = \frac{工资总额}{建筑业总产值} \times 100\%$$

例如，某施工企业 1995 年实现建筑业总产值 4800 万元，发生工资总额 873.6 万元，则：

$$产值工资率 = \frac{873.6}{4800} \times 100\% = 18.2\%$$

即：每百元施工产值中含工资 18.2 元。

一般来说，企业产值工资率逐年下降，说明人工费水平逐年降低，企业经营管理好。当然，由于以总产值为基础计算应得工资，会因工程结构、材料转移价值的影响而使产值工资率指标不能确切反映企业的经济效益，但如果与其他经济效益指标结合研究，还是能说明问题的。

三、评价经济效益的财务指标

建筑业企业的经济效益，最终要通过财务指标反映出来。按照《企业财务通则》和《施工、房地产开发企业财务制度》的规定，企业总结和评价本企业财务状况及经营成果的财务指标包括偿债能力指标、营运能力指标和盈利能力指标三方面。具体包括资产负债率、流动比率、速动比率、应收帐款周转率、存货周转率、资本金利润率、销售利税率和成本费用利润率等八大指标。

（一）偿债能力指标

偿债能力指标包括短期偿债能力指标和长期偿债能力指标。短期偿债能力指标主要有流动比率和速动比率，用于评价企业流动资产总体变现能力和短期偿债能力；长期偿债能力指标主要有资产负债率，反映企业举债经营状况。

1. 流动比率

流动比率是用企业流动资产与流动负债相对比计算的比率，表明企业短期偿债能力，即，单位流动负债有多少流动资产可供变现抵债。其计算公式为：

$$流动比率 = \frac{流动资产}{流动负债}$$

例如，某建筑企业 1995 年末"资产负债表"中流动资产合计为 9500 万元，流动负债合计为 5000 万元，则流动比率为：$\left(\frac{9500}{5000}\right) = 190\%$，即，企业的每一元流动负债拥有 1.9

元流动资产，以资偿付。

计算流动比率时，流动资产中应扣除有指定用途的流动资产。如，应收票据贴现，坏帐准备等。

企业的流动比率大，说明企业在一年内可以变现的资产，用以支付在相同时期内需要偿还的债务能力较强；反之，则说明偿债能力较弱。一般说来，流动比率应维持2∶1的比例较好，亦即计算的比值应当是2或计算的比率为200％为好。这一比例，主要考虑企业经济核算的稳健原则。因为，用流动资产抵付债务，是以随时可以变现为前提的，而流动资产中有些项目并不是可以随时变现的，有的流动资产还可能发生损失，等等。因此，二比一的比例是比较可靠的。

2. 速动比率

速动比率，是用速动资产与流动负债对比计算的比率，用以衡量企业在短期内的支付能力，作为补充说明流动比率。其计算公式为：

$$速动比率 = \frac{速动资产}{流动负债} = \frac{流动资产 - 存货}{流动负债}$$

速动资产，是指几乎可以立即用来偿付流动负债的那些流动资产，它一般是由货币资金、应收票据、应收帐款等组成，但不包括存货。存货是指企业的库存材料、周转材料、低值易耗品、在建工程、工业产成品、在产品等等，因为这些流动资产流动性极差，把它们变现所需的时间较长，而且还可能发生损失，所以不包括在速动资产中。

例如，上例流动资产中，速动资产为4000万元，则速度比率为0.8或80％$\left(即：\frac{4000}{5000}\right)$。

速动比率大，说明企业支付能力强；反之，则弱。一般说来，速动比率以一比一（或100％）为好。如果比值大于1，表明企业支付能力充沛；小于1，说明企业支付能力较差。当然，速动比率是否合适，还应当结合速动资产中应收帐款的比例以及应收帐款平均回收期来分析，才能做出比较正确的评价。

速动比率，又称酸性试验比率。因为这种比率以速动资产与流动资产相比较，而速动资产又具有较高的流动性，如同化学试纸一样，能作出迅速反映。因此，速动比率比流动比率更足以表明企业的短期偿债能力。

3. 资产负债率

资产负债率，是用企业负债总额与全部资产总额对比计算的比率。资产负债率反映企业全部资产总额中，借入外部资金所占份额有多少。其计算公式为：

$$资产负债率 = \frac{负债总额}{资产总额}$$

例如，上例企业"资产负债表"中资产总计为18000万元，而负债总额为8640万元，则：资产负债率为0.48或48％$\left(即：\frac{8640}{18000}\right)$。

资产负债率，一般说来，较低为好。因为，资产负债率低，则表明在企业的全部资产中，大部分是自有资金保证的，借用外资较少，因而偿还债务能力就强，对于债权人的保证性和安全程度相应增加。

（二）营运能力指标

所谓营运能力，主要是指企业经营资金的运转能力，反映企业使用资金的有效性。在正常情况下，经营资金周转快，说明企业经营能力强；反之，则说明企业经营能力较差。反映企业营运能力的指标，主要有存货周转率和应收帐款周转率指标。

1. 存货周转率

存货周转率，是企业报告期已售存货的成本与平均存货的比率，用以衡量企业销货能力大小和存货是否适量的指标。其计算公式为：

$$存货周转率 = \frac{销货成本}{平均存货}$$

式中：$平均存货 = \frac{期初存货 + 期末存货}{2}$

建筑业企业存货周转率，分为产成品周转率，在产品周转率和原材料周转率三种。

(1) 产成品周转率，其计算公式为：

$$产成品周转率 = \frac{已完工程成本}{平均产成品存货}$$

(2) 在产品周转率，其计算公式为：

$$在产品周转率 = \frac{在产品制造成本（在建工程成本）}{平均在产品（在建工程）存货}$$

(3) 原材料周转率，其计算公式为：

$$原材料周转率 = \frac{耗用原材料成本}{平均原材料存货}$$

存货周转率，是反映存货流动速度的指标，也可称为存货周转次数。在通常情况下，该指标数值越大，说明存货周转越快，企业使用经济资源的效率越高，利润率也越大。反过来，该指标数值越小，说明存货周转缓慢，表明企业有过多的流动资产在存货上呆滞起来，不能更多地供生产经营之用，存货积压，风险增加。总之，存货周转率的高低，是反映企业经营情况优劣的重要指标。

2. 应收帐款周转率

应收帐款周转率，是指企业赊销收入净额与应收帐款平均余额对比计算的比率，反映企业应收帐款的流动程度。其计算公式为：

$$应收帐款周转率 = \frac{赊销收入净额}{应收帐款平均余额}$$

式中：

赊销收入净额 = 销售收入 - 现销收入 - 销售退回、折扣、折让

应收帐款平均余额 = （期初应收帐款余额 + 期末应收帐款余额）÷ 2

例如，某建筑企业1995年度赊销收入净额为940万元，应收帐款平均余额为400万元，则应收帐款周转率为 2.35 $\left(即：\frac{940}{400}\right)$。

应收帐款周转率，实际上是应收帐款的周转次数。应收帐款周转率大，则说明企业应收帐款的流动程度高，应收帐款收回的时间短；反之，则说明帐款拖欠较久，可能发生较多的坏帐损失。同时，也可以通过该指标，观察企业催收帐款的能力和经营资金呆滞的情况。

（三）盈利能力指标

盈利能力指标，是反映企业盈利水平和投资效益的指标。建筑业企业盈利能力指标主要有资本金利润率、销售利润率和净资产报酬率。

1. 资本金利润率

资本金利润率，是企业报告期实现的利润总额与资本金总额对比计算的比率，用以反映企业运用投入资本的成果和企业的经营效率。其计算公式为：

$$资本金利润率 = \frac{利润总额}{资本金总额}$$

例如，某建筑企业 1995 年注册资本金为 5000 万元，该年实现利润总额为 1070 万元，则资本金利润率为 21.4%（即：$\frac{1070}{5000} \times 100\%$）。

资本金利润率，比较清晰地表明了企业投入资金的获利能力，如上例，说明企业该年每百元投入资金，获得收益 21.4 元。该指标数值越大，说明企业的盈利能力越强。反之，则弱。同时，在股份制企业，资本金利润率是向投资人分配股利的重要参考依据。

2. 销售利税率

销售利税率，是企业报告期利税数额与收入数额的比率，说明企业营业收入中的利税含量。其计算公式为：

$$销售利税率 = \frac{利税额}{销售额} = \frac{营业利润 + 营业税金}{营业收入}$$

例如，某建筑企业 1995 年工程结算收入为 40000 万元，其他业务收入为 2000 万元，营业利润为 1000 万元，营业税金为 1348 万元，则销售利税率为 5.59%（即：$\frac{1000 + 1348}{40000 + 2000} \times 100\%$）。

3. 净资产报酬率

净资产报酬率，是企业报告期实现利润总额与企业当年净资产的比率，用以衡量企业运用净资产获取利润的能力。其计算公式为：

$$净资产报酬率 = \frac{利润总额}{平均股东权益}$$

式中，$平均股东权益 = \frac{期初股东权益 + 期末股东权益}{2}$

公式中的股东权益是针对股份制企业而言的，亦即所有者权益。

例如，某建筑企业 1995 年实现利润总额为 1070 万元，所有者权益为 5400 万元，则净资产报酬率为 19.81%（即：$\frac{1070}{5400} \times 100\%$）。

净资产报酬率，实际也是投资利润率。显然，该指标也是越大越好。

第二节　建筑业企业经济效益分析

建筑业企业的经济效益，是一种内容丰富、变化复杂的经济现象。作为企业整体的经济效益，它是企业生产经营活动的各个方面和各种过程所体现经济效益的有机结合。在这种有机结合中，各方面和各过程的经济效益变化的程度是不一样的，甚至是不一致的，既有数量的差异，也有方向的不同。因此，考核企业的经济效益，既要考核某一单项经济效益指标，又要对经济效益指标进行综合评价。这样，才能对企业经济效益水平作出全面、准确的分析和判断。

一、建筑业企业效益指标的具体分析

在建筑业企业的经济活动中，各项与企业经济效益变动的相关指标中的具体数值，都是与当时、当地的实际情况分不开的，也都是与企业整体经济效益密切相关的。因此，对于企业各项指标实际情况的分析，才能推动企业各项经济效益指标的完成。当然，在实际工作中，需要对哪些指标进行具体分析，要服从加强企业管理、提高企业经济效益的需要。现仅就企业几个主要效益指标的具体分析，分别说明如下。

（一）分析产品产量指标

建筑业企业各项效益指标中，比较重要的是建筑产品产量指标。产品产量指标的实现情况，直接反映着企业生产的实际有效成果，影响着企业的经济效益和财务成果。因此，经常对企业产品产量计划的完成情况进行检查和分析具有重要意义。

分析建筑产品产量计划的完成情况，最简单的方法是把实际完成施工产值与计划任务进行对比，计算计划完成百分比，来反映施工计划的完成程度。例如，某建筑企业某季度施工产值完成情况资料如表 10-2 所示。

表 10-2

工区	本季计划		本季实际施工产值（千元）	计划完成（%）	实际与计划比较		各工区计划完成对公司计划影响（%）
	施工产值（千元）	占总计（%）			施工产值差额（千元）	超差程度（%）	
甲	1	2	3	4	5	6	7
第一工区	260	32.5	291.2	112.0	31.2	12	3.9
第二工区	300	37.5	328.5	109.5	28.5	9.5	3.56
第三工区	240	30.0	252.24	105.1	12.24	5.1	1.54
总计	800	100.0	871.94	109.0	71.94	9.0	9.0

从表 10-2 资料可以看出，该企业某季度超额 9% 完成了施工产值计划，多完成 71940 元；从各工区看，也都不同程度地超额完成了施工产值计划。因此，该企业某季施工产值计划完成情况是比较好的。

如果进一步分析各工区对整个企业施工产值计划完成情况的影响程度，可用如下两种方法：

第一，用各工区施工产值差额与整个企业计划产值总量对比。其计算公式为：

$$\frac{\text{某工区计划完成情况对企业}}{\text{计划完成情况影响程度}} = \frac{\text{某工区实际施工产值} - \text{该工区计划施工产值}}{\text{企业计划产值总量}} \times 100\%$$

第二，用各工区实际施工产值与计划施工产值的超差程度乘计划比重。其计算公式为：

$$\frac{\text{某工区计划完成情况对企业}}{\text{完成情况影响程度}} = \frac{\text{某工区实际与计}}{\text{划超差程度}} \times \frac{\text{该工区计划施工}}{\text{产值占总计划比重}}$$

或，＝（某工区计划完成百分比－100%）×该工区计划施工产值占总计划比重

两种方法计算结果一致，即：整个企业超额 9% 完成计划任务，其中，一工区影响 3.9%，二工区影响 3.56%，三工区影响 1.54%。

在实际工作中，为了深入分析产量指标的完成情况，还可按单位工程或者分部分项工程完成情况进行分析，以检查施工中存在的问题。也可按重点工程或者一般工程分类考核，

以检查"集中兵力、确保重点"方针的贯彻执行情况。

假设，上例资料如按该企业重点工程与一般工程分类统计考核其施工产值完成情况的资料如表 10-3 所示。

表 10-3

工程分类	本季计划		本季实际施工产值（千元）	计划完成（%）	实际与计划比较		各类工程计划完成对公司影响（%）
	施工产值（千元）	占总计（%）			施工产值差额（千元）	超差程度（%）	
甲	1	2	3	4	5	6	7
重点工程	500	62.5	490.5	98.1	−9.5	−1.9	−1.18
一般工程	300	37.5	381.44	127.15	81.44	27.5	10.18
总计	800	100.0	871.94	109.0	71.94	9.0	9.0

从表 10-3 资料中可以进一步看出，该企业虽然超额完成了施工产值计划，但重点工程却没有完成计划，经查是由于某一重点工程的钢筋混凝土工程没有按期完成。这样，就可以采取相应措施，以确保重点工程施工任务计划得以实现。

分析产品产量指标计划完成情况，还要分析工程计划执行进度的进展情况。班组应逐日分析，工区按旬分析，企业按月分析。其分析方法主要是计算日、旬、月计划完成百分比，累计完成百分比和确定下期应完成的实物工程量或施工产值。这样，能够及时发现问题，抓住关键、深入研究，提出具体解决办法，以确保产量计划的完成。

（二）分析劳动生产率指标

如前所述，劳动生产率水平的高低，对于产品产量指标的高低和企业经济效益大小影响极大。因此，经常分析影响劳动生产率高低的因素，制订提高劳动生产率的措施至关重要。

一般说来，影响劳动生产率水平高低的因素，大致有以下几方面：

第一，工人的劳动积极性；

第二，工人的技术水平及其熟练程度；

第三，技术装备程度，即采用机械化和自动化设备进行施工的普遍程度；

第四，科学安排施工计划和保证原材料的充分供应；

第五，科学的劳动组织，合理地分配和使用人力，在保证管理工作和服务工作正常需要的条件下，充实生产人员；在生产人员中尽可能充实生产第一线的生产工人；

第六，工人出满勤，出勤工日充分利用。

在统计分析工作中，正确地分析上述各个因素的变动对于劳动生产率变动的影响，不仅能够准确地说明劳动生产率变动的原因，而且对于加强企业劳动力管理，提高企业施工的经济效益，促进企业经济的发展，有着重要的意义。

分析上述诸因素的变动对劳动生产率的影响，可采用因素测算的方法进行分析。劳动生产率诸因素的经济关系，可用下列公式表示：

生产工人月劳动生产率＝工人日劳动生产率×出勤工日利用率×出勤率×工作月长度

$$\text{全员劳动生产率} = \text{生产工人月劳动生产率} \times \text{生产工人占生产人员比率} \times \text{生产人员占全部人员比率}$$

假设，某建筑企业某年 4、5 两月有关资料如表 10-4 所示。

表 10-4

指　标	单　位	四月份	五月份	五月为四月的%
施工产值	元	768000	1096756	142.81
全部职工平均人数	人	1000	1100	110.00
生产人员平均人数	人	800	957	119.63
生产工人平均人数	人	500	651	130.20
生产工人占生产人员比例	%	62.5	68	108.80
生产人员占全部职工比例	%	80	87	108.75
工人实作工日数	工日	9600	13375	139.32
工人出勤工日数	工日	12000	15735	131.13
出勤率	%	80	85	106.25
出勤工日利用率	%	80	78	97.50
平均工作月长度	日	30	31	103.33
生产工人日劳动生产率	元/工日	80	82	102.50
生产工人月劳动生产率	元/人	1536	1685	109.70
全员劳动生产率	元/人	768	997	129.82

根据表 10-4 资料可以看出，该企业 5 月份比 4 月份的施工产值增长了 42.81%，增加的绝对量为 328756 元。这是因为：

由于职工人数增加 10% 而增加的施工产值为：
$$768 \times (1100 - 1000) = 76800 \ （元）$$

由于全员劳动生产率提高了 29.82% 而增加的施工产值为：
$$(997 - 768) \times 1100 = 251900 \ （元）$$

那么，由于劳动生产率提高而增加的施工产值中，又是由哪些因素作用的结果呢？这时，我们可以按下列公式进行测算：

$$\text{全员劳动生产率} = \text{工人日劳动生产率} \times \text{出勤率} \times \text{出勤工日利用率} \times \text{工作月长度} \times \text{生产工人占生产人员比例} \times \text{生产人员占全部职工比例}$$

上述作用全员劳动生产率的因素，如用符号表示列表 10-5 如下：

表 10-5

指标　　时期	日劳动生产率	出勤率	出勤工日利用率	工作月长度	生产工人占生产人员比例	生产人员占全部职工比例
五月份	a_1	b_1	c_1	d_1	e_1	f_1
四月份	a_0	b_0	c_0	d_0	e_0	f_0

由前面资料和分析中可知，企业全员劳动生产率 5 月份比 4 月份增长了 29.82%，增加施工产值 251900 元，这是由于：

（1）生产工人日劳动生产率的变动影响：

$$b_1 c_1 d_1 e_1 f_1 (a_1 - a_0) \times 1100 = 26750 \text{（元）}$$

（2）出勤率的变动影响：

$$a_0 c_1 d_1 e_1 f_1 (b_1 - b_0) \times 1100 = 62942 \text{（元）}$$

（3）出勤工日利用率变动的影响：

$$a_0 b_0 d_1 e_1 f_1 (c_1 - c_0) \times 1100 = -25822 \text{（元）}$$

（4）工作月长度变动的影响：

$$a_0 b_0 c_0 e_1 f_1 (d_1 - d_0) \times 1100 = 33319 \text{（元）}$$

（5）生产工人占生产人员比例变动影响：

$$a_0 b_0 c_0 d_0 f_1 (e_1 - e_0) \times 1100 = 80847 \text{（元）}$$

（6）生产人员占全部职工比例变动影响：

$$a_0 b_0 c_0 d_0 e_0 (f_1 - f_0) \times 1100 = 73920 \text{（元）}$$

上面对全员劳动生产率变动的有关因素测算，可以基本上说明该建筑企业影响劳动生产率提高的各个因素对施工产值变动的作用程度。当然，影响劳动生产率水平提高的因素是很多的，分析起来也比较复杂。在实际工作中，一般是根据研究的目的，侧重分析某一、二个因素的作用结果，以便有重点地解决经营管理和施工生产的主要矛盾，以使劳动生产率水平得到不断的提高。

（三）分析劳动力数量指标

经常检查与分析劳动力数量计划的完成情况，对于合理安排和节约使用劳动力，降低工程成本的人工费消耗，有着重要意义。

分析劳动力数量计划的完成情况，一般是将实际平均人数与计划用工数对比。其公式为：

$$\text{劳动力数量计划完成百分比} = \frac{\text{实际平均人数}}{\text{计划平均人数}} \times 100\%$$

上述指标数值大于 100%，则说明超计划多使用了劳动力；反之，则说明实际使用的劳动力少。实际平均人数与计划平均人数的差就是多使用或少使用劳动力的绝对数量。

但是，劳动力的数量计划是根据生产计划与劳动生产率计划为基础制定的。因此，要正确说明劳动力是节约还是浪费的情况，需要联系生产任务的完成情况来考察，计算劳动力节约或浪费的百分比。这种方法，可用公式表示如下：

$$\text{劳动力节约（-）或浪费（+）百分比} = \frac{\text{实际平均人数} - \text{应用平均人数}}{\text{应用平均人数}} \times 100\%$$

式中：

$$\text{应用平均人数} = \frac{\text{实际完成的施工产值}}{\text{计划劳动}}$$

假设，某建筑企业某月计划平均人数为 500 人，实际平均人数为 542 人，计划施工产值为 90 万元，实际完成施工产值为 130 万元。根据这个资料，可作如下分析：

第一，从劳动力使用的绝对数量上看，劳动力数量计划完成的百分比为 $\frac{542}{500} \times 100\% = 108.4\%$，即比计划多使用 8.4% 的人力，多用了 42 人。

第二，从劳动力使用的相对数量上看，即联系生产计划完成情况看，那么：

$$应用劳动力数量 = \frac{1300000}{\frac{900000}{500}} = 723（人）$$

$$劳动力节约（-）或\quad \frac{542-723}{723} \times 100\% = （-）25\%$$
$$浪费（+）的百分比$$

即，节约劳动力 25%，计 181 人。

上例说明，用相对指标的检查方法分析劳动力数量计划的完成情况，比较全面确切。但是，施工产值完成情况也是受多种因素影响的，在进行具体分析时，还要考虑其他因素作用的影响。

（四）分析工资总额指标

建筑业企业工资总额指标的分析，是企业经济核算工作的重要内容。工资总额指标的发生数额，不仅关系到"按劳分配"原则的正确贯彻和工资基金计划的合理执行，而且由于工资是工程成本的重要组成部分，也是管理费用构成的重要内容，都将直接影响企业利润形成的数额。所以，对工资总额指标进行分析，具有重要意义。

建筑业企业要根据工资计划的控制指标，担负的施工任务，企业职工人数，工资等级及其预计变动的因素等情况，编制企业工资基金计划。对工资总额进行分析，一般是对工资基金计划的执行情况进行检查，从中总结经验，发现问题和解决问题，作好企业工资的管理工作。

分析工资总额指标，主要从以下两方面进行：

1. 工资总额的超支或节约分析

假设，某建筑企业所属三个工区的有关资料如表 10-6 所示。

表 10-6

工　区	施工产值（千元）		工资总额（千元）		超支或节约（千元）	
	计　划	实　际	计　划	实　际	绝　对	相　对
第一工区	2000	1800	300	290	-10	20
第二工区	1000	1100	150	160	10	-5
第三工区	1500	1600	225	240	15	0
合计	4500	4500	675	690	15	15

根据表 10-6 资料可知：

第一工区计划工资 300 千元，实际支付了 290 千元，从绝对数量上看是节约了 10 千元。但是，如果结合施工任务完成情况看，不是节约了 10 千元，相反，而是多付了 20 千元。即：

$$290 - 300 \times \frac{1800}{2000} = 20（千元）$$

第二工区不同，从绝对数量上看是超支了 10 千元，从相对角度看，却是节约了 5 千元。即：

$$160 - 150 \times \frac{1100}{1000} = -5（千元）$$

第三工区，从绝对数量上看是超支了 15 千元，从相对角度看却既没超支也没节约：

$$240 - 225 \times \frac{1600}{1500} = 0（千元）$$

从整个企业看，施工任务 100％地完成，但工资总额却超支了 15 千元，恰好是第一工区超支 20 千元和第二工区节约了 5 千元的结果。

2. 职工人数与工资水平对工资总额影响的分析

假设，上例建筑企业三个工区的职工人数，工资水平与工资总额资料如表 10-7 所示。

表 10-7

工区	工资总额（千元）		职工人数（人）		平均工资（元）	
	计 划	实 际	计 划	实 际	计 划	实 际
第一工区	300	290	500	500	600	580
第二工区	150	160	250	200	600	800
第三工区	225	240	375	400	600	600
合计	675	690	1125	1100	600	627

根据表 10-7 资料，可作如下计算分析：

第一工区：

实际工资总额－计划工资总额＝290－300＝－10（千元）

计算由于职工人数的变动对工资总额的影响时，要固定计划平均工资，分别乘计划和实际的职工人数，求其差量。即：

$$600×500－600×500＝0（千元）$$

计算由于平均工资的变动对工资总额的影响时，要固定实际职工人数，分别乘计划和实际的平均工资，求其差量。即：

$$580×500－600×500＝－10（千元）$$

这说明：第一工区平均工资下降，造成工资总额节约，与职工人数无关。

第二工区：

工资总额超支＝160－150＝10（千元）

由于职工人数变动影响：

$$（600×200）－（600×250）＝－30（千元）$$

由于平均工资变动影响：

$$（800×200）－（600×200）＝40（千元）$$

第三工区：

工资总额超支＝240－225＝15（千元）

由于职工人数变动影响：

$$（600×400）－（600×375）＝15（千元）$$

由于平均工资变动影响：

$$（600×400）－（600×400）＝0$$

整个施工单位：

工资总额超支＝690－675＝15（千元）

由于职工人数变动影响：

$$（600×1100）－（600×1125）＝－15（千元）$$

由于平均工资变动影响：

$$（627×1100）－（600×1100）＝30（千元）$$

通过以上计算分析，可以分别说明各工区以及整个建筑企业职工人数和平均工资的变动，对工资总额变动影响的绝对数量。这样，就可以深入实际，了解情况，采取措施，改进工作，为合理使用工资基金提供资料。

（五）材料需要量指标的预计分析

对于建筑业企业材料的收入量、消费量与库存量指标的统计，在第七章已做了叙述。这里，主要对材料需要量指标作一预计分析。在掌握现有材料数量的基础上，根据材料消耗量与生产变动的情况，对材料需要量进行预计分析，就能够及早发现矛盾，采取相应措施，为保证正常施工对材料供应的需要，以及合理组织材料供应量，节约使用流动资金，提供重要依据。

材料需要量指标的预计分析，要解决下列五个方面的问题：

第一，确定现有库存量。现有库存量是指进行预计分析时所掌握的各种材料的实际库存量，它可以根据库存统计资料来确定。

第二，确定下期需要量。下期需要量是指施工需要消耗的材料数量，它可以根据施工生产计划与材料消耗定额来确定。

第三，确定下期可供量。下期可供量是指可以取得的材料数量，它等于现有材料库存量加下期可能的进货量。

第四，分析可供量与需要量的平衡关系，可供量对需要量的保证程度，并研究确定解决的办法，为领导决策提供依据。

第五，研究材料供应大于需要量或者小于需要量而产生的经济结果。

材料需要量的预计分析，一般是通过编制材料供需平衡表来进行的。现以表10-8的资料为例，说明分析的方法。

表 10-8

指 标	钢 材 （t）	水 泥 （t）	木 材 （m³）	粗 砂 （m³）	红 砖 （千块）	石 子 （m³）
现有库存量	20	30	54	400	150	80
下期需要量	85	140	90	1000	850	50
下期可供量	65	100	20	1500	1.000	50
平衡差额	－20	－40	－70	＋5000	＋150	0
可供量对需要量 的保证程度（%）	76.47	71.43	22.22	150.00	117.65	100.00
期末库存增减	—	－10	－16	＋900	＋300	＋80

从表10-8六种主要材料来看，资源可以充分满足需要的有三种，即粗沙、红砖与石子；资源不能满足需要的有三种，即钢材、木材和水泥，其中木材只能满足22%的需要。这些问题不解决，施工就不能正常进行，不能按期完成施工生产任务，必然导致企业经济效益的下降。

（六）机械设备利用指标分析

根据机械设备的有关统计资料，分析和研究机械设备的利用情况，对提高设备利用率，增加产量，降低工程成本中的施工机械费水平，有着重要意义。

对机械设备利用指标分析，主要是分析设备利用财产量变动的影响以及挖掘机械设备的潜力。

1. 分析机械设备利用对产量变动的影响

机械设备利用的好坏，直接影响完成工程量的数量。设备时间利用和能力利用与实物工程量的关系是：

$$实物工程量＝设备实作台时×单位台时内完成的工程量$$

分析设备利用情况对产量的影响，就是要分别测定上述两个因素对完成工程量的影响数额。例如，某施工单位挖土机两年工作的资料如表 10-9 所示。

表 10-9

指　　标	去　年	今　年	今年是去年的（％）
实际完成土方工程量（m³）	46500	58820	126.49
挖土机实作（台时）	824	945	114.68
实际单产（m³/台时）	56.43	62.24	110.30

从表 10-9 资料可以看出，该施工单位今年比去年实际完成土方工程量提高了 26.49％，多完成了 12320m³ 土方。这是由于下述两个原因造成的：

第一，挖土机实作台时提高了 14.68％，增加作业 121 台时，按去年实际单产计算，多完成土方量为：

$$56.43×（945－824）＝6828（m³）$$

第二，挖土机的实际单产提高了 10.29％，每台时多完成土方 5.81m³，按今年实作台时计算，多完成的土方量为：

$$（62.24－56.43）×945＝5490（m³）$$

2. 分析机械设备的潜力

设备潜力是指在一定条件下可能利用而实际上未被利用的能力。设备潜力分析，可以从设备数量，作业时间和设备能力三个方面进行。

（1）设备数量潜力分析。设备数量的潜力分析，主要是对闲置设备能力进行分析。闲置设备实际上是对企业经济资源的一种浪费，同时，也是企业生产的一个潜力。因此，认真对闲置设备进行清查，并有计划地对这部分潜力加以利用，就可以促进企业生产的发展。

（2）设备作业时间潜力分析。设备作业时间潜力分析，主要是研究设备实际上可能参加作业而未被利用的时间有多少，再结合实际单产考察，看还应有多少时间潜力可挖。用公式表示为：

$$台时潜力＝可能参加作业的台时－实际作业台时$$
$$挖掘潜力后可能增加的工程量＝实际单产×台时潜力$$

假设，某施工单位有装载机 6 台，某月日历时间为 30d，每天一班，每班 8h，制度检修时间每台 16h，实作台时为 856 台时，实际台时产量为 35m³/台时。

根据上述资料可以分析：

第一，可能参加作业台时，可以从日历台时中减法制度检修台时，即：

$$8\times6\times30-16\times6=1344\ (\text{台时})$$

第二，按公式计算台时潜力，即：

$$1344-856=488\ (\text{台时})$$

第三，如果挖掘潜力后，可能增加的工程量，按公式计算为：

$$35\times488=17080\ (\text{m}^3)$$

分析结果表明：该施工单位的装载机如果作业时间充分利用，可以多完成17080m³工程量，比实际产量提高了$\dfrac{17080}{35\times856}\times100\%=57\%$，可见设备潜力还是极大的。

（3）设备潜在能力分析。设备潜在能力分析，就是分析设备的最大能力还有多少没发挥。设备潜在能力，是指最大可能能力与实际能力的差距。最大可能能力，可以根据理论（设计）能力和设备最高效率或平均先进效率来确定。用公式表示为：

最大可能能力＝理论能力×最高效率

设备潜在能力＝最大可能能力－已实现能力

仍如上例，装载机的理论单产为45m³/台时，根据历年资料统计最高效率（或平均先进效率）发挥为理论单产的85%。那么，能力潜力分析如下：

第一，装载机最大可能实现的能力为：

$$45\times85\%=38.25\ (\text{m}^3/\text{台时})$$

第二，设备潜在能力为：

$$38.25-35=5.25\ (\text{m}^3/\text{台时})$$

第三，把设备潜在能力与可能作业台时联系起来考察，可按下列公式计算增加的工程量：

设备潜在能力×可能作业台时

$$5.25\times1344=7056\text{m}^3$$

根据上述计算可以看出，如果充分发挥设备的潜在能力，可以增加工程量7056m³，即比实际产量提高了$\dfrac{7056}{35\times856}\times100\%=26.67\%$。

（七）成本指标分析

定期考核工程成本降低率计划与节约收入额计划的完成情况，可以及时了解降低工程成本的成绩和问题，并及时加以解决，以促进工程成本的降低。

节约收入额计划，反映计划期建筑企业由于降低工程成本而取得的节约收入的金额，它对企业最终财务成果有着重要的影响。成本降低率计划，反映计划期建筑企业工程成本的计划降低程度。两者存在下述关系：

节约收入额＝施工产值×成本降低率

上述公式说明，企业成本节约收入的多少，一方面取决于成本降低率，另一方面与完成施工产值的多少密切相关。为了进一步说明实际节约额比计划节约额的大小，来考察节约额计划的执行情况，就要计算实际对计划的节约收入额并分析其影响因素。现假设某企业资料如表10-10所示。

根据表10-10资料可知，实际节约收入额比计划节约收入额多24－15＝9（万元），这是由于：

第一，施工产值变动的影响。施工产值是综合反映建筑企业在一定时期内的生产成果，在成本降低率不变的情况下，施工产值越大，则节约收入额就多，反之就少。因此，为了测定施工产值的变动对节约收入额的影响，可以假定成本降低率不变。及计算公式与计算结果如下：

表 10-10

指　标	计　划	实　际
自行完成施工产值（万元）	500	600
成本降低率（%）	3	4
节约收入额（万元）	15	24

$$\begin{matrix}\text{由于施工产值变动}\\\text{而增加或减少的收入}\end{matrix}=\begin{pmatrix}\text{实际完成}\\\text{施工产值}\end{pmatrix}-\begin{pmatrix}\text{计划施工}\\\text{工产值}\end{pmatrix}\times\begin{matrix}\text{计划成本}\\\text{降低率}\end{matrix}$$

$$=（600-500）\times 3\%=3（\text{万元}）$$

第二，成本降低率变动的影响。成本降低率的变动，可以综合地反映企业人力、物力和财力的经济效果。由于成本降低率的变动对节约收入额的影响，可按下列公式计算：

$$\begin{matrix}\text{由于成本降低率的变动}\\\text{而增加或减少的收入}\end{matrix}=\begin{pmatrix}\text{实际成}\\\text{本降低率}\end{pmatrix}-\begin{pmatrix}\text{计划成本}\\\text{降低率}\end{pmatrix}\times\begin{matrix}\text{实际完成}\\\text{施工产值}\end{matrix}$$

代入资料，　　　　　　　　　　$$=（4\%-3\%）\times 600=6（\text{万元}）$$

综上所述可以看出，该公司实际节约收入额比计划多 9 万元，这是由于：超额完成施工产值 20% 而增加收入 3 万元和实际成本降低率比计划降低一个一个百分点而增加收入 6 万元这两个因素影响的结果。

至于为什么能够增加生产，降低工程成本，还需要结合具体情况进行深入分析，以便为进一步挖掘降低成本的潜力，增加企业积累，提供资料。

二、建筑业企业经济效益的综合评价

建筑业企业经济效益统计的目的就是要对企业的经济效益作出比较合理的评价。通过评价，可以发现生产和经营活动中的薄弱环节，并分析其原因，提出进一步提高企业经济效益的建议和措施，切实提高企业经济效益。

目前，企业经济效益综合评价的方法很多，下面仅介绍综合经济动态指数法和综合经济效益指数法。

（一）综合经济动态指数法

综合经济动态指数法，就是按主管部门下达的计划指标作为检查计算综合经济动态指数的依据，并采用改善、持平、退步三级计分，按百分制评价的方法。即：改善计 10 分，持平计 5 分，退步计 0 分。具体计算方法是：

凡年度计划指标高于去年实际水平并完成的，计 10 分；未完成计划但比去年同期改善或持平的，计 5 分；未完成计划且比去年同期退步的，计 0 分。

凡年度计划指标等于或低于去年实际水平的，完成计划并比去年同期改善或持平的计 10 分；只完成计划的，计 8 分；未完成计划的，计 0 分。

未确定按计划目标考察的指标，均按本年实际与去年同期实际比较计算。

采用综合经济动态指数法，一般是确定 10 项经济效益考核指标，每项满分为 10 分，合起来 100 分。经过比较，如总分为 100 分，说明本期经济效益比上期明显提高；如总分低于 50 分，说明企业经济效益明显下降。

（二）综合经济效益指数法

综合经济效益指数法，就是在确定一套合理的经济效益指数体系的基础上，把某一年的各项经济效益指标数值作为基数，然后把报告期的各项指标数值与相应的对比基数作比较，通过计算各指标指数值，并求其和，即为经济效益综合指数。

综合经济效益指数法，如用公式可表示为：

$$K = \frac{a_1}{a_0} \times s_1 + \frac{b_1}{b_0} \times s_2 + \cdots\cdots + \frac{n_1}{n_0} \times s_n$$

式中：K——综合经济效益指数；

a_1、$b_1 \cdots\cdots n_1$——报告期指标数值；

a_0、$b_0 \cdots\cdots n_0$——基期指标数值；

s_1、$s_2 \cdots\cdots s_n$——经济效益指标权数。

假设，某建筑企业 1994 年和 1995 年经济效益考核指标的计算表如表 10-11 所示。

表 10-11

指标名称	计量单位	指标权数	实际指标值		1995 年指数值
			1994 年	1995 年	
工程质量优良品率	%	20	60	67.5	22.5
工程成本降低率	%	20	4.52	4.25	18.8
产值利润率	%	20	7.55	8.24	21.8
资金利润率	%	15	7.25	7.68	15.9
全员劳动生产率	元/人	15	25000	28400	17.0
工期完成率	%	10	80	85	10.6
综合经济效益指数	—	100	—	—	106.6

根据表 10-11 资料可以看出，如果以 1994 年经济效益指标数值作为基数（100%），用 1995 年各项指标与之对比再乘以各指标规定权数，就可计算出 1995 年综合经济效益指数值为 106.6%，说明 1995 年综合经济效益比 1994 年提高了 6.6%。

综合经济效益指数法，既能对综合经济效益进行动态对比，也能检查综合经济效益的计划完成情况，使用也比较广泛。

复 习 思 考 题

1. 什么是经济效益？什么是建筑企业经济效益？

2. 建筑企业经济效益考核指标有哪些？如何计算？

3. 什么是竣工率？什么是承包合同履约率？如何计算？

4. 什么是工资利润率和产值利润率？如何计算？

5. 评价经济效益的财务指标有哪些？如何计算？

6. 什么是建筑业企业经济效益分析？

7. 建筑业企业经济效益指标具体分析的内容和方法是什么？

8. 建筑业企业经济效益综合评价的方法有哪些？如何运用？